高等学校土木工程学科专业指导委员会规划教材

（按高等学校土木工程本科指导性专业规范编写）

建 筑 工 程 造 价

（建筑工程专业方向适用）

徐 蓉 徐 伟 主编
崔晓强 主审

中国建筑工业出版社

图书在版编目(CIP)数据

建筑工程造价/徐蓉，徐伟主编. —北京：中国建筑工业出版社，2014.8

高等学校土木工程学科专业指导委员会规划教材（建筑工程专业方向适用）

ISBN 978-7-112-16844-6

Ⅰ.①建⋯　Ⅱ.①徐⋯②徐⋯　Ⅲ.①建筑工程-工程造价-高等学校-教材　Ⅳ.①TU723-3

中国版本图书馆 CIP 数据核字(2014)第 098722 号

　　本书介绍工程造价及管理的基础知识，并论述建设工程各阶段造价计算和管理的基本内容和方法。本书共分7章论述：第1章建筑工程造价的组成和计价，主要介绍工程造价的组成和对应的计价原理和方法；第2章建筑工程定额，主要介绍了建筑工程定额，对各类定额的组成、编制方法、适用条件及使用方法进行说明；第3章建筑工程工程量计算，主要以《工程量清单计价与计量规范》GB 50500—2013 为基础介绍工程量清单计价方法，说明工程量清单的概念、作用和组成等；第4章建筑工程设计概算编制及审查，主要介绍建筑工程设计概算的编制原理和方法；第5章建筑工程施工图预算编制及审查，主要介绍施工图预算的编制原理和方法；第6章建筑工程招标控制价及投标报价的编制，介绍建筑工程招投标阶段造价计算文件的编制；第7章建筑工程造价管理，在工程造价计算的基础上，说明全过程、全方面、全寿命周期造价管理的模式和方法。

　　本书适用于高等院校土木工程与工程管理等专业工程造价相关课程的教学用书，也可作为从事工程项目管理的工程技术人员和管理人员的学习培训用书。

责任编辑：王　跃　吉万旺
责任设计：陈　旭
责任校对：姜小莲　赵　颖

高等学校土木工程学科专业指导委员会规划教材
（按高等学校土木工程本科指导性专业规范编写）

建　筑　工　程　造　价

（建筑工程专业方向适用）

徐　蓉　徐　伟　主编

崔晓强　主审

*

中国建筑工业出版社出版、发行(北京西郊百万庄)

各地新华书店、建筑书店经销

北京科地亚盟排版公司制版

北京富生印刷厂印刷

*

开本：787×1092 毫米　1/16　印张：19½　字数：400 千字
2014 年 8 月第一版　2014 年 8 月第一次印刷
定价：**38.00** 元
ISBN 978-7-112-16844-6
(25635)

本系列教材编审委员会名单

出　版　说　明

近年来，高等学校土木工程学科专业教学指导委员会根据其研究、指导、咨询、服务的宗旨，在全国开展了土木工程学科教育教学情况的调研。结果显示，全国土木工程教育情况在 2000 年以后发生了很大变化，主要表现在：一是教学规模不断扩大，据统计，目前我国有超过 400 余所院校开设了土木工程专业，有一半以上是 2000 年以后才开设此专业的，大众化教育面临许多新的形势和任务；二是学生的就业岗位发生了很大变化，土木工程专业本科毕业生中 90％以上在施工、监理、管理等部门就业，在高等院校、研究设计单位工作的本科生越来越少；三是由于用人单位性质不同、规模不同、毕业生岗位不同，多样化人才的需求愈加明显。土木工程专业教指委根据教育部印发的《高等学校理工科本科指导性专业规范研制要求》，在住房和城乡建设部的统一部署下，开展了专业规范的研制工作，并于 2011 年由中国建筑工业出版社正式出版了土建学科各专业第一本专业规范——《高等学校土木工程本科指导性专业规范》。为紧密结合此次专业规范的实施，土木工程教指委组织全国优秀作者按照专业规范编写了《高等学校土木工程学科专业指导委员会规划教材（专业基础课）》。本套专业基础课教材共 20 本，已于 2012 年底前全部出版。教材的内容满足了建筑工程、道路与桥梁工程、地下工程和铁道工程四个主要专业方向核心知识（专业基础必需知识）的基本需求，为后续专业方向的知识扩展奠定了一个很好的基础。

为更好地宣传、贯彻专业规范精神，土木工程教指委组织专家于 2012 年在全国二十多个省、市开展了专业规范宣讲活动，并组织开展了按照专业规范编写《高等学校土木工程学科专业指导委员会规划教材（专业课）》的工作。教指委安排了叶列平、郑健龙、高波和魏庆朝四位委员分别担任建筑工程、道路与桥梁工程、地下工程和铁道工程四个专业方向教材编写的牵头人，于 2012 年 12 月在长沙理工大学召开了本套教材的编写工作会议。会议对主编提交的编写大纲进行了充分的讨论，为与先期出版的专业基础课教材更好地衔接，要求每本教材主编充分了解前期已经出版的 20 种专业基础课教材的主要内容和特色，与之合理衔接与配套、共同反映专业规范的内涵和实质。此次共规划了四个专业方向 29 种专业课教材。为保证教材质量，系列教材编审委员会邀请了相关领域专家对每本教材进行审稿。

本系列规划教材贯彻了专业规范的有关要求，对土木工程专业教育学的改革和实践具有较强的指导性。在本系列规划教材的编写过程中得到了住房和城乡建设部人事司及主编所在学校和单位的大力支持，在此一并表示感谢。希望使用本系列规划教材的广大读者提出宝贵意见和建议，以便我们在重印再版时得以改进和完善。

高等学校土木工程学科专业指导委员会

中国建筑工业出版社

2014 年 4 月

前　言

随着我国经济建设的发展，我国工程造价管理体制、计价定价模式逐步与国际惯例接轨。在这一新的历史背景下，基本建设更加需要大量的既懂技术，又懂经济管理的复合型人才。这使得对工程造价从业人员的教育和培训工作显得尤为重要。为了适应社会主义市场经济对造价管理人才培养的需要，满足广大建筑从业者对学习专业知识的需要，我们参照《高等学校土木工程本科指导性专业规范》、《建设工程工程量清单计价规范》GB 50500—2013、《建筑工程预算定额》等，结合工程造价管理工作的实际经验，依据最新的工程造价管理法规、建设工程计价管理办法等编写了本教材。

建设工程造价管理是一项集技术、经济、法规于一体的系统工程，是具有丰富理论内涵和极强实用价值的分支学科，有其自身的特点和规律，有特定的研究对象、处理方式与管理目标。熟悉设计施工，了解相应的法律法规都是做好建筑工程造价管理工作的基础。因此，本教材的编写内容从建筑工程建造和构成的原理和方法出发，介绍建筑工程造价的相关知识，工程造价的基本组成，并分别从建设项目实施全过程的不同阶段阐述工程造价的计价方法和管理要求，最后说明工程项目建设不同阶段造价管理的具体方法和内容。内容的编排尽可能做到由浅入深、先整体、后局部，且各章在形式和内容上都注意应用性和一致性，务求使学生通过本课程的学习能系统掌握工程造价的组成、计价方法以及熟悉现行工程量清单计价规范的应用要求。

本书编者立足于基础理论知识，准确把握工程造价管理的发展趋势，对建筑工程造价计算和管理的相关知识进行全面地阐述，做到基本理论更加系统、专业知识更加全面、实用意义更加强化，以推动我国建筑工程造价管理水平的发展，为建筑行业培养更多优秀的人才。

本书由徐蓉、徐伟主编，崔晓强主审。参编人员为：第 1 章由徐蓉、薛礼月撰写，第 2 章由徐蓉、王丽萍撰写，第 3 章由徐蓉、刘安琪撰写，第 4 章由徐伟、刘碧波撰写，第 5 章由吴芸、曹文辉、薛礼月撰写，第 6 章由王旭峰、宋炜卿、尤雪春撰写，第 7 章由徐伟、李洋洋撰写，最后由徐蓉统纂定稿。

限于编者的学识，在编写过程中难免出现这样或那样的不足，敬请有关专家和学者给予指正，不胜感激！

目　　录

9

第1章
建筑工程造价的组成和计价

本章知识点

本章主要讲述建筑工程造价的含义和计价原理，介绍了工程造价的内容特征及对应的计价方法。重点说明了建筑安装工程造价的组成和计算方法。通过本章的学习需要理解和掌握的知识点有：
- ◆ 了解工程造价的概念、特点及职能；
- ◆ 了解工程造价的计价特征；
- ◆ 熟悉工程造价的组成；
- ◆ 掌握设备工器具购置费的组成和计算方法；
- ◆ 掌握建筑安装工程费的组成和计算方法；
- ◆ 熟悉工程建设其他费用的组成；
- ◆ 掌握预备费、建设期贷款利息的计算。

1.1 工程造价的含义及相关概念

1.1.1 工程造价的含义

工程造价指的就是工程的建造价格，这里所说的工程，泛指一切建筑工程。由于建筑工程范围广、涉及方多，因此不同的角度下，工程造价有不同的含义。其主要含义有两种：

第一种含义：工程造价指建设一项工程花费的所有费用，即该项工程通过建设形成相应的固定资产、无形资产、流动资产和其他资产所需的一次性费用的总和。这一含义是从投资者的角度定义的。投资者选定一个投资项目，为了获得预期的效应，就要进行项目评估决策，进行勘察设计、工程招标、建筑施工直至竣工验收等一系列投资活动，在这一系列投资活动中所支付的全部费用开支构成工程造价。从这个意义上讲，工程造价就是工程投资费用，建筑项目工程造价就是建筑项目固定资产投资。

第二种含义：工程造价指工程价格，即为建成一项工程，预计或实际在建设各阶段，在土地市场、设备市场、技术劳务市场以及承包市场等交易活动中所形成的建筑安装工程的价格或建筑工程总价格。显然，工程造价的第

2

二种含义是以社会主义商品经济和市场经济为前提，工程项目以特定的商品形式作为交换对象，通过招投标、承发包或其他交易形式，在进行多次预估算的基础上，最终由市场形成的工程价格，通常将工程造价的第二种含义认定为工程承发包价格。鉴于建筑安装工程价格在项目固定资产中占有 50% ～ 60% 的份额，是工程建设中最活跃的部分，建筑企业又是工程项目的实施者和建筑市场重要的主体之一，工程承发包价格被界定为工程价格的第二种含义，也是具有重要的现实意义。

工程造价的两种含义是从不同角度把握同一事物的本质。对建设工程的投资者来说，市场经济条件下的工程造价就是项目投资，是"购买"工程项目要付出的价格，也是投资者作为市场供给主体时"出售"工程项目定价的基础。对于承包商、供应商以及勘察、设计等机构来说，工程造价是其作为市场供给主体出售商品和劳务的价格的总和或是特定范围的工程价格，如建筑安装工程造价。

工程造价的两种含义共生于一体，又相互区别。二者最主要的区别在于需求和供给主体在市场中所追求的经济利益不同，因而管理的性质和管理目标不同。就管理性质而言，前者属于投资管理范畴，后者属于价格管理范畴。从管理目标看，投资者在进行项目决策和项目实施中，首先追求的是决策的正确性，投资数额的大小，功能和价格（成本）也是投机决策的最重要的依据；其次追求的是在项目实施中完善工程项目功能的同时降低造价。而作为工程价格，承包商关注的是利润，故而追求较高的工程造价。不同的管理目标反映了他们不同的经济利益，但他们都要受到支配价格运动的诸多经济规律的影响和调节，他们之间的矛盾正是市场的竞争体制和利益风险机制的必然反映。

1.1.2　工程造价的特点

工程项目与其他的商品不同，项目建设需按业主特定需要单独设计、单独施工，其技术经济特点，如单件性、多样性、体积大、产品固定性、建设周期长、生产过程风险高等决定了工程造价具有以下特点：

（1）工程造价的大额性

工程造价的大额性体现在工程项目实物形体的庞大，需要投入的人力、物力、设备众多，且施工周期长，因此造价高昂，动辄数百万元、数千万元、数亿元、数十亿元人民币，特大工程项目的造价甚至可达到数百亿、数千亿元人民币。工程造价的大额性关系到有关各方面的重大经济利益，同时也会对宏观经济产生重大影响。这就决定了工程造价的特殊地位，也说明了造价管理的重要意义。

（2）工程造价的个别性和差异性

任何一项工程都有其特定的用途、功能、规模，因此，每一项工程的结构、造型、空间分割、设备配置和内外装修都有具体要求，因此每项工程的实体形态都各不相同，具有个别性和差异性，加之各地区构成投资费用的各种要素价值的差异都使得工程造价具有个别性和差异性。

（3）工程造价的动态性

任何一项工程从决策到竣工交付使用，都经历一个较长的建设周期，而且受不可预控因素的影响，如工程出现设计变更，设备材料价格、工资标准、利率和汇率等发生变化，必然会影响到造价的变动。所以，工程造价在整个建设期中一直处于动态状态，直到竣工决算后，才能最终确定工程的实际造价。

（4）工程造价的层次性

工程的层次性决定了造价的层次性。一个工程项目（如，一所学校）往往包括多项能够独立发挥设计效能的单项工程（如，学校里的教学楼、办公楼、宿舍楼等）。一个单项工程又由多个能各自发挥专业效能的单位工程（如土建、电气安装工程等）组成。与此相对应，工程造价也有三个层次：建筑项目总造价、单项工程造价和单位工程造价。

（5）工程造价的兼容性

造价的兼容性首先表现在它具有两种含义，其次表现在造价构成因素的广泛性和复杂性。在工程造价构成中，首先是成本因素非常复杂，其中为获得建设工程用地支出的费用、项目研究和规划设计费用与政府一定时期政策（特别是产业政策和税收政策）相关的费用占有相当的份额。再次，盈利的构成也较为复杂，资金成本较大。

1.1.3　工程造价的职能

因为建筑物产品也是商品，它同样具有一般商品的基本职能和派生职能。其基本职能包括表价职能与调节职能，派生功能包括核算功能与分配功能。除此之外，工程造价还具有自己特有的职能，具体表现如下：

（1）预测功能。由于工程造价职能的高额性和多变性，因而无论是业主或是承包商，都要对拟建工程造价进行预先测算。业主进行预先测算，其目的是为建设项目决策、筹集资金和控制造价提供依据；承包商进行预先测算，其目的是把工程造价作为投标决策、投标报价和成本控制的依据。

（2）评价功能。一个建设项目的工程造价，既是评价这个建设项目总投资和分项投资合理性的依据；又是评价土地价格、建筑安装产品价格和设备价格是否合理的依据；也是评价建设项目偿贷能力和获利能力的依据；还是评价建筑安装企业管理水平和经济成果的重要依据。

（3）调控职能。调控职能包括调整与控制两个方面。一方面是国家对建设工程项目的建设规模、工程结构、投资方向以及建设中的各种物资消耗水平等进行工程造价全过程和阶段性的控制；另一方面建筑施工企业的成本控制是在价格一定的条件下，以工程造价来控制成本、增加盈利。

1.2　工程造价的计价特征

由于工程造价的特点使得工程造价的计价有其自身的特征，具体表现为以下几个方面：

（1）单件计价

建筑产品的建筑差异性决定了每项工程都必须单独计价。

（2）多次计价

建筑工程周期长、规模大、造价高，而且按照建造程序分阶段进行，相应的也要在不同阶段多次计价，以保证工程造价确定与控制的科学性。多次计价是一个由粗到细、逐步深化细化直至最终确定造价的过程。工程建设阶段多次计价过程见图1-1。

图1-1　工程建设阶段造价计算内容

1）投资估算指在项目建议书和可行性研究阶段，对拟建项目所需投资，编制估算文件预先测算和确定工程项目投资额的过程。就单个工程项目来说，如果项目建议书和可行性研究分不同阶段，例如分规划阶段、项目建议书阶段、初步可行性研究阶段、详细可行性研究阶段，相应的投资估算也分为四个阶段逐步精确化。投资估算是决策、筹资和控制造价的主要依据。

2）设计概算是在初步设计阶段，根据设计意图编制工程概算文件，预先测算和确定工程造价。概算造价较投资估算造价的准确性有所提高，但受估算造价的控制。概算造价的层次性十分明显，分建设项目概算总造价、各个单项工程综合概算造价、各单位工程概算造价。

3）修正概算造价是在技术设计阶段，根据技术设计要求编制修正概算文件预先测算和确定的工程造价。修正概算是对设计概算的修正调整，比概算造价更准确，但受概算造价控制。

4）施工图预算造价是在施工图设计阶段，依据施工图编制预算文件预先测算和确定的工程造价。施工图预算造价比概算造价或修正造价更加详尽和准确，但同时受前一阶段所确定的工程造价的控制。

5）招标控制价指在招标准备阶段，由招标人自行编制或委托有资质的造价咨询单位、招标代理单位编制的工程造价。招标控制价是招标人对招标项目的最高控制价格，也是评标、确定中标人的主要依据。

6）投标报价是投标人根据招标文件的有关规定及招标人提供的工程量清单，综合企业自身条件，对投标项目确定的投标价格。投标报价直接关系到其能否中标，是承发包双方进行合同谈判的基础。

7）合同价是施工阶段，发包承包双方根据市场行情，通过招标投标或其他方式共同商定和认可的成交价格，并以书面合同的形式确定。按计价方法不同，建设工程合同价分为固定合同价、可调合同价和成本加酬金合同价三种形式。

8）结算价是在工程施工进展到某个阶段按合同约定的调价范围和调价方法，对实际发生的工程量增减、设备和材料差价等进行调整后计算和确定的工程价格。结算价是该工程建设安装工程费用的实际价格。

9）决算价是工程施工竣工阶段，通过编制建设项目竣工决算，最终确定整个建设项目全部开支的实际工程造价。

（3）综合性计价

工程造价的计价特征与建筑项目的划分有关。一个建设项目作为工程综合体可以分解成许多有内在联系的独立和非独立的工程。建设项目的这种组合性决定了计价过程是一个逐步综合的过程。这一特征在计算预算造价和概算造价时尤为明显，也反映到发包承包价和结算价。其组合计价的顺序是：分部分项工程单价——单位工程造价——单项工程造价——建设项目总造价。

（4）计价方法的多样性

对应工程多次计价的特性，及每次计价不同的依据和精度要求，计价方法有多样性的特点。如：计算和确定投资估算的方法有设备系数法、生产能力指数估算法等；计算和确定概、预算造价有两种基本方法，即单价法和实物法。不同的方法利弊不同，适用的条件也不同，所以计价时要加以选择。

（5）计价依据的复杂性

影响工程造价的因素多，计价依据比较复杂，种类繁多，主要包括以下几类：

1）机器设备数量和工程量依据，包括项目建议书、可行性研究报告、设计文件等。

2）计算人工、材料、机械等实物消耗量依据，包括投资估算指标、概算定额、预算定额等。

3）计算工程要素的价格依据，包括人工单价、材料价格、材料运杂费、机械台班费等。

4）计算设备单价依据，包括设备原价、设备运杂费、进口设备关税等。

5）计算措施项目费、企业管理费和工程建设其他费用依据，主要是相关的费用定额、指标和政府的有关文件规定。

6）政府规定的税金税率和规费费率。

7）物价指数和工程造价指数。

计价依据的复杂性使得计算过程烦琐复杂，因此要求计算人员熟悉各种依据，并加以正确应用。

1.3 工程造价的组成

工程造价属于建设项目总投资的构成部分，建设项目总投资是为完成工程项目建设并达到使用要求或生产条件，在建设期内预计或实际投入的全部费用总和。生产性建设项目总投资包括建设投资、建设期利息和流动资金三部分；非生产性建设项目总投资包括建设投资和建设期利息两部分。其中建设投资和建设期利息之和对应于固定资产投资，固定资产投资与建设项目的工程造价在量上相等。工程造价基本构成包括用于购买工程项目所含各种设备的费用，用于建设施工和安装施工所需支出的费用，用于委托工程勘察设计应支付的费用，用于购置土地所需的费用，也包括用于建设单位自身进行项目管理所花费的费用等。总之，工程造价是按照确定的建设内容、建设规模、建设标准、功能要求等将工程项目全部建筑，在建设期预计或支出的建设费用。具体组成见图1-2。

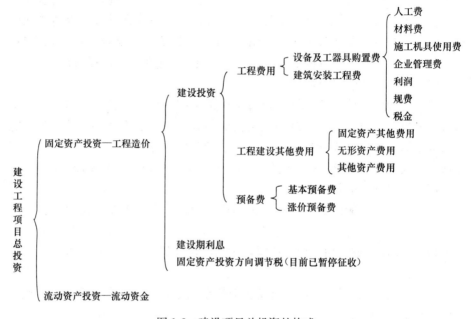

图1-2　建设项目总投资的构成

工程造价可以分为静态投资部分和动态投资部分。静态投资部分由建筑安装工程费、设备及工器具购置费、工程建设其他费和基本预备费构成。动态投资部分，是指在建设期内，因建设期利息和国家新批准的税费、汇率、利率变动以及建设期价格变动引起的建设投资增加额，包括涨价预备费、建设期利息等。

1.4　设备、工器具购置费的组成和计价

设备及工、器具购置费用由设备购置费和工、器具及生产家具购置费组成。在工业建设工程项目中，设备及工器具费用与资本的有机构成相联系，设备及工器具费用占投资费用的比例大小，意味着生产技术的进步和资本的有机构成的程度，该部分费用称为建设投资中的积极部分。

1.4.1　设备购置费的构成和计算

设备购置费是指为建设工程项目购置或自制的达到固定资产标准的各种

国产和进口的设备、工具、器具的费用。所谓固定资产标准，是指使用年限在一年以上，单位价值在国家或各主管部门规定的限额以上。新建项目和扩建项目的新建车间购置或自制的全部设备、工具、器具，不论是否达到固定资产标准，均计入设备及工器具购置费中。设备购置费由设备原价和设备运杂费组成，即

$$设备购置费 = 设备原价 + 设备运杂费 \tag{1-1}$$

其中，设备原价是指国产设备或者进口设备的抵岸价；设备运杂费是指除设备原价之外的有关设备采购、运输、途中包装以及仓库保管等方面支出费用的总和。

1. 国产设备原价的构成和计算

国产设备原价一般指的是设备制造厂的交货价，或订货合同价。它一般根据生产厂家或供应商的报价、合同价确定，或采用一定的方法计算确定。国产设备原价分为国产标准设备原价和国产非标准设备原价，见图1-3。

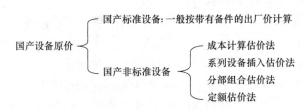

图1-3 国产设备原价的构成

（1）国产标准设备原价

国产标准设备是按照主管部门颁布的标准图纸和技术要求，由我国设备生产厂批量生产的、符合国家质量检测标准的设备。国家标准设备原价有两种，即带有备件的原价和不带有备件的原价。在计算时，一般采用带备件的出厂价。

（2）国产非标准设备原价

国产非标准设备是指国家尚无定型标准，各设备生产厂不可能在工艺过程中采用批量生产，只能按一次订货，并根据具体的设计图纸制造的设备。非标准设备原价有多种不同的计算方法（如图1-3所示），但无论采用哪种方法，都应该使非标准设备计价接近真实出厂价，并且计算方便简洁。其中使用最多的是成本计算估价法，按成本计算估价法，非标准设备原价包括：材料费、加工费、辅助材料费、专用工具费、废品损失费、外购配套件费、包装费、利润、税金、非标准设备设计费等。

2. 进口设备抵岸价的构成及其计算

进口设备抵岸价是指抵达买方边境港口或边境车站，且交完关税以后的价格。

（1）进口设备的交货方式：进口设备的交货方式有内陆交货类、目的地交货类和装运港交货类，它们各自的特点及风险承担要求见表1-1。

进口设备不同交货方式的特点　　　　　表 1-1

交货方式	买方职责	卖方职责	特　点
内陆交货类	买方在出口国内陆按时接受货物，交付货款，负担接货后的一切费用及风险，并自行办理出口手续和装运出口	卖方及时提交合同规定的货物和有关凭证，并负担交货前的一切费用及风险	卖方在出口国内陆的某个地点交货。货物的所有权在交货后由卖方转移给买方
目的地交货类	只有当卖方在交货点将货物置于买方的控制下才算交货，才能向买方收取货款。买方才承担责任、费用、风险	卖方在进口国的港口或内地交货	这种交货方式对卖方来说风险太大，一般国际贸易中卖方不愿采用
装运港交货类（国际贸易中使用最多的方式）	买方凭货物装船后提供的货运单据拨付货款	卖方在出口国装运港交货	卖方按照约定的时间在装运港交货，只要卖方把合同规定的货物装船后提供货运单据便完成交货任务，可凭单据收回货款

（2）进口设备抵岸价的构成

进口设备采用最多的交货方式是装运港交货，对应的货价有装运港船上交货价（FOB），习惯叫离岸价；运费在内价（CFR）；运费、保险费在内价（CIF），习惯叫到岸价。进口设备抵岸价的构成可概括为：

进口设备抵岸价 ＝ 货价＋国外运费＋国外运输保险费＋银行财务费
　　　　　　　　＋外贸手续费＋进口关税＋增值税＋消费税
　　　　　　　　＋海关监管手续费

1）进口设备的货价：一般可采用下列公式计算：

$$货价 ＝ 离岸价（FOB 价）\times 人民币外汇牌价 \qquad (1-2)$$

2）国外运费：我国进口设备大部分采用海洋运输方式，小部分采用铁路运输方式，个别采用航空运输方式。

$$国外运费 ＝ 离岸价 \times 运费率 \qquad (1-3)$$

或　　　　　　　　　$$国外运费 ＝ 运量 \times 单位运价 \qquad (1-4)$$

式中，运费率或单位运价参照有关部门或进出口公司的规定。

3）国外运输保险费：对外贸易货物运输保险是由保险人（保险公司）与被保险人（出口人或进口人）订立保险契约，在被保险人交付议定的保险费后，保险人根据保险契约的规定对货物在运输过程中发生的承保责任范围内的损失给予经济上的补偿。计算公式为：

$$国外运输保险率 ＝ \frac{（离岸价＋国外运费）}{1－国外运输保险率} \times 国外保险费保险率 \qquad (1-5)$$

计算进口设备抵岸价时，再将国外运输保险费换算成人民币。

4）银行财务费：一般指银行手续费，计算公式为：

$$银行财务费 ＝ 离岸价 \times 人民币外汇牌价 \times 银行财务费率 \qquad (1-6)$$

银行财务费率一般为 0.4%～0.5%。

5）外贸手续费：是指按外经贸部规定的外贸手续费率计取的费用，外贸手续费率一般取 1.5%。计算公式为：

$$外贸手续费 = 到岸价 \times 人民币外汇牌价 \times 外贸手续费率 \tag{1-7}$$

$$到岸价(CIF) = 离岸价(FOB) + 国外运费 + 国外运输保险费 \tag{1-8}$$

6）进口关税：关税是由海关对进出国境的货物和物品征收的税，计算公式为：

$$进口关税 = 到岸价 \times 人民币外汇牌价 \times 进口关税率 \tag{1-9}$$

7）增值税：增值税是我国政府对从事进口贸易的单位和个人，在进口商品报关进口后征收的税种。我国增值税条例规定，进口应税产品均按组成计税价格，依税率直接计算应纳税额，不扣除任何项目的金额或已纳税额，即：

$$进口产品增值税额 = 组成计税价格 \times 增值税率 \tag{1-10}$$

$$组成计税价格 = 到岸价 \times 人民币外汇牌价 + 进口关税 + 消费税 \tag{1-11}$$

增值税基本税率为17％。

8）消费税。对部分进口产品（如轿车等）征收。计算公式为：

$$消费税 = \frac{到岸价 \times 人民币外汇牌价 + 关税}{1 - 消费税率} \times 消费税率 \tag{1-12}$$

9）海关监管手续费。

$$海关监管手续费 = 到岸价 \times 人民币外汇牌价 \times 海关监管手续费率 \tag{1-13}$$

海关监管手续费是指海关对发生减免进口税或实行保税的进口设备，实施监管和提供服务收取的手续费。全额收取关税的设备，不收取海关监管手续费。

3．设备运杂费

设备运杂费一般包括：国产设备由设备制造厂交货地点起，进口设备由我国到岸港口、边境车站起，运至工地仓库或施工组织设计指定的需要安装设备的堆放地点为止所发生的采购、运输、运输保险、保管、装卸等费用。其各项构成见图 1-4。

设备运杂费的计算取设备原价乘以设备运杂费率。计算公式为：

$$设备运杂费 = 设备原价 \times 设备运杂费率 \tag{1-14}$$

其中，设备运杂费率按各部门及省、市等的规定计取。

设备运杂费的构成
- 运费和装卸费
  - 国产标准设备：由设备制造厂交货地点起至工地仓库，或施工组织设计指定的需要安装设备的堆放地点为止所发生的运费和装卸费
  - 进口设备：我国到岸港口、边境车站起至工地仓库，或施工组织设计指定的需要安装设备的堆放地点为止所发生的运费和装卸费
- 包装费：在设备出厂价格中没有包含的为运输而进行的设备包装和包装材料器具费；在设备出厂价或进口设备价格中如已包括了此项费用，则不应重复计算
- 设备供销部门的手续费：按照有关部门规定的统一费率计算
- 采购与仓库保管费：采购、验收、保管和收发设备所发生的各种费用，包括设备采购、保管和管理人员工资、工资附加费、办公费、差旅交通费、设备供应部门办公和仓库所占固定资产使用费、工具用具使用费、劳动保护费、检验试验费等。这些费用按照主管部门规定的采购与保管费费率计算

图 1-4　设备运杂费的构成

1.4.2　工具、器具及生产家具购置费的构成及计算

工器具及生产家具购置费，是指新建或者扩建项目初步设计规定所必须购置的固定资产标准的设备、仪器、工卡模具、器具、生产家具和备品备件等的购置费用。一般以设备购置费为计算基数，按照部门或者行业规定的工、器具及生产家具费率计算。

工器具和生产家具购置费的计算公式为：

$$工器具及生产家具购置费 = 设备购置费 \times 定额费率 \qquad (1\text{-}15)$$

1.5　建筑安装工程费用的组成和计价

建筑安装工程费是指建筑安装企业按照施工图设计内容进行建筑工程产品的建造、安装等施工，所发生应由建设单位承担的费用，这部分费用属于工程造价中最为活跃和最为敏感的费用，其组成和计算的各项规定直接涉及工程建设各主体的经济利益。所以建安工程费用的计算要求在主管部门相关政策规定下采取市场竞争机制的方法。

1. 按费用构成要素划分的建安工程费用的组成

建筑安装工程费按照费用构成要素分为：人工费、材料（包含工程设备，下同）费、施工机具使用费、企业管理费、利润、规费和税金。其中人工费、材料费、施工机具使用费、企业管理费和利润包含在工程量清单计价中的分部分项工程费、措施项目费、其他项目费中（见图1-5）。

（1）人工费：是指按工资总额构成规定，支付给从事建筑安装工程施工的生产工人和附属生产单位工人的各项费用。

1）人工费构成的内容见表1-2。

人工费的构成表

表1-2

计时工资或计件工资	按计时工资标准和工作时间或对已做工作按计件单价支付给个人的劳动报酬
奖金	对超额劳动和增收节支支付给个人的劳动报酬，如节约奖、劳动竞赛奖等
津贴补贴	为了补偿职工特殊或额外的劳动消耗和因其他特殊原因支付给个人的津贴，以及为了保证职工工资水平不受物价影响支付给个人的物价补贴，如流动施工津贴、特殊地区施工津贴、高温（寒）作业临时津贴、高空津贴等
加班加点工资	按规定支付的在法定节假日工作的加班工资和在法定日工作时间外延时工作的加点工资
特殊情况下支付的工资	根据国家法律、法规和政策规定，因病、工伤、产假、计划生育假、婚丧假、事假、探亲假、定期休假、停工学习、执行国家或社会义务等原因按计时工资标准或计件工资标准的一定比例支付的工资

2）人工费的计算。

作为施工企业投标报价自主确定人工费以及工程造价管理机构编制计价定额确定定额人工单价或发布人工成本信息的参考依据时，人工费可按

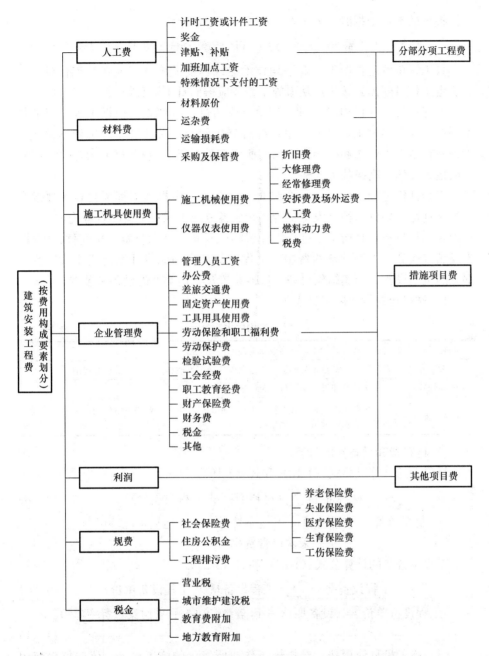

图 1-5　按费用构成要素划分的建筑安装工程费用项目组成

式 (1-16) 计算。

$$人工费 = \sum (工日消耗量 \times 日工资单价) \qquad (1\text{-}16)$$

$$日工资单价 = \frac{生产工人平均月工资(计时、计件)}{年平均每月法定工作日}$$

$$+ \frac{平均月(奖金 + 津贴补贴 + 特殊情况下支付的工资)}{年平均每月法定工作日}$$

作为工程造价管理机构编制计价定额时确定定额人工费，以及施工企业投标报价的参考依据时，人工费可按式（1-17）计算。

$$人工费 = \sum(工程工日消耗量 \times 日工资单价) \quad (1-17)$$

日工资单价是指施工企业平均技术熟练程度的生产工人在每工作日（国家法定工作时间内）按规定从事施工作业应得的日工资总额。

工程造价管理机构确定日工资单价应通过市场调查、根据工程项目的技术要求，参考实物工程量人工单价综合分析确定，最低日工资单价不得低于工程所在地人力资源和社会保障部门所发布的最低工资标准的：普工 1.3 倍、一般技工 2 倍、高级技工 3 倍。

工程计价定额不可只列一个综合工日单价，应根据工程项目技术要求和工种差别适当划分多种日人工单价，确保各分部工程人工费的合理构成。

（2）材料费：是指施工过程中耗费的原材料、辅助材料、构配件、零件、半成品或成品、工程设备的费用。工程设备是指构成或计划构成永久工程一部分的机电设备、金属结构设备、仪器装置及其他类似的设备和装置。

1）材料费的构成内容见表1-3。

材料费构成内容表　　　　　　　　　　　　　　表 1-3

材料原价	材料、工程设备的出厂价格或供应商的供货价格
运杂费	材料、工程设备自来源地运至工地仓库或指定堆放地点所发生的全部费用
运输损耗费	材料在运输装卸过程中不可避免的损耗
采购及保管费	为组织采购、供应和保管材料、工程设备的过程中所需要的各项费用，包括采购费、仓储费、工地保管费、仓储损耗

2）材料费和设备费的计算。

材料费的计算见公式（1-18）和式（1-19）。

$$材料费 = \sum(材料消耗量 \times 材料单价) \quad (1-18)$$

$$材料单价 = [(材料原价 + 运杂费) \times [1 + 运输损耗率(\%)]] \times [1 + 采购保管费率(\%)] \quad (1-19)$$

工程设备费的计算公式（1-20）和式（1-21）。

$$工程设备费 = \sum(工程设备量 \times 工程设备单价) \quad (1-20)$$

$$工程设备单价 = (设备原价 + 运杂费) \times [1 + 采购保管费率(\%)]$$

$$(1-21)$$

（3）施工机具使用费：是指施工作业所发生的施工机械、仪器仪表使用费或其租赁费。

1）施工机械使用费的构成：施工机械使用费的构成内容见表1-4。

施工机械使用费构成内容表　　　　　　　　　　表 1-4

折旧费	施工机械在规定的使用年限内，陆续收回其原值的费用
大修理费	施工机械按规定的大修理间隔台班进行必要的大修理，以恢复其正常功能所需的费用
经常修理费	施工机械除大修理以外的各级保养和临时故障排除所需的费用，包括为保障机械正常运转所需替换设备与随机配备工具附具的摊销和维护费用，机械运转中日常保养所需润滑与擦拭的材料费用及机械停滞期间的维护和保养费用等

安拆费及场外运费	安拆费指中小型施工机械在现场进行安装与拆卸所需的人工、材料、机械和试运转费用以及机械辅助设施的折旧、搭设、拆除等费用；场外运费指施工机械整体或分体自停放地点运至施工现场或由一施工地点运至另一施工地点的运输、装卸、辅助材料及架线等费用
人工费	机上司机（司炉）和其他操作人员的人工费
燃料动力费	施工机械在运转作业中所消耗的各种燃料及水、电等所需要费用
税费	施工机械按照国家规定应缴纳的车船使用税、保险费及年检费等

2）施工机械使用费的计算，见式（1-22）和式（1-23）。

$$施工机械使用费 = \sum（施工机械台班消耗量 \times 机械台班单价）\quad (1-22)$$

$$\begin{aligned}机械台班单价 =& 台班折旧费 + 台班大修费 + 台班经常修理费 \\ &+ 台班安拆费及场外运费 + 台班人工费 \\ &+ 台班燃料动力费 + 台班车船税费\end{aligned}\quad (1-23)$$

工程造价管理机构在确定计价定额中的施工机械使用费时，应根据《建筑施工机械台班费用计算规则》结合市场调查编制施工机械台班单价。

施工企业可以参考工程造价管理机构发布的台班单价，自主确定施工机械使用费的报价。

3）仪器仪表使用费：是指工程施工所需使用的仪器仪表的摊销及维修费用，按下式计算：

$$仪器仪表使用费 = 工程使用的仪器仪表摊销费 + 维修费\quad (1-24)$$

4）如采用租赁施工机械和仪器仪表，则其费用计算公式为式（1-25）：

$$施工机械使用费 = \sum（施工机械台班消耗量 \times 机械台班租赁单价）$$
$$(1-25)$$

（4）企业管理费：是指建筑安装企业组织施工生产和经营管理所需的费用。

1）企业管理费的组成内容见表1-5。

企业管理费的组成内容表　　　　　　　　　　　表 1-5

管理人员工资	按规定支付给管理人员的计时工资、奖金、津贴补贴、加班加点工资及特殊情况下支付的工资等
办公费	企业管理办公用的文具、纸张、账表、印刷、邮电、书报、办公软件、现场监控、会议、水电、烧水和集体取暖降温（包括现场临时宿舍取暖降温）等费用
差旅交通费	职工因公出差、调动工作的差旅费、住勤补助费，市内交通费和误餐补助费，职工探亲路费，劳动力招募费，职工退休、退职一次性路费，工伤人员就医路费，工地转移费以及管理部门使用的交通工具的油料、燃料等费用
固定资产使用费	管理和试验部门及附属生产单位使用的属于固定资产的房屋、设备、仪器等的折旧、大修、维修或租赁费
工具用具使用费	企业施工生产和管理使用的不属于固定资产的工具、器具、家具、交通工具和检验、试验、测绘、消防用具等的购置、维修和摊销费
劳动保险和职工福利费	由企业支付的职工退职金、按规定支付给离休干部的经费，集体福利费、夏季防暑降温、冬季取暖补贴、上下班交通补贴等费用

续表

劳动保护费	企业按规定发放的劳动保护用品的支出，如工作服、手套、防暑降温饮料以及在有碍身体健康的环境中施工的保健费用等
检验试验费	施工企业按照有关标准规定，对建筑以及材料、构件和建筑安装物进行一般鉴定、检查所发生的费用，包括自设试验室进行试验所耗用的材料等费用。不包括新结构、新材料的试验费，对构件做破坏性试验及其他特殊要求检验试验的费用和建设单位委托检测机构进行检测的费用，对此类检测发生的费用，由建设单位在工程建设其他费用中列支。但对施工企业提供的具有合格证明的材料进行检测结论为不合格的，该检测费用由施工企业支付
工会经费	企业按《工会法》规定的全部职工工资总额比例计提的工会经费
职工教育经费	按职工工资总额的规定比例计提，企业为职工进行专业技术和职业技能培训，专业技术人员继续教育、职工职业技能鉴定、职业资格认定以及根据需要对职工进行各类文化教育所发生的费用
财产保险费	施工管理用财产、车辆等的保险费用
财务费	企业为施工生产筹集资金或提供预付款担保、履约担保、职工工资支付担保等所发生的各种费用
税金	企业按规定缴纳的房产税、车船使用税、土地使用税、印花税等
其他	技术转让费、技术开发费、投标费、业务招待费、绿化费、广告费、公证费、法律顾问费、审计费、咨询费、保险费等

2）企业管理费的计算

企业管理费的计算可以分部分项工程费、人工费和机械费合计以及以人工费为计算基础，对应的取费费率施工企业在投标报价自主确定时可采用式（1-26）～式（1-28）。

① 以分部分项工程费为计算基础

$$企业管理费费率(\%) = \frac{生产工人年平均管理费}{年有效施工天数 \times 人工单价}$$
$$\times 人工费占分部分项工程费比例(\%) \quad (1-26)$$

② 以人工费和机械费合计为计算基础

$$企业管理费费率(\%)$$
$$= \frac{生产工人年平均管理费}{年有效施工天数 \times (人工单价 + 每一工日机械使用费)}$$
$$\times 100\% \quad (1-27)$$

③ 以人工费为计算基础

$$企业管理费费率(\%) = \frac{生产工人年平均管理费}{年有效施工天数 \times 人工单价} \times 100\% \quad (1-28)$$

工程造价管理机构在确定计价定额中企业管理费时，可以上述公式作为参考依据，应以定额人工费（或定额人工费＋定额机械费或定额人工费＋定额材料费＋定额机械费）作为计算基数，其费率根据历年工程造价积累的资料，辅以调查数据确定，列入分部分项工程和措施项目中。

（5）利润：是指施工企业完成所承包工程获得的盈利。计算公式见式（1-29）。

$$利润 = 计算基数 \times 利润率 \quad (1-29)$$

施工企业根据企业自身需求并结合建筑市场实际自主确定利润率，列入报价中。

工程造价管理机构在确定计价定额中利润时，应以定额人工费或（定额人工费＋定额机械费或定额人工费＋定额材料费＋定额机械费＋企业管理费）作为计算基数，其费率根据历年工程造价积累的资料，并结合建筑市场实际确定，以单位（单项）工程测算，利润在税前建筑安装工程费的比例可按不低于5%且不高于7%的费率计算。利润应列入分部分项工程费和措施项目费中。

（6）规费：是指按国家法律、法规规定，由省级政府和省级有关权力部门规定的，施工企业必须缴纳或计取的费用。内容及计取方法见表1-6。

规费的内容组成及计算方法表   表1-6

项 目	内 容	计 算 方 法
社会保险费	养老保险费 失业保险费 医疗保险费 生育保险费 工伤保险费	社会保险费 ＝ ∑（工程定额人工费×社会保险费费率） 社会保险费费率可以以每万元发承包价的生产工人人工费和管理人员工资含量与工程所在地规定的缴纳标准综合分析取定
住房公积金	指企业按规定标准为职工缴纳的住房公积金	住房公积金费 ＝ ∑（工程定额人工费×住房公积金费率） 住房公积金费率可以以每万元发承包价的生产工人人工费和管理人员工资含量与工程所在地规定的缴纳标准综合分析取定
工程排污费	指按环境保护部门的规定缴纳的施工现场工程排污费	按工程所在地环境保护等部门规定的标准缴纳，按实计取列入
其他	其他应列而未列入的规费，按实际发生计取	

（7）税金：是指国家税法规定的应计入建筑安装工程造价内的营业税、城市维护建设税、教育费附加以及地方教育附加。

1）营业税：营业税是按计税营业额乘以营业税税率确定，建筑安装企业营业税税率为3%。计算公式为式（1-30）和式（1-31）。

$$应纳营业税 ＝ 计税营业额 × 3\% \qquad (1-30)$$

$$计税营业额 ＝ 人工费 ＋ 材料费 ＋ 施工机具使用费$$
$$＋ 企业管理费 ＋ 利润 ＋ 规费 ＋ 税金 \qquad (1-31)$$

计税营业额是含税营业额，指从事建筑、安装、修缮、装饰及其他工程作业收取的全部收入，包括建筑、修缮装饰工程所用原材料及其他物资和动力的价款。当安装的设备的价值作为安装工程产值时，亦包括所安装设备的价款。但建筑安装工程总承包方将工程分包给他人的，其营业额中不包括支付给分包方的价款。营业税的纳税地点为应税劳务的发生地。

2）城市维护建设税：城市维护建设税是为筹集城市维护和建设资金，稳定和扩大城市、乡镇维护建设的资金来源，而对有经营收入的单位和个人征收的一种税。计算公式为式（1-32）。

$$应纳城市维护建设税额 ＝ 应纳营业税额 × 适用税率 \qquad (1-32)$$

城市维护建设税的纳税地点在市区的，其适用税率为营业税的7%；所在地为县镇的，其适用税率为营业税的 5%；所在地为农村的，其适用税率为营业税的 1%。城镇税的纳税地点与营业税纳税地点相同。

3）教育费附加：教育费附加是按应纳营业税额乘以 3% 确定，计算公式为式（1-33）。

$$教育费附加应纳税额 = 应纳营业税额 \times 3\% \qquad (1-33)$$

4）地方教育费附加：地方教育附加是指各省、自治区、直辖市根据国家有关规定，为实施"科教兴省"战略，增加地方教育的资金投入，促进本各省、自治区、直辖市教育事业发展，开征的一项地方政府性基金。地方教育附加统一按增值税、消费税、营业税实际缴纳税额的 2% 征收，计算公式为式（1-34）。

$$应纳地方教育费附加税额 = 应纳营业税额 \times 2\% \qquad (1-34)$$

5）税金的综合计算：在工程造价的计算过程中，为了计算方便，通常将四种税金一并计算。计算公式见（1-35）和式（1-36）。

$$税金 = 税前造价 \times 综合税率(\%) \qquad (1-35)$$

$$税前造价 = 人工费 + 材料费 + 施工机具使用费 + 企业管理费 + 利润 + 规费 \qquad (1-36)$$

综合税率的确定：

纳税地点在市区的企业

$$综合税率(\%) = \frac{1}{1 - 3\% - (3\% \times 7\%) - (3\% \times 3\%) - (3\% \times 2\%)} - 1$$
$$= 3.48\%$$

纳税地点在县城、镇的企业

$$综合税率(\%) = \frac{1}{1 - 3\% - (3\% \times 5\%) - (3\% \times 3\%) - (3\% \times 2\%)} - 1$$
$$= 3.41\%$$

纳税地点不在市区、县城、镇的企业

$$综合税率(\%) = \frac{1}{1 - 3\% - (3\% \times 1\%) - (3\% \times 3\%) - (3\% \times 2\%)} - 1$$
$$= 3.28\%$$

税率计算见表 1-7。

税率计算汇总表　　　　　　　　　　　　　　　　　　表 1-7

税　类	计算基数	纳税地点		
		市区	县镇	其他
营业税	营业额	3%	3%	3%
城市维护建设税	营业税	7%	5%	1%
教育费附加	营业税	3%	3%	3%
地方教育费附加	营业税	2%	2%	2%
综合税率	税前造价	3.48%	3.41%	3.28%

备注：实行营业税改增值税的，按纳税地点现行税率计算。

2. 按造价形成过程划分的建安工程费用的组成

建筑安装工程费按造价形成过程可分为分部分项工程费、措施项目费、其他项目费、规费、税金。分部分项工程费、措施项目费、其他项目费包含人工费、材料费、施工机具使用费、企业管理费和利润，如图 1-6 所示。

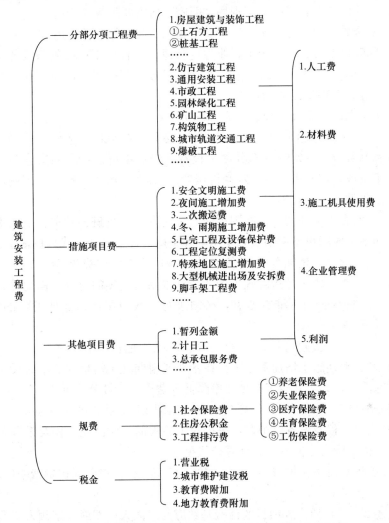

图 1-6　按造价形成过程划分的建筑安装工程费用项目组成

（1）分部分项工程费：是指各专业工程的分部分项工程应予列支的各项费用。

1）专业工程：是指按《建设工程工程量清单计价规范》GB 50500—2013 划分的房屋建筑与装饰工程、仿古建筑工程、通用安装工程、市政工程、园林绿化工程、矿山工程、构筑物工程、城市轨道交通工程、爆破工程等各类工程。

2）分部分项工程：指按现行国家计量规范对各专业工程划分的项目。如房屋建筑与装饰工程划分的土石方工程、地基处理与桩基工程、砌筑工程、钢筋及钢筋混凝土工程等。

（2）措施项目费：是指为完成建设工程施工，发生于该工程施工前和施工过程中的技术、生活、安全、环境保护等方面的费用。内容包括：

1）安全文明施工费，具体内容为：

① 环境保护费：是指施工现场为达到环保部门要求所需要的各项费用。

② 文明施工费：是指施工现场文明施工所需要的各项费用。

③ 安全施工费：是指施工现场安全施工所需要的各项费用。

④ 临时设施费：是指施工企业为进行建设工程施工所必须搭设的生活和生产用的临时建筑物、构筑物和其他临时设施费用，包括临时设施的搭设、维修、拆除、清理费或摊销费等。

安全文明施工费计算公式见式（1-37）。

$$安全文明施工费 = 计算基数 \times 安全文明施工费费率(\%) \quad (1-37)$$

计算基数应为（定额分部分项工程费＋定额中可以计量的措施项目费）、定额人工费或（定额人工费＋定额机械费），其费率由工程造价管理机构根据各专业工程的特点综合确定。

2）夜间施工增加费：是指因夜间施工所发生的夜班补助费、夜间施工降效、夜间施工照明设备摊销及照明用电等费用。计算公式见式（1-38）。

$$夜间施工增加费 = 计算基数 \times 夜间施工增加费费率(\%) \quad (1-38)$$

3）二次搬运费：是指因施工场地条件限制而发生的材料、构配件、半成品等一次运输不能到达堆放地点，必须进行二次或多次搬运所发生的费用。计算公式见式（1-39）。

$$二次搬运费 = 计算基数 \times 二次搬运费费率(\%) \quad (1-39)$$

4）冬、雨期施工增加费：是指在冬期或雨期施工需增加的临时设施、防滑、排除雨雪，人工及施工机械效率降低等费用。计算公式见式（1-40）。

$$冬、雨期施工增加费 = 计算基数 \times 冬、雨期施工增加费费率(\%) \quad (1-40)$$

5）已完工程及设备保护费：是指竣工验收前，对已完工程及设备采取的必要保护措施所发生的费用。计算公式见式（1-41）。

$$已完工程及设备保护费 = 计算基数 \times 已完工程及设备保护费费率(\%)$$
$$(1-41)$$

上述 2）～5）项措施项目的计费基数应为定额人工费或（定额人工费＋定额机械费）。

6）非夜间施工照明费：是指为保证工程施工正常进行，在如地下室等特殊部位施工时所采取的照明设备安拆、维护、摊销和照明用电等费用。

7）施工排水、降水费：该项费用由成井和排水、降水两个独立的费用项目组成。其中，成井费用通常按照设计图示尺寸以钻孔深度按米计算；排水、降水费用通常按照排、降水日历天数按昼夜计算。

8）地上、地下设施、建筑物的临时保护设施费：是指在施工过程中，对已建成的地上、地下设施和建筑物进行的遮盖、封闭、隔离等必要保护措施所发生的费用。

该项费用一般都以定额分部分项工程费为基数，根据工程所在地工程造价管理机构测定的相应费率计算。

9）大型机械设备进出场及安拆费：是指机械整体或分体自停放场地运至施工现场或由一个施工地点运至另一个施工地点，所发生的机械进出场运输和转移费用以及机械在施工现场进行安装、拆卸所需的人工费、材料费、机械费、试运转费和安装所需的辅助设施的费用。其计算通常按照机械设备的使用数量以台次为单位计算。

10）脚手架工程费：是指施工需要的各种脚手架搭、拆、运输费用以及脚手架购置费的摊销（或租赁）费用。脚手架分自有和租赁两种，采取不同的计算方法。

① 自有脚手架按照式（1-42）和式（1-43）进行计算。

$$脚手架搭拆费 = 脚手架摊销量 \times 脚手架价格 + 搭、拆、运输费 \quad (1-42)$$
$$脚手架摊销量 = [单位一次使用量 \times (1 - 残值率)] \times 一次使用期 / 耐用期 \quad (1-43)$$

② 租赁脚手架费按照式（1-44）进行计算。

$$租赁费 = 脚手架每日租金 \times 搭设每日租金 + 搭、拆、运输费 \quad (1-44)$$

11）混凝土、钢筋混凝土模板及支架费

混凝土、钢筋混凝土模板及支架费是指混凝土施工过程中需要的各种模板制作、模板安装、拆除、整理堆放及场内外运输、清理模板粘结物及模内杂物、刷隔离剂等费用。模板及支架分自有和租赁两种，采取不同的计算方法。

① 有模板及支架费用按照式（1-45）和式（1-46）进行计算。

$$模板及支架费 = 模板摊销量 \times 模板价格 + 支、拆、运输费 \quad (1-45)$$
$$摊销量 = 一次使用量 \times (1 + 施工损耗) \times \{[1 + (周转次数 - 1) \times 补损率] / 周转次数 - (1 - 补损率) \times 50\% / 周转次数\} \quad (1-46)$$

② 租赁模板及支架费按照式（1-47）进行计算。

$$租赁费 = 模板使用量 \times 使用期 \times 租赁价格 + 支、拆、运输费 \quad (1-47)$$

12）垂直运输费：包括垂直运输机械的固定装置、基础制作、安装费以及行走式垂直运输机械轨道的铺设、拆除、摊销费。其计算可根据需要采用以下两种方法进行计算：

① 按照建筑面积以"m²"为单位计算。

② 按照施工工期日历天数以"天"为单位计算。

13）超高施工增加费：当单层建筑物檐口高度超过20m，多层建筑物超过6层时，可计算超高施工增加费。超高施工增加费的内容包括建筑物超高引起的人工工效降低及相应的机械降效费，高层施工用水加压水泵的安装、拆除及工作台班费以及通信联络设备的使用及摊销费。

超高施工增加费的计算通常按照建筑物超高部分的建筑面积以"m²"为单位计算。

（3）其他项目费

1）暂列金额：是指建设单位在工程量清单中暂定并包括在工程合同价款中的一笔款项。用于施工合同签订时尚未确定或者不可预见的所需材料、工程设备、服务的采购，施工中可能发生的工程变更、合同约定调整因素出现时的工程价款调整以及发生的索赔、现场签证确认等的费用。

暂列金额由建设单位根据工程特点，按有关计价规定估算，施工过程中由建设单位掌握使用、扣除合同价款调整后如有余额，归建设单位。

2）计日工：是指在施工过程中，施工企业完成建设单位提出的施工图纸以外的零星项目或额外工作所需的费用。

计日工由建设单位和施工企业按施工过程中的签证计价。

3）总承包服务费：是指总承包人为配合、协调建设单位进行的专业工程发包，对建设单位自行采购的材料、工程设备等进行保管以及施工现场管理、竣工资料汇总整理等服务所需的费用。

总承包服务费由建设单位在招标控制价中根据总包服务范围和有关计价规定编制，施工企业投标时自主报价，施工过程中按签约合同价执行。

（4）规费和税金：内容与前述按费用构成要素划分的规定一致。建设单位和施工企业均应按照省、自治区、直辖市或行业建设主管部门发布标准计算规费和税金，不得作为竞争性费用。

1.6 工程建设其他费用的组成和计价

工程建设其他费用是指工程项目从筹建到竣工验收交付使用止的整个建设期间，除建筑安装工程费用、设备及工器具购置费以外的，为保证工程建设顺利完成和交付使用后能够正常发挥效用而发生的一些费用。具体包括建设用地费、与项目建设有关的其他费用和与未来生产有关的其他费用三类。

1.6.1 建设用地费

任何一个建设项目都固定于一定地点与地面相连接，必须占用一定量的土地，也就必然要发生为获得建设用地而支付的费用，这就是建设用地费。它是指为获得工程项目建设土地的使用权而发生的各项费用。

建设用地如通过行政划拨方式取得，则须承担征地补偿费用或对原用地单位或个人的拆迁补偿费用；若通过土地使用权出让方式取得，则不但承担以上费用，还须向土地所有者支付有偿使用费，即土地出让金。

1. 征地补偿费用

建设征用土地补偿费用由以下几个部分构成：

（1）土地补偿费：是对农村集体经济组织因土地被征用而造成的经济损失的一种补偿。征用耕地的补偿费，为该耕地被征前三年平均年产值的 6～10 倍。土地补偿费归农村集体经济组织所有。

（2）青苗补偿费和地上附着物补偿费：青苗补偿费是因征地时对其正在生长的农作物受到损害而做出的一种赔偿。在农村实行承包责任制后，农民自行承包土地的青苗补偿费应付给本人，属于集体种植的青苗补偿费可纳入当年集体收益。地上附着物是指房屋、水井、树木、涵洞、桥梁、公路、水利设施、林木等地面建、构筑物、附着物等。视协商征地方案前地上附着物价值与折旧情况确定，应根据"拆什么，补什么；拆多少，补多少；不低于原来水平"的原则确定，并根据附着物产权所属，明确补助归属。

（3）安置补助费：支付给被征地单位和安置劳动力的单位，作为劳动力安置与培训的支出，以及作为不能就业人员的生活补助。征收耕地的安置补助费，按照需要安置的农业人口数计算。需要安置的农业人口数，按照被征收的耕地数量除以征地前被征收单位平均每人占有耕地的数量计算。每一个需要安置的农业人口的安置补助费标准，为该耕地被征收前三年平均年产值的 4～6 倍。但是，每公顷被征收耕地的安置补助费，最高不得超过被征收前三年平均年产值的 15 倍。土地补偿费和安置补助费，尚不能使需要安置的农民保持原有生活水平的，经省、自治区、直辖市人民政府批准，可以增加安置补助费。但是，土地补偿费和安置补助费的总和不得超过土地被征收前三年平均年产值的 30 倍。

（4）新菜地开发建设基金：指征用城市郊区商品菜地时支付的费用。这项费用交给地方财政，作为开发建设新菜地的投资。菜地是指城市郊区为供应城市居民蔬菜，连续 3 年以上常年种菜或者养殖鱼、虾等的商品菜地和精养鱼塘。征用尚未开发的规划菜地，不缴纳新菜地开发建设基金。在蔬菜产销放开后，能够满足供应，不再需要开发新菜地的城市，不收取新菜地开发基金。

（5）耕地占用税：是对占用耕地建房或者从事其他非农业建设的单位和个人征收的一种税，目的是合理利用土地资源、节约用地，保护农用耕地。耕地占用税征收范围，不仅包括占用耕地，还包括占用鱼塘、园地、菜地及其他农业用地建房或者从事其他非农业建设的均按实际占用的面积和规定的税额一次性征收。

（6）土地管理费：主要作为征地工作中所发生的办公、会议、培训、宣传、差旅、借用人员工资等必要的费用。土地管理费的收取标准，一般是在土地补偿费、青苗费和地面附着物补偿费以及安置补助费三项费用之和的基础上提取 2%～4%。如果是征地包干，还应在四项费用之和后再加上粮食价差、副食补贴、不可预见费等费用，在此总和基础上提取 2%～4% 作为土地管理费。

2. 拆迁补偿费用

在城市规划区内国有土地上实施房屋拆迁，拆迁人应当对被拆迁人给予补偿、安置。具体费用包括以下部分：

（1）拆迁补偿：拆迁补偿的方式可以实行货币补偿，也可以实行房屋产权调换。货币补偿的金额，根据被拆迁房屋的区位、用途、建筑面积等因素，以房地产市场评估价格确定。实行房屋产权调换的，拆迁人与被拆迁人按照计算得到的被拆迁房屋的补偿金额和所调换房屋的价格，结清产权调换的差价。

（2）搬迁、安置补助费：拆迁人应当对被拆迁人或者房屋承租人支付搬

㉑

迁补助费，对于在规定的搬迁期限前搬迁的，拆迁人可以付给提前搬家奖励费；在过渡期限内，被拆迁人或者房屋承租人自行安排住处的，拆迁人应当支付临时安置补助费；被拆迁人或者房屋承租人使用拆迁人提供的周转房的，拆迁人不支付临时安置补助费。

3. 土地出让金

土地使用权出让金为用地单位向国家支付的土地所有权收益，出让金标准一般参考城市基准地价并结合其他因素制定。基准地价由土地管理局、市国有资产管理局、市房地产管理局等部门综合平衡后报市级人民政府审定通过，它以城市土地综合定级为基础，用某一地价或地价幅度表示某一类别用地在某一土地级别范围的地价，以此作为土地使用权出让价格的基础。

在有偿出让和转让土地时，政府对地价不作统一规定，但坚持以下原则：地价对目前的投资环境不产生大的影响；地价与当地的社会经济承受能力相适应；地价要考虑已投入的土地开发费用、土地市场供求关系、土地用途、所在区类、容积率和使用年限等。有偿出让和转让使用权，要向土地受让者征收契税；转让土地如有增值，要向转让者征收土地增值税；土地使用者每年应按规定的标准缴纳土地使用费。土地使用权出让或转让，应先由地价评估机构进行价格评估后，再签订土地使用权出让和转让合同。

1.6.2 与项目建设有关的其他费用

与项目建设有关的其他费用的构成根据项目的不同，内容也不尽相同。主要以下几个部分：

（1）建设管理费：是指建设项目从立项、筹建直至交付使用以及后评估等全过程管理的费用。其内容包括有以下几部分：

① 建设单位管理费：是指建设单位发生的管理费用开支，包括管理人员的基本工资、工资性补贴、职工福利费、劳动保护费、劳动保险费、办公费、差旅费、工会经费、职工教育费、固定资产使用费、工具用具使用费、技术图书资料费、生产人员招募费、工程招标费、合同契约公证费、工程质量监督费、工程咨询费、法律顾问费、审计费、业务接待费、排污费、竣工交付使用清理及竣工验收费、后评估费等费用。但不包括应计入设备、材料价格的建设单位采购及保管设备材料所需要的费用。如建设管理采用工程总承包方式，其总包管理费由建设单位与总包单位根据总包工作范围在合同中商定，从建设管理费中支出。建设单位管理费的计算方法见式（1-48）。

$$建设单位管理费 = 工程费用 \times 建设单位管理费率 \qquad (1-48)$$

其中，建设单位管理费率可按照建设项目的不同性质、不同规模确定，也可按照建设工期和规定的金额计算建设单位管理费。

② 工程监理费：是指建设单位委托工程监理单位对工程实施监理工作所需的费用。监理费可按照委托的监理工作范围和监理深度在监理合同中商定或按当地或所属行业部门有关规定计算。

（2）研究试验费：这是为建设工程项目提供或验证设计数据、资料等进行必要的研究实验及按照设计规定在建设过程中必须进行试验、验证所需的费用。包括自行或委托其他部门研究实验所需要的人工费、材料费、实验设备及仪器使用费等。这项费用按照设计单位根据本工程项目的需要提出的研究实验内容和要求进行计算。该项费用不包括：

① 应由科技三项费用，即新产品试制费、中间试验费和重要科学研究补助费开支的项目。

② 应在建筑安装费用中列支的施工企业对建筑材料、构件和建筑物进行一般鉴定、检查所发生的费用及技术革新的研究试验费。

③ 应由勘察设计费或工程费用中开支的项目。

（3）勘察设计费：是指建设单位委托勘察设计单位为建设项目进行勘察、设计所发生的各项费用，包括工程勘察费、初步设计费、施工图设计费及设计模型制作费。

（4）场地准备及临时设施费：场地准备费是指建设工程项目为了达到工程开工条件所发生的场地平整和对建设场地遗留的有碍于施工建设的设施进行拆除清理的费用。临时设施费主要指为了满足施工建设需要而供到场地边界的，未列入工程费用的临时水、电、路、讯、气等其他工程费用和建设单位使用的现场临时建（构）筑物的搭建、维修、拆除、摊销或建设期间租赁费用，以及施工期间专用公路或桥梁的加固、养护、维修等费用。此项费用不包括已列入建筑安装工程费用中的施工单位临时设施费用。

（5）引进技术和进口设备其他费用：包括以下几项内容：

① 出国人员费用：为引进技术和进口设备在国外培训和进行技术联络，设备检验等差旅费、服装费、生活费等。这项费用根据设计规定的出国培训和工作的人数、时间及派入国家，按财政部、外交部规定的临时出国人员费用标准及中国民用航空公司现行国际航线票价进行计算，其中使用外汇部分应计算银行财务费用。

② 国外工程技术人员来华费用：为安装进口设备、引进国外技术等聘用外国工程技术人员进行技术指导工作所发生的费用，包括技术服务费、外国技术人员在华工资、生活补贴、差旅费、医药费、住宿费、交通费、宴请费、参观游览费等招待费用。这项费用按每人每月费用指标，按合同协议计算。

③ 技术引进费：是为引进先进技术而支付的费用，包括专利费、专有技术费（技术保密费）、国外设计及技术资料费、计算机软件费等。这项费用根据合同或协议的价格计算。

④ 分期或延期付款利息：利用出口信贷引进技术或进口设备采取分期或延期付款的方式所支付的利息。

⑤ 担保费：国内金融机构为买方出具保函的担保。这项费用按照有关金融机构规定的担保费率进行计算（一般可按承保金额的 5‰计算）。

⑥ 进口设备检验鉴定费：进口设备按规定付给商品检验部门的进口设备检验鉴定费。这项费用按进口设备货价的 3‰～5‰计算。

（6）工程保险费：是指建设工程项目由建设单位根据需要对建筑工程、

安装工程、机器设备、人身安全进行投保而发生的费用。包括建筑安装工程一切险、进口设备财产保险和人身意外伤害险，但不包括列入建筑安装费用中的工伤保险费。计取标准按投保的保险公司的规定。

（7）环境影响咨询服务费：是指按照相关法律法规对建设项目产生的环境影响进行全面评价所需要的费用。环境影响咨询服务内容包括编制和评估环境影响报表、环境影响报告书（含大纲）等工作，所需费用按有关部门的规定计算。

1.6.3 与未来企业生产经营有关的其他费用

1. 联合试运转费

联合试运转费是指新建项目或新增加生产能力的项目，在交付生产前按照批准的设计文件所规定的工程质量标准和技术要求，进行整个生产线或装置的负荷联合试运转或局部联动试车所发生的费用净支出。联合试运转费用包括试运转所需原材料、燃料和动力消耗、低值易耗品、工具用具使用以及施工单位参加试运转人员工资以及专家指导费等；不包括应由设备安装工程费用开支的调试及试车费用；不发生试运转或试运转收入大于、等于费用支出的工程，不列入此项费用。联合试运转费的计算公式见式（1-49）。

$$联合试运转费 = 试运转支出额 - 试运转收入额 \qquad (1-49)$$

2. 专利及专有技术使用费

（1）专利及专有技术使用费的主要内容：

1）国外设计及技术资料费、引进有效专利、专有技术使用费和技术保密费。

2）国内有效专利、专有技术使用费。

3）商标权、商誉和特许经营权费等。

（2）专利及专有技术使用费的计算。

专利及专有技术使用费应按专利使用许可协议和专有技术使用合同的规定计算，并注意以下几点：

1）专有技术的界定应以省、部级鉴定批准为依据。

2）项目投资中只计算需在建设期支付的专利及专有技术使用费；协议或合同规定在生产期支付的使用费应在生产成本中核算。

3）一次性支付的商标权、商誉及特许经营权费按协议或合同规定计列；协议或合同规定在生产期支付的商标权或特许经营权费应在生产成本中核算。

4）为项目配套建设的专用设施，包括专用铁路线、专用公路、专用通信设施、送变电站、地下管道、专用码头等，如由项目建设单位负责投资但产权不归属本单位的，应作无形资产处理，所发生的投资额在此计列。

3. 生产准备及开办费

（1）生产准备和开办费的主要内容：

1）生产职工培训费：企业自行培训或委托其他单位培训生产职工所发生的培训人员的工资、工资性补贴、职工福利费、差旅交通费、学习资料费、学费和劳动保护费用等。

2）生产单位提前进场参加施工、设备安装、调试等以及熟悉工艺流程及设备性能等人员的工资及工资性补贴、职工福利费、差旅交通费、学习资料费、学习费、劳动保护费等。

3）为保证初期正常生产所必需的生产办公、生活家具用具购置费。

4）为保证新建、改建、扩建项目初期正常生产、使用和管理所必须购置的第一套不够固定资产标准的生产工器具、用具购置费，但不包括备品。

（2）生产准备和开办费的计算：见公式（1-50）。

$$生产准备和开办费 ＝ 设计定员 \times 指标值(元 / 人) \qquad (1\text{-}50)$$

生产准备和开办费指标可以采用综合指标，也可按照费用内容分类别列出指标。

1.7 预备费和建设期利息的组成和计算

1.7.1 预备费

1. 基本预备费

基本预备费是指在项目实施过程中可能发生难以预料的支出，需要预先预留的工程费用，又称不可预见费。主要包括：

（1）在批准的初步设计范围内，技术设计、施工图设计及施工过程中所增加的工程费用；设计变更、局部的地基处理等增加的费用。

（2）一般自然灾害造成的损失和预防自然灾害所采取的措施费用，实行工程保险的工程项目费用应适当降低。

（3）竣工验收时为鉴定工程质量对隐蔽工程进行必需的挖掘和修复费用。

基本预备费的计算公式见式（1-51）。基本预备费率一般取 $5 \sim 10\%$。

$$基本预备费 ＝(设备工器具购置费＋建筑安装工程费 \\ ＋工程建设其他费) \times 基本预备费率 \qquad (1\text{-}51)$$

2. 涨价预备费

涨价预备费是指建设项目在建设期间，由于价格因素等变化引起工程造价变化的预留费用。涨价预备费以建筑安装工程费、设备及工器具购置费之和为计算基数。计算公式见式（1-52）：

$$PC = \sum_{t=1}^{n} I_t \left[(1+f)^t - 1 \right] \qquad (1\text{-}52)$$

式中　PC——涨价预备费；

I_t——第 t 年的建筑安装工程费、设备及工器具购置费之和；

n——建设期；

f——建设期价格上涨指数。

【例 1-1】 某建设工程项目在建设期初的建筑安装工程费、设备工器具购置费之和为 45000 万元。按本项目实施进度计划，项目建设期为 3 年，投资分年使用比例为：第一年 25%，第二年 55%，第三年 20%，建设期内预计年平均价格总水平上涨率为 5%。建设期贷款利息为 1395 万元，建设工程项目其他费用为 3860 万元，基本预备费率为 10%。求（1）基本预备费；（2）涨价预备费。

【解】

（1）基本预备费：$(45000+3860)\times10\%=4886$ 万元

（2）计算项目的涨价预备费：

第一年的涨价预备费 $= 45000\times25\%\times[(1+5\%)^1-1] = 562.5$ 万元

第二年的涨价预备费 $= 45000\times55\%\times[(1+5\%)^2-1] = 2536.88$ 万元

第三年的涨价预备费 $= 45000\times20\%\times[(1+5\%)^3-1] = 1418.63$ 万元

该项目建设期的涨价预备费 $= 562.5+2536.88+1418.63 = 4518.01$ 万元

1.7.2 建设期贷款利息

建设期贷款利息是指建设单位向国内银行和其他非银行金融机构贷款、办理出口信贷、外国政府贷款、国际商业银行贷款以及在境内发行债券等在建设期间内产生的债务利息。当总贷款是按年均衡发放时，建设期利息的计算可按当年借款在年中支用考虑，即当年贷款按半年计息，上年贷款按全年计息。计算公式见式（1-53）。

$$q_i = \left(P_{j-1}+\frac{1}{2}A_j\right)\times i \qquad (1\text{-}53)$$

式中　q_i——建设期第 j 年应计利息；

　　P_{j-1}——建设期第（$j-1$）年末贷款累计金额与利息累计金额之和；

　　A_j——建设期第 j 年贷款金额；

　　i——年利率。

【例 1-2】 某新建项目，建设期为 3 年，共向银行贷款 1300 万元，贷款时间为：第 1 年 300 万元，第 2 年 600 万元，第 3 年 400 万元，年利率为 6%，建设期只计息不支付。要求计算建设期贷款利息。

【解】 在建设期，各年利息计算如下：

第 1 年应计利息 $= \dfrac{1}{2}\times300\times6\% = 9$ 万元

第 2 年应计利息 $= (300+9+\dfrac{1}{2}\times600)\times6\% = 36.54$ 万元

第 3 年应计利息 $= (300+9+600+36.54+\dfrac{1}{2}\times400)\times6\% = 68.73$ 万元

建设期利息 $= 9+36.54+68.73 = 114.27$ 万元

思考题与习题

一、思考题

1-1 工程造价的两个含义有什么区别？工程造价有何特点？

1-2 项目建设不同阶段计算工程造价的文件分别是什么？

1-3 简述国产标准设备的原价、国产非标准设备原价的计算方法。

1-4 按照不同的分类方法，建筑安装工程费分别由哪几部分组成？

1-5 塔吊司机的工资是否属于人工费？为什么？

1-6 设备及工器具的购置费由哪几部分组成？

1-7 简述进口设备的抵岸价的组成和计算方法。

1-8 简述工程建设其他费用的分类及各自组成。

1-9 采用装运港船上交货价（FOB）进口设备，卖方的责任是什么？

1-10 税金的组成有哪些？

1-11 基本预备费和涨价预备费计算基数有什么区别？

二、计算题

1-1 某项目建筑安装工程费 1000 万元，设备工器具购置费 700 万元，工程建设其他费 500 万元，涨价预备费 250 万元，基本预备费 100 万元，建设期利息 80 万元，则该项目的静态投资为多少万元？

1-2 从某国进口设备，重量 1000t，装运港船上交货价为 400 万美元，工程建设项目位于国内某省会城市。如果国际运费标准为 300 美元/t，海上运输保险费率为 3‰，银行财务费率为 5‰，外贸手续费率为 1.5‰，关税税率为 22‰，增值税的税率为 17%，消费税税率 10%，银行外汇牌价为 1 美元＝6.3 元人民币，则该设备的抵岸价估算为多少？

1-3 某安装企业高级工人的工资性补贴标准分别为：部分补贴按年发放，标准为 3000 元/年；另一部分按月发放，标准为 760 元/月；某项补贴按工作日发放，标准为 18 元/日。已知全年日历天数为 365 天，设法定假日为 114 天，则该企业高级工人工日单价中，工资性补贴为多少？

1-4 某建筑工地使用 32.5 级袋装水泥，此水泥由甲、乙、丙三地供应，基本数据见表 1-8，汽车装卸费每吨 4 元，场外运输损耗率 0.5%，采购保管费 2%，试计算水泥的预算价格。

计算题 1-4 基本数据 表 1-8

供应地	供应量（万 t）	原价（元/t）	长途运输方式	全程运价（元/t）	装卸费（元/t）	短途运输方式	平均运距（km）	短途运费 [元/(t·km)]
甲	1000	220	铁路	30	8	汽车	8	0.90
乙	500	230	水路	20	6	汽车	20	0.60
丙	500	240	公路	/	/	汽车	40	0.40

1-5 某 5 吨载重汽车，出厂价 8 万元/辆，采购费率 5%；汽车残值率 6%，大修间隔台班 750，使用周期 5 次。一次大修费 12000 元，K 值取 2.64，台班燃料消耗量 31.32kg/台班，燃料预算价格 1.8 元/kg，养路费 140 元/(t·月)，路桥费及车船使用税 160 元/(t·年)，年工作台班 230 个，人工单价 90 元/工日。试计算该载重汽车的台班使用费（元/台班）。

1-6 某施工企业施工时使用自有模板，已知一次使用量为 1200m²，模板价格为 30 元/m²，若周转次数为 8，补损率为 8%，施工损耗为 10%，不考虑支、拆、运输费，则模板费为多少元？

1-7 某工程施工工期为 280 天，现场搭建可周转使用的临时办公用房 200m²，造价为 180 元/m²。该临时设施可周转使用 5 年，年利用率 90%。在一次性拆除费用为 1000 元的情况下，该临时办公用房应计的周转使用临建费为多少？

1-8 某工程是施工总承包商甲承揽了 2000 万元的建筑施工合同，其中建设单位供应材料 500 万元，经业主同意，甲又将其中 200 万元的工程分包给承包商乙，营业税率为 3%，则甲应缴纳的营业税为多少？

1-9 某建设项目设备及工器具购置费为 600 万元，建筑安装工程费为 1200 万元，工程建设其他费为 100 万元，建设期贷款利息为 20 万元，基本预备费率为 10%，则该项目基本预备费为多少？

1-10 某建设工程项目在建设初期估算的建筑安装工程费、设备及工器具购置费为 5000 万元，按照项目进度计划，建设期为 2 年，第 1 年投资 2000 万元，第 2 年投资 3000 万元，预计建设期内价格总水平上涨率为每年 5%，则该项目的涨价预备费估算是多少？

1-11 某建设项目工程费用为 7200 万元，工程建设其他费用为 1800 万元，基本预备费为 400 万元。项目前期年限 1 年，建设期 2 年，各年度完成投资额的比例分别为 60% 与 40%，年均价格上涨率为 6%。则该项目建设期第二年涨价预备费是多少？

1-12 某新建项目，建设期为三年，计划总投资额为 1500 万元。其中，40% 为自有资金，其余为贷款。3 年的投资计划为 50%、25%、25%。已知贷款年利率为 10%，建设期内利息只计息不支付，贷款年中支付。试计算建设期贷款的利息。

1-13 某建设项目，建设期为两年，共向银行贷款 1000 万元，贷款时间和额度为第一年 400 万元，第二年 600 万元，贷款年利率 6%，建设期不支付利息，试计算建设期贷款的利息。

第2章
建筑工程定额

本章知识点

> 本章主要讲述建筑工程定额的相关知识，分别介绍建筑工程施工定额、预算定额、概算定额、概算指标和估算指标等各类定额的组成、编制方法、适用条件。重点阐述了施工定额、预算定额的组成和使用方法。通过本章的学习需要理解和掌握的知识点有：
> ◆了解定额的分类和组成；
> ◆掌握施工定额、预算定额的编制和应用；
> ◆熟悉概算定额、概算指标和估算指标；
> ◆掌握劳动定额、材料消耗定额、机械台班使用定额的编制。

2.1 建筑工程定额的含义及分类

建筑工程定额是在正常施工条件下，完成单位合格产品所必须消耗的劳动力、材料、机械台班的数量标准。这种量的规定，反映出完成建设工程中的某项合格产品与各种生产消耗之间特定的数量关系。建筑工程定额是根据国家一定时期的管理体系和管理制度，根据定额的不同用途和适用范围，由国家指定的机构按照一定程序编制的，并按照规定的程序审批和颁发执行。在建筑工程中实行定额管理的目的，是为了在施工中力求最少的人力、物力和资金消耗量，生产出更多、更好的建筑产品，取得最好的经济效益。

建筑工程定额是工程造价计算的基本依据。定额中规定的人工、材料、机械台班消耗量是确定完成规定计量单位合格产品所必须消耗的社会必要劳动资源的消耗标准，根据定额对应的消耗量标准，结合市场价格，可以计算出完成分部分项工程所必需的人工材料机械费用，再结合各个建设工程的工程量计算得出工程造价的基本组成部分：人工费、材料费和施工机械使用费，并以此为基础计算企业管理费、规费、利润和税金等，汇总即形成建筑安装工程造价。

2.1.1 定额的含义

建筑产品生产过程中，完成某一分项工程或结构构件的生产，必须消耗一定数量的劳动力、机械台班和材料。建筑工程定额即指在正常的施工条件下，完成一定计量单位合格产品所必须消耗的劳动力、材料和机械台班的数量标准。这些消耗标准随着生产技术组织条件的变化而变化，反映了一定时期内的社会劳动生产率水平。

在建筑生产过程中只有健全组织管理，合理组织劳动力，充分运用劳动手段，才能有效地进行生产和经营活动，用最小的劳动消耗获得最大的经济效益。在建筑工程中实行定额管理能严格控制建设过程中的人力、物力和财力的消耗，生产出符合质量标准的建筑产品。

在工程建设和企业管理中，确定和执行先进合理的定额具有重要意义。在编制工程项目建设计划时，为组织与指导生产需要各种定额来计算人力、物力、财力等资源需要量。计算工程造价时，需要由定额计算出劳动力、财力、机械设备的消耗量从而确定所要消耗的资金。项目施工管理过程中，建筑企业计算和平衡资源需要量、组织材料供应、调配劳动力、签发任务单、考核工程消耗和劳动生产率、计算工程报酬等都需要用到定额。由此可见，建筑工程定额是工程项目建设过程中，确定人力、物力和财力等资源需要量，有计划地组织生产，提高劳动生产率，降低工程造价，完成建设计划的重要技术手段，是工程管理和企业管理的重要基础。

2.1.2 定额的分类

建设工程定额是建设工程造价计价和管理中各类定额的总称，包括多种类型的定额，按其内容、形式和用途的不同，可以有不同的分类，主要列举如下：

1. 按生产要素消耗内容分类

按生产要素消耗内容分为人工定额（劳动定额）、材料消耗定额、机械台班使用定额。

（1）人工定额

人工定额，也称劳动定额，是每个工人生产单位合格产品所必须消耗的劳动时间，或者在一定的劳动时间中所生产的合格产品数量。它反映建筑工人在正常施工条件下的劳动效率，按表现形式的不同，一般可以分为时间定额和产量定额，时间定额是指完成单位合格产品的工日消耗量，产量定额是每工日可以完成合格产品的数量。人工定额关系到施工生产中劳动的计划、组织和调配，是组织生产、编制施工作业计划、签发施工任务书、考核工效、计算超额奖、计件工资和编制预算定额的依据。

（2）机械台班定额

机械台班定额是指在正常施工条件下完成单位合格产品所必需的机械工作台班，是单位机械台班内小组成员总工日完成的合格产品数量。按其表现形式不同，分为机械时间定额和机械产量定额。机械台班定额是编制机械需要计划、考核机械效率和签发施工任务单、评定机械工作小组绩效等的依据。

（3）材料消耗定额

材料消耗定额是生产单位合格产品所必须消耗的一定品种规格的材料、半成品、配件等资源的数量标准。材料消耗量的多少直接关系建筑产品价格和工程成本。

生产要素定额是衡量工程投入资源的数量标准，是确定工程建设中各种资源投入的最基本的依据，也是制定其他各种定额的基础，所以又称基础定额。

2. 按编制程序和用途分类

一般地，建筑工程定额按照编制程序和用途可以分为施工定额、预算定额和概算定额、概算指标和估算指标。

首先编制的是施工定额，以施工定额为基础，进一步编制预算定额，再编制概算定额。其中施工定额是以同一性质的施工过程——工序为标定对象，表示生产产品数量与时间消耗综合关系的定额；预算定额是以施工定额为基础综合扩大编制而成的；概算定额是以扩大的分部分项工程为对象编制的，是设计单位编制设计概算或建设单位编制年度任务计划、施工准备期间编制材料和机械设备供应计划的依据，也可供国家编制年度建设计划参考。概算指标是概算定额的扩大与合并，它是以整个建筑物和构筑物为对象，以更为扩大的计量单位来编制的。概算指标的设定和初步设计的深度相适应，一般是在概算定额和预算定额的基础上编制的，是设计单位编制设计概算或建设单位编制年度投资计划的依据，也可作为编制估算指标的基础。估算指标通常以独立的单项工程或完整的工程项目为对象编制确定生产要素消耗的数量标准或项目费用标准，是根据已建工程或现有工程的价格数据和资料，经分析、归纳和整理编制而成的。投资估算指标是在项目建议书和可行性研究阶段编制投资估算、计算投资需要量时使用的一种指标，是合理确定建设工程项目投资的基础。按照定额编制程序和用途划分的定额特点汇总见表 2-1。

建筑工程定额按编制程序和用途分类 表 2-1

定额名称	施工定额	预算定额	概算定额	概算指标	估算指标
编制对象	施工过程或基本工序	分项工程和结构构件	扩大的分项工程或扩大的结构构件	单位工程	建设项目、单项工程、单位工程
作用	编制施工预算	编制施工图预算	编制扩大初步设计概算	编制初步设计概算	编制投资估算
划分	最细	细	较粗	粗	很粗
水平	平均先进	平均			
特征	生产性定额	计价性定额			

3. 按颁发部门和执行范围分类

一般地，根据制定和颁发部门的不同及对应的适用范围建筑工程定额可分为国家定额、地方定额和企业定额，见表 2-2。

建筑工程定额按颁发部门和执行范围分类 表2-2

定额名称	国家定额	地方定额	企业定额
编制单位	国家建设行政主管部门	行业建设行政主管部门	建筑安装施工企业
编制依据	国家有关标准和规范，综合全国工程建设的技术与管理状况等	地区工程建设特点和技术水平情况	企业内部的施工生产与管理水平
使用范围	在全国范围内使用	本地区内使用	施工企业内部成本测算、工程估价数据库的建立和管理

4. 按投资的费用性质分类

定额按投资的费用性质的不同可以分为建筑工程定额、设备安装工程定额、工具、器具定额和工程建设其他费用定额。见表2-3。

定额按投资的费用性质分类 表2-3

定额名称	内 容	作 用
建筑工程定额	建筑工程的施工定额、预算定额、概算定额和概算指标的统称。建筑工程一般理解为房屋和构筑物工程	在通用定额中有时把建筑工程定额和安装工程定额合二为一，称为建筑安装工程定额。建筑安装工程定额在整个建设工程定额中占有突出的地位，属于直接工程费定额，仅仅包括施工过程中人工、材料、机械台班消耗的数量标准
设备安装工程定额	设备安装工程的施工定额、预算定额、概算定额和概算指标的统称。设备安装工程一般是指对需要安装的设备进行定位、组合、校正、调试等工作的工程	
工具、器具定额	为新建或扩建项目投产运转首次配置的工具、器具数量标准	工具和器具是按照有关规定不够固定资产标准而起劳动手段作用的工具、器具和生产用家具
工程建设其他费用定额	工程建设其他费用定额是独立于建筑工程、设备和工器具购置之外的其他费用开支的标准	其他费用定额是按各项独立费用分别编制的，以便合理控制这些费用的开支

5. 按照专业性质分类

工程定额按照专业性质分为建筑工程定额、安装工程定额、市政工程定额、人防工程定额、绿化工程定额等，各自以对应的专业内容为使用范围。

2.1.3 建设工程定额的特性

1. 系统性

建设工程定额的系统性是由工程建设的特点决定的。按照系统论的观点，工程建设本身就是庞大的实体系统，工程建设定额是为这个实体系统服务的。工程建设本身的多种类、多层次就决定了以它为服务对象的工程建设定额的多种类、多层次。从整个国民经济来看，进行固定资产生产和再生产的工程建设，是由多种工程集合的整体，包括了住宅、商业、卫生体育、交通运输、邮电工程、农业水利、机械、石油、冶金、化工等。这些工程的建设都有严格的项目层次划分，如建设项目、单项工程、单位工程、分部分项工程；在计划和实施过程中又有严密的逻辑阶段，如项目规划、可行性研究、设计、施工、竣工交付使用，以及投入使用后的维修。与此相适应必然形成工程建设定额的多种类、多层次。

2. 科学性

工程建设定额的科学性包括两重含义，一方面需要工程建设定额和生产力发展水平相适应，能够反映出工程建设中生产消费的客观规律；另一方面是工程建设定额管理能在理论、方法和手段上适应现代科学技术和信息社会发展的需要。

所以要以科学的态度制定定额，尊重客观实际，力求定额水平合理；在制定定额的技术方法上，利用现代科学管理的成就，形成一套系统的、完整的、在实践中行之有效的方法，实现定额制定和贯彻的一体化。制定为贯彻提供依据，贯彻为定额管理的目标提供服务，并对定额使用信息及时反馈。

3. 统一性

工程建设定额的统一性，主要由国家对经济发展有计划的宏观调控职能决定的。为了使国民经济按照既定的目标发展，就需要借助于某些标准、定额、参数对工程建设进行规划、组织、调节和控制。而这些标准、定额、参数必须在一定范围内是一种统一尺度，才能实现上述职能，才能利用它对项目的决策、设计方案、投标报价、成本控制进行比选和评价。故在一定的区域或行业范围内，工程建设定额要保持统一性，一般来讲，可按照统一的项目名称、统一的计量单位、统一的工程量计算规则和统一的工料机消耗水平等进行编制。

4. 权威性

工程建设定额具有权威性，这种权威性表现在一定情况下具有经济法规性质。权威性反映统一的意志和统一的要求，也反映信誉和信赖程度以及反映定额的严肃性。

工程建设定额权威性的客观基础是定额的科学性，只有科学的定额才具有权威性。但是在社会主义市场经济条件下，定额会涉及各有关方面的经济关系和经济利益。赋予工程建设定额以一定的权威性，就意味着在规定的范围内，必须正确使用定额，但在市场竞争机制下，定额水平必然会受到市场供求状况的影响，从而在执行中允许定额水平有一定的浮动。

5. 稳定性和时效性

工程建设定额是对一定时期内技术发展和管理水平的反映，因而在一段时间内都表现出稳定状态。稳定时间有长短，一般在5～10年之间。保持定额的稳定性是维护定额权威性的要求，更是有效地贯彻定额所必需的，如果定额处于经常修改变动之中，必然造成执行中的困难和混乱，使人们感到没有必要去认真对待它，很容易导致定额权威性的丧失。工程建设定额的不稳定性也会给定额的编制工作带来极大的困难。

但是工程建设定额的稳定性也是相对的。当生产力向前发展，定额就会与已经发展了的生产力不相适应，它原有的作用就会逐步减弱以致消失，需要重新编制或修订。故定额的编制需要深入实际，做好各项要素的调查，取得第一手资料，经过科学计算与分析或经过生产实践的测算，从而编制出较合理适用的劳动力、材料、机械使用消耗定额。

2.2 施工定额的编制

施工定额对建筑施工企业的科学管理有着极其重要的作用，也是预算定额的编制基础。施工定额是施工企业成本管理、经济核算和投标报价的参考与基础。施工预算以施工定额为编制依据，用以确定单位工程的人工、材料、机械和资金等的需用量，既反映设计图纸的要求，也考虑施工生产的水平。这就能够更合理地组织施工生产，有效确定和控制施工中人力、物力消耗，节约成本开支。施工定额和生产结合最紧密，施工定额的定额水平反映出施工生产的技术水平和管理水平，根据施工定额计算得到的施工计划成本是确定投标报价的基础。

施工定额的编制内容包括人工定额（劳动定额），材料消耗定额和机械台班使用定额。

2.2.1 人工定额

人工定额也称劳动定额。它是指在正常的施工技术和合理的劳动组织条件下，为完成单位合格产品所需消耗的工作时间，或在一定工作时间内应完成的合格产品数量。

1. 人工定额的编制

编制人工定额主要包括拟定正常的施工条件以及拟定定额时间两项工作。

（1）拟定正常的施工作业条件：包括拟定施工作业的内容、拟定施工作业的方法、拟定施工作业地点的组织、拟定施工作业人员的组织等。只有规定并满足执行定额时应该具备的条件，才能达到定额中的劳动消耗量标准。

（2）拟定施工作业的定额时间：拟定施工作业的时间消耗，需要对工人的工作时间进行分类。工人工作时间分为必须消耗时间及损失时间，具体见表 2-4。

工人工作时间组成表　　　　　　　　　　表 2-4

工人工作时间								
必须消耗的时间					损失时间			
有效工作时间			不可避免的中断时间	休息时间	多余和偶然工作时间	停工时间		违背劳动纪律损失时间
基本工作时间	准备与结束工作时间	辅助工作时间				施工本身造成的停工时间	非施工本身造成的停工时间	

① 工人基本工作时间是生产一定产品的施工工艺过程所消耗的时间。基本工作时间所包括的内容根据工作性质不同而不同，基本工作时间的长短和

工作量大小成正比例。

② 辅助工作时间是指为保证基本工作能顺利完成所消耗的时间。在辅助工作时间里，不能使产品的形状大小、性质或位置发生变化。辅助工作时间的结束，往往就是基本工作时间的开始。辅助工作一般是手工操作，但如果在机手并动的情况下，辅助工作是在机械运转过程中进行的，为避免重复则不应再计辅助工作时间的消耗。

③ 准备与结束工作时间是执行任务前或任务完成后所消耗的工作时间。如工作地点、劳动工具和劳动对象的准备工作时间，工作结束后的整理工作时间等。准备和结束工作的长短与所担负的工作量大小无关，但往往和工作内容有关。

④ 不可避免的中断时间是指由于施工工艺特点引起的工作中断所必需的时间。与施工过程、工艺特点有关的工作中断时间，应包括在定额时间内，但应尽量缩短此项时间消耗。与工艺特点无关的工作中断所占用时间，是由于劳动组织不合理引起的，属于损失时间，不能计入定额时间。

⑤ 休息时间是工人在工作过程中为恢复体力所必需的短暂休息和生理需要的时间消耗。这种时间是为了保证工人精力充沛地进行工作，所以在定额时间中必须进行计算。休息时间的长短和劳动条件有关，劳动越繁重紧张、劳动条件越差（如高温），则休息时间越长。

⑥ 多余工作是指工人进行了任务以外而又不能增加产品数量的工作。多余工作的工时损失，一般都是由于工程技术人员和工人的差错而引起的，因此，不应计入定额时间。偶然工作也是工人在任务外进行的工作，但能获得一定产品。如抹灰工不得不补上偶然遗留的墙洞等。由于偶然工作能获得一定产品，拟定定额时要适当考虑它的影响。

⑦ 停工时间是工作班内停止工作造成的工时损失。停工时间按其性质可分为施工本身造成的停工时间和非施工本身造成的停工时间两种。施工本身造成的停工时间，是由于施工组织不善、材料供应不及时、工作面准备工作做得不好、工作地点组织不良等情况引起的停工时间。这种情况在拟定定额时不应该计算。非施工本身造成的停工时间，是由于水源、电源中断引起的停工时间。这种情况定额中则应给予合理的考虑。

⑧ 违背劳动纪律造成的工作时间损失，是指工人在工作班开始和午休后的迟到、午饭前和工作班结束前的早退、擅自离开工作岗位、工作时间内聊天或办私事等造成的工时损失。此项工作损失不应允许存在。因此，拟定定额时不予考虑。

（3）编制人工消耗定额：在拟定基本工作时间、辅助工作时间、准备与结束时间、不可避免的中断时间以及休息时间的基础上可以编制人工消耗定额。即以时间分类研究为基础，通过测时法、写实记录法、工作日写实法等时间测定方法，得出相应的观测数据，经加工整理计算后得到工人定额时间消耗值。

2. 人工定额的表现形式

为了便于核算，人工定额一般用工作时间消耗量表达。所以，人工定额，也即劳动定额主要表现形式是时间定额，但同时也表现为产量定额。

（1）时间定额

时间定额是某种专业、某种技术等级工人班组或个人在合理的劳动组织和合理使用材料的前提下，完成单位产品所必须消耗的工作时间，包括基本工作时间、准备与结束工作时间、辅助工作时间、不可避免的中断时间及工人必需的休息时间等。时间定额以工日为单位，一个工日工作时间为8h。

时间定额的计算方法，见式（2-1）：

$$单位产品的时间定额（工日）= 1/每日产量 \tag{2-1}$$

按工人小组计算时，则见式（2-2）：

$$单位产品的时间定额（工日）= 小组成员工日数总和/小组每班产量 \tag{2-2}$$

（2）产量定额

产量定额是指正常的施工技术水平和合理的劳动组织条件下，一定技术等级的工人或个人小组在单位时间（一个工日内）完成质量合格产品的数量。产量定额的计量单位有米（m）、平方米（m^2）、立方米（m^3）、吨（t）、块、根、件、扇等。

产量定额的计算方法，见式（2-3）：

$$每工日产量定额 = 1/单位产品的时间定额（工日） \tag{2-3}$$

按工人小组计算时，则见式（2-4）：

$$小组每班产量定额 = 小组每班产量/小组成员工日数总和（工日） \tag{2-4}$$

时间定额与产量定额互为倒数，可以相互换算。人工定额表现形式见表2-5，表中数据为复式表示，形式为时间定额/每工产量。分子为单位产品消耗人工的时间定额，分母为每工日的产量定额。

1m³ 砌体的劳动定额　　　　　　　　　　　表 2-5

项 目		双面清水				单面清水					序号
		0.5砖	1砖	1.5砖	2砖及2砖以上	0.5砖	0.75砖	1砖	1.5砖	2砖及2砖以上	
综合	塔吊	$\frac{1.49}{0.571}$	$\frac{1.2}{0.833}$	$\frac{1.14}{0.877}$	$\frac{1.06}{0.943}$	$\frac{1.45}{0.69}$	$\frac{1.41}{0.709}$	$\frac{1.16}{0.862}$	$\frac{1.08}{0.926}$	$\frac{1.01}{0.99}$	一
	机吊	$\frac{1.69}{0.592}$	$\frac{1.41}{0.709}$	$\frac{1.34}{0.746}$	$\frac{1.25}{0.794}$	$\frac{1.64}{0.61}$	$\frac{1.61}{0.621}$	$\frac{1.37}{0.730}$	$\frac{1.28}{0.781}$	$\frac{1.22}{0.82}$	二
砌砖		$\frac{0.996}{1}$	$\frac{0.69}{1.45}$	$\frac{0.62}{1.62}$	$\frac{0.54}{1.85}$	$\frac{0.952}{1.05}$	$\frac{0.908}{1.10}$	$\frac{0.65}{1.54}$	$\frac{0.563}{1.78}$	$\frac{0.496}{2.02}$	三
运输	塔吊	$\frac{0.412}{2.43}$	$\frac{0.418}{2.39}$	$\frac{0.418}{2.39}$	$\frac{0.418}{2.39}$	$\frac{0.412}{2.43}$	$\frac{0.415}{2.41}$	$\frac{0.418}{2.39}$	$\frac{0.418}{2.39}$	$\frac{0.418}{2.39}$	四
	机吊	$\frac{0.61}{1.64}$	$\frac{0.619}{1.62}$	$\frac{0.619}{1.62}$	$\frac{0.619}{1.62}$	$\frac{0.61}{1.64}$	$\frac{0.613}{1.63}$	$\frac{0.619}{1.62}$	$\frac{0.619}{1.62}$	$\frac{0.619}{1.62}$	五
调制砂浆		$\frac{0.081}{12.3}$	$\frac{0.096}{10.4}$	$\frac{0.101}{9.9}$	$\frac{0.102}{9.8}$	$\frac{0.081}{12.3}$	$\frac{0.085}{11.8}$	$\frac{0.096}{10.4}$	$\frac{0.101}{9.9}$	$\frac{0.102}{9.8}$	六
编号		4	5	6	7	8	9	10	11	12	

3. 人工定额的编制方法

编制人工定额，确定工日消耗量，可以采用技术测定法、统计分析法、比较类推法和经验估计法等。

（1）技术测定法：技术测定法是根据生产技术和施工组织条件，对施工过程中各工序采用测时法，写实记录法、工作日写实法，测出各工序的工时消耗等资料，再对所获得的资料进行科学的分析，制定出人工定额的方法。

（2）统计分析法：统计分析法是把过去施工生产中同类工程或同类产品的工时消耗统计资料，与当前生产技术和施工组织条件的变化因素结合起来，进行统计分析的方法。这种方法简单易行，适用于施工条件正常、产品稳定、工序重复量大和统计工作制度健全的施工过程。但是，过去的记录只是实耗工时，不反映生产组织和技术的状况。所以，用这种方法求出的定额水平，只是已达到劳动生产率水平，而不是平均水平。实际应用中，必须分析研究各种因素变化趋势，使定额能真实地反映施工生产平均水平。

（3）比较类推法：对于同类型产品规格多、工序重复、工作量小的施工过程，常用比较类推法。采用此法制定定额是以同类型工序和同类型产品的实耗工时为标准，类推出相似项目定额水平的方法。此法必须掌握类似的程度和各种影响因素的异同程度。

（4）经验估计法：经验估计法是根据定额专业人员、经验丰富的工人和施工技术人员的实际工作经验，参考有关定额资料，对施工管理组织和现场技术条件进行调查、讨论和分析制定定额的方法。经验估计法通常作为一次性定额测定使用。

2.2.2 材料消耗定额

材料消耗定额是指在合理使用材料的条件下，生产单位质量合格建筑产品必须消耗一定品种、规格的材料（包括半成品、燃料、配件、水、电等）的数量。

材料作为劳动对象是构成工程的实体物资，需用量很大，种类繁多。在我国建筑工程的直接成本中，材料费约占 60%～70%。材料消耗量多少、是否合理，不仅关系到资源的有效利用，而且对工程造价的确定和成本控制有着决定性影响。

材料消耗定额是编制材料需要量计划、运输计划、供应计划、计算仓库面积、签发限额领料单和经济核算的依据。制定合理的材料消耗定额，是组织材料的正常供应，保证生产顺利进行，以及合理利用资源，减少积压、浪费的必要前提。

1. 材料消耗定额的内容

单位合格产品必须消耗的材料数量由两部分组成，即材料的净用量和损耗量。材料的净用量指直接用于工程并构成工程实体的材料数量；材料的损耗量是指材料出库后在施工现场内运输及操作过程中不可避免的施工废料和材料损耗数量，如场内运输及场内堆放在允许范围内的损耗、加工制作中的合理损耗及施工操作中的合理损耗等。

材料损耗量常用损耗率表示，损耗率通过观测和统计方法确定，不同材料的损耗率不同。材料损耗量计算方法见式（2-5）和式（2-6）。

$$材料损耗率 = 材料损耗量 / 材料净用量 \times 100\% \qquad (2\text{-}5)$$

$$材料总消耗量 = 材料净用量 + 损耗量 = 材料净用量 \times (1 + 材料损耗率)$$

$$(2\text{-}6)$$

材料消耗定额指标的组成，按其使用性质、用途和用量大小划分为主要材料、辅助材料、周转性材料和零星材料。

2. 材料消耗定额的编制方法

编制材料消耗定额的方法有观测法、试验法、统计法和理论计算法。

（1）观测法：又称现场测定法，是在施工现场按一定程序对完成合格产品的材料耗用量进行测定，通过分析、整理，确定单位产品的材料消耗定额。利用观测法主要是确定材料损耗率，也可以提供编制材料净用量定额的数据。

（2）试验法：是在试验室中进行试验和测定工作，这种方法一般用于确定各种材料的配合比。例如，求得不同强度等级混凝土的配合比，用以计算每立方米混凝土的各种材料耗用量。其优点是能更深入、更详细地研究各种因素对材料的影响。其缺点是没有估计到或无法估计到施工现场的某些因素对材料消耗的影响。

（3）统计法：通过统计现场各分部分项工程的进料数量、用料数量、剩余数量及完成产品数量，并对大量统计资料进行分析计算，获得材料消耗的数据。这种方法由于不能分清材料消耗的性质，因而不能作为确定材料净用量定额和材料损耗量定额的精确依据。采用统计法必须要注意统计与测算的耗用材料和其相应产品的一致性。在施工现场的某些材料消耗，如集中堆放的黄砂、石子等，往往难以区分用在各个不同部位上的准确数量。因此，要注意统计资料的准确性和有效性。

（4）理论计算法：是根据施工图纸，运用一定的数学公式计算材料的耗用量。理论计算法只能计算出单位产品的材料净用量，材料的损耗量还要在现场通过实测取得。这种方法适用于一般板块类材料的计算。例如：1m^3 标准砖墙中，标准砖、砂浆的净用量计算公式见式（2-7）和式（2-8）。

$$砖净用量(块) = \frac{1 \times 墙厚的砖数 \times 2}{(砖长 + 灰缝) \times (砖厚 + 灰缝) \times 墙厚} \qquad (2\text{-}7)$$

$$砂浆净用量 = 1\text{m}^3 \ 砌体 - 砖净用量 \times 每块砖的体积 \qquad (2\text{-}8)$$

其中标准砖（$240 \times 115 \times 53$）墙厚的砖数与墙厚见表 2-6。

标准砖墙墙厚的砖数与墙厚表　　　　　　　　　　　表 2-6

设计（mm）	60	120	180	240	370	490
墙厚砖数	1/4	1/2	3/4	1	$1\frac{1}{2}$	2
计算墙厚（m）	0.053	0.115	0.178	0.24	0.365	0.49

【例 2-1】 用标准砖（240×115×53）砌 370 厚砖墙。求 $1m^3$ 的砖墙中标准砖、砂浆的净用量。

【解】 $1m^3$ 的 $1\frac{1}{2}$ 砖墙中标准砖的净用量：

砖净用量 $= 1 \times 1.5 \times 2 / [0.365 \times (0.053 + 0.01) \times (0.24 + 0.01)] = 521.9$ 块

$1m^3$ 的 $1\frac{1}{2}$ 砖墙中砂浆的净用量：

$$砂浆净用量 = 1m^3 砌体 - 砖净用量 \times 每块砖的体积$$

其中　　每块标准砖的体积 $= 0.24 \times 0.115 \times 0.053 = 0.0014628m^3$

砂浆净用量 $= 1 - 521.9 \times 0.0014628 = 0.237m^3$

3. 周转性材料消耗定额的编制

周转性材料是指施工过程中多次使用、周转的工具性材料，如钢筋混凝土工程用的模板，搭设脚手架的脚手管、扣件，土方工程中的支撑、挡土板等。定额中周转材料消耗量指标应当用一次使用量和摊销量两个指标表示。一次使用量是材料在不重复使用时的一次使用量，供施工企业组织施工用；而摊销量是指周转材料退出使用，应分摊到一定计量单位的结构构件的周转材料消耗量，供施工企业成本核算或投标报价使用。例如，捣制混凝土构件的木模板摊销量的计算公式如式（2-9）～式（2-12）。

$$一次使用量 = 净用量 \times (1 + 操作损耗率) \tag{2-9}$$

$$周转使用量 = \frac{一次使用量 \times [1 + (周数次数 - 1) \times 补损率]}{周数次数} \tag{2-10}$$

$$回收量 = \frac{一次使用量 \times (1 - 补损率)}{周转次数} \tag{2-11}$$

$$摊销量 = 周转使用量 - 回收量 \times 回收折价率 \tag{2-12}$$

【例 2-2】 某混凝土结构施工采用木模板，木模板一次净用量为 $200m^2$，模板现场制作安装不可避免的损耗率为 3%，模板可周转使用 5 次，每次补损率为 5%。

则该模板周转使用量为：

$$200m^2 \times (1 + 3\%) \times [1 + (5 - 1) \times 5\%] / 5 = 49.44m^2$$

$$回收量 = \frac{一次使用量 \times (1 - 补损率)}{周转次数}$$

$$= 200 \times (1 + 3\%) \times (1 - 5\%) / 5 = 39.14m^2$$

如按照回收折价率 50% 计算，计算该木模板的摊销量：

$$摊销量 = 49.44 - 39.14 \times 50\% = 29.87m^2$$

2.2.3　机械台班使用定额

机械台班使用定额是指在正常的施工条件下，为生产单位合格产品所需消耗某种机械的工作时间，或在单位时间内该机械完成的合格产品数量。一台施工机械工作一个工作班，一般为 8h，为一个台班。

1. 机械台班使用定额的编制

（1）机械工作时间消耗分类：与编制人工消耗定额一样，编制机械台班消耗定额也需要对机械消耗时间进行分类。机械工作时间消耗，按其性质机械工作时间分必需消耗的时间和损失时间两大类，具体分类见表 2-7。

机械工作时间组成表　　　　　　表 2-7

机械工作时间										
必须消耗的时间						损失时间				
有效工作时间		不可避免的无负荷工作时间	不可避免的中断时间				停工时间		违背劳动纪律损失时间	低负荷下工作时间
正常负荷下	有根据地降低负荷下		与工艺过程的特点有关	与机械有关	工人休息时间	多余工作时间	施工本身造成的停工时间	非施工本身造成的停工时间		

机械必需消耗的工作时间，包括有效工作、不可避免的无负荷工作和不可避免的中断三项时间消耗。而有效工作的时间消耗又包括正常负荷下、有根据地降低负荷下的工时消耗。机械损失的工作时间，包括多余工作、停工、违背劳动纪律所消耗的工作时间和低负荷下的工作时间。

① 正常负荷下的工作时间，是指机械在与机械说明书规定的计算负荷相符的情况下进行工作的时间。

② 有根据地降低负荷下的工作时间，是指在个别情况下由于技术上的原因，机械在低于其计算负荷下工作的时间。例如，汽车运输重量轻而体积大的货物时，不能充分利用汽车的载重吨位因而不得不降低其计算负荷。

③ 不可避免的无负荷工作时间，是指由施工过程的特点和机械结构的特点造成的机械无负荷工作时间，例如筑路机在工作区末端调头等。

④ 不可避免的中断时间，是与工艺过程的特点、机械的使用和保养、工人休息有关的中断时间。

与工艺过程的特点有关的不可避免中断工作时间，有循环的和定期的两种。循环的不可避免中断，如汽车装货和卸货时的停车；定期的不可避免中断，如把灰浆泵由一个工作地点转移到另一工作地点时的工作中断。

与机械的使用与保养有关的不可避免中断时间，是由于工人进行准备与结束工作或辅助工作时，机械停止工作而引起的中断工作时间。

工人休息时间，前面已经作了说明。要注意的是应尽量利用与工艺过程有关的和与机械有关的不可避免中断时间进行休息，以充分利用工作时间。

⑤ 机械的多余工作时间，是指机械进行工作任务内和工艺过程内未包括的内容而延续的时间，如工人没有及时供料而使机械空运转的时间。

⑥ 机械的停工时间，按其性质可分为施工本身造成的和非施工本身造成的停工。前者是由于施工组织得不好所引起的停工现象，如由于未及时供给

机械燃料而引起的停工；后者是由于气候条件所引起的停工现象，如暴雨时压路机的停工。

⑦ 违反劳动纪律引起的机械损失时间，是指由于工人迟到、早退或擅离岗位等原因引起的机械停工时间。

⑧ 低负荷下的工作时间，是由于操作人员的过错造成施工机械在降低负荷情况下工作的时间。例如，工人装车时砂石数量不足引起汽车在降低负荷情况下工作所延续的时间。

（2）机械台班使用定额的编制内容

机械台班使用定额的编制内容及步骤，见表2-8。

机械台班使用定额的编制内容 表2-8

拟定机械工作的正常施工条件	包括工作地点的合理组织、施工机械作业方法的拟定、配合机械作业的施工小组的组织、机械工作班制度
确定机械纯工作1小时的净工作生产率	
确定机械的利用系数	机械利用系数＝工作班净工作时间/机械工作班时间
计算机械台班定额	机械台班产量定额＝机械生产率×工作班延续时间×机械利用系数 机械时间定额＝1/机械台班产量定额
拟定工人小组的定额时间	配合机械作业的工人小组的工作时间总和 工人小组定额时间＝机械时间定额×工人小组的人数

2. 机械台班使用定额的形式

机械台班使用定额按其表现形式的不同，可分为机械时间定额和机械产量定额。

（1）机械时间定额，是在合理劳动组织与合理使用机械的条件下，完成单位合格产品所必需的工作时间，包括有效工作时间（正常负荷下的工作时间和降低负荷下的工作时间）、不可避免的中断时间和不可避免的无负荷工作时间。机械时间定额以"台班"表示，见式（2-13）。

$$单位产品机械时间定额(台班) ＝ 1/ 台班产量 \qquad (2-13)$$

由于机械工作必须由工人小组配合，所以完成单位合格产品的时间定额，应同时列出人工时间定额，见式（2-14）。

$$单位产品人工时间定额(工日) ＝ 小组成员总人数 / 台班产量 \qquad (2-14)$$

（2）机械产量定额，是在合理劳动组织与合理使用机械条件下，机械在每个台班时间内应完成合格产品的数量，机械时间定额和机械产量定额互为倒数关系，见式（2-15）。

$$机械台班产量 ＝ 1/ 机械时间定额(台班) \qquad (2-15)$$

机械台班使用定额通常采用复式表示法，形式为人工时间定额/机械台班产量，即分子表示人工时间定额，分母表示机械台班产量。机械台班定额表格的形式见表2-9。

41

正铲挖土机每一台班的劳动定额（单位：100m³）　　　表 2-9

项　目				装　车			不装车			编号
				一、二类土	三类土	四类土	一、二类土	三类土	四类土	
正铲挖土机斗容量	0.5	挖土深度 m	1.5以外	$\dfrac{0.466}{4.29}$	$\dfrac{0.539}{3.71}$	$\dfrac{0.629}{3.18}$	$\dfrac{0.442}{4.52}$	$\dfrac{0.490}{4.08}$	$\dfrac{0.578}{3.46}$	94
			1.5以内	$\dfrac{0.444}{4.50}$	$\dfrac{0.513}{3.90}$	$\dfrac{0.612}{3.27}$	$\dfrac{0.422}{4.74}$	$\dfrac{0.466}{4.29}$	$\dfrac{0.563}{3.55}$	95
	0.75		2以内	$\dfrac{0.400}{5.00}$	$\dfrac{0.454}{4.41}$	$\dfrac{0.545}{3.67}$	$\dfrac{0.370}{5.41}$	$\dfrac{0.420}{4.76}$	$\dfrac{0.512}{3.91}$	96
			2以外	$\dfrac{0.382}{5.24}$	$\dfrac{0.431}{4.64}$	$\dfrac{0.518}{3.86}$	$\dfrac{0.535}{5.67}$	$\dfrac{0.400}{5.00}$	$\dfrac{0.485}{4.22}$	97
	1.00		2以内	$\dfrac{0.322}{6.21}$	$\dfrac{0.369}{5.42}$	$\dfrac{0.420}{4.76}$	$\dfrac{0.299}{6.69}$	$\dfrac{0.351}{5.70}$	$\dfrac{0.420}{4.76}$	98
			2以外	$\dfrac{0.307}{6.51}$	$\dfrac{0.351}{5.69}$	$\dfrac{0.398}{5.02}$	$\dfrac{0.285}{7.01}$	$\dfrac{0.334}{5.99}$	$\dfrac{0.398}{5.02}$	99
序号				一	二	三	四	五	六	

【例 2-3】　根据表 2-9 计算斗容量 1m³ 正铲挖土机挖 1000m³ 土所需要的机械台班，人工工日以及配合机械工作的小组人员数。已知：挖四类土并装车，挖土深度 2m 以内。

【解】　根据已知条件查表 2-9，对应挖土机每一台班产量为 4.76（100m³），每挖 100m³ 土消耗人工 0.42 工日。

则：　　　　挖 1000m³ 土的机械时间定额 $= \dfrac{10}{4.76} = 2.1$ 台班

挖 1000m³ 土的人工时间定额 $= 0.42 \times 1000/100 = 4.2$ 工日

每个台班需小组成员数量 $= 4.2/2.1 = 2$ 个

2.3　预算定额的编制

预算定额是规定消耗在单位工程的基本构造要素分项工程上的劳动力、材料和机械台班的数量标准。预算定额的主要用途是作为编制施工图预算的主要依据，也是确定工程造价、控制工程造价的基础。在现阶段，预算定额是决定建设单位的工程费用支出和决定施工单位企业收入的重要因素。预算定额是在施工定额的基础上进行综合扩大编制而成的。其中的人工、材料和施工机械台班的消耗水平根据施工定额综合取定，定额子目的综合程度大于施工定额，从而可以简化施工图预算的编制工作。

2.3.1　预算定额的编制

1. 预算定额的编制依据

预算定额的编制依据主要包括：

（1）现行劳动定额和施工定额。预算定额是在现行劳动定额和施工定额的基础上编制的。预算定额中劳动力、材料、机械台班消耗水平，需要根据劳动定额或施工定额取定；预算定额计量单位的选择，也要以施工定额为参考，从而保证二者的协调和可比性，减轻预算定额的编制工作量，缩短编制时间。

（2）现行设计规范、施工验收规范和安全操作规程。预算定额以生产合格产品为条件，在确定劳动力、材料和机械台班消耗数量时，必须考虑上述各项规范的要求和影响。

（3）具有代表性的典型工程施工图及有关标准图。对这些图纸进行仔细分析研究，并计算出工程数量，作为编制定额时选择施工方法、确定定额含量的依据。

（4）新技术、新结构、新材料和先进的施工方法等。这类资料是调整定额水平和增加新的定额项目所必需的依据。

（5）有关科学实验、技术测定和统计、经验资料。这类资料是确定定额水平的重要依据。

（6）现行的预算定额、材料预算价格及有关文件规定等，包括过去定额编制过程中积累的基础资料，也是编制预算定额的依据和参考。

2. 预算定额编制的原则

为充分发挥预算定额的作用，并方便使用，在预算定额编制工作中应遵循以下原则：

（1）按社会平均水平确定预算定额的原则。预算定额是确定和控制建筑安装工程造价的主要依据。因此，必须遵照价值规律的客观要求，即按生产过程中所消耗的社会必要劳动时间确定定额水平。预算定额的平均水平，指在正常的施工条件下，合理的施工组织和工艺条件、平均劳动熟练程度和劳动强度下，完成单位分项工程基本构造要素所需要的劳动时间。

（2）简明适用的原则。在编制预算定额时，对主要的，常用的、价值量大的项目，分项工程划分宜细；次要的、不常用的、价值量相对较小的项目则可以粗一些。其次，预算定额的项目要齐全，应当注意及时补充因采用新技术、新结构、新材料而出现的新的定额项目。最后要合理确定预算定额的计算单位，尽可能避免同一种材料用不同的计量单位和一量多用，尽量减少定额附注和换算系数，以达到简化工程量计算的目的。

预算定额项目中的人工、材料和施工机械台班消耗量指标，应根据编制预算定额的原则和依据，采用理论与实际相结合，图纸计算与施工现场测算相结合，编制定额人员与现场工作人员相结合等方法进行计算。

2.3.2 预算定额人工消耗量的确定

预算定额人工消耗量一般以劳动定额为基础确定，当劳动定额缺项时，采用现场工作日写实等测时方法确定和计算预算定额的人工耗用量。

1. 预算定额人工消耗量的组成

预算定额中人工工日消耗量是指在正常施工条件下，完成单位合格分

44

部分项工程和结构构件所必须消耗的人工工日数量，由分项工程所综合的各个工序劳动定额包括的基本用工、其他用工两部分组成的，如图 2-1 所示。

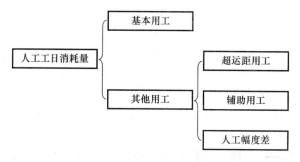

图 2-1　预算定额人工消耗量的组成图

（1）基本用工：指完成单位合格产品所必须消耗的技术工种用工，可按技术工种相应劳动定额计算，以不同工种列出定额工日。基本用工包括：

① 完成定额计算单位的主要用工：按式（2-16）计算。

$$基本用工 = \sum（预算定额加权综合的工程量 \times 劳动定额）\quad（2-16）$$

例如：对工程实际中的砖基础，有 1 砖厚、1 砖半厚、2 砖厚等之分，用工各不相同，在预算定额中可按照统计的比例，加权平均，套用相应劳动定额进行计算。

② 按劳动定额规定应增加计算的用工量：例如，砖基础埋深超过 1.5m 的部分要增加用工，预算定额中应按劳动定额测算的规定给予增加。

③ 预算定额内容增加用工：预算定额是以施工定额子目为基础综合扩大的，包括的工作内容较多，需要按内容组合用工量。

（2）其他用工：指辅助基本用工消耗的工日。按其工作内容不同又分为以下三类：

① 超运距用工：是指由于预算定额所考虑的现场材料、半成品堆放地点到操作地点的水平运输距离与劳动定额中已包括的材料、半成品场内水平搬运距离之差所增加的运输用工，按式（2-17）计算。

$$超运距用工数量 = \sum（超运距材料数量 \times 运输时间定额）\quad（2-17）$$

需要注意，实际工程现场材料运距超过预算定额取定运距时，还可另行计算现场二次搬运费（计入措施项目费用）。

② 辅助用工：指技术工种劳动定额内不包括而在预算内又必须考虑的用工。例如，机械土方工程配合用工，筛砂子、洗石子、淋化石灰膏等材料加工用工，电焊点火用工等，计算公式见式（2-18）。

$$辅助用工 = \sum（配合工程量及材料加工数量 \times 相应的时间定额）（2-18）$$

③ 人工幅度差用工：指劳动定额中未包括的、而在一般正常施工情况下又不可避免的一些零星用工，其内容如下：

A、各种专业工种之间的工序搭接及土建工程与安装工程的交叉、配合中不可避免的停歇时间；

B、施工机械在场内单位工程之间变换位置及在施工过程中移动临时停水、停电所发生的不可避免的间歇时间；

C、施工过程中水电维修用工；

D、隐蔽工程验收等工程质量检查影响的操作时间；

E、现场内单位工程之间操作地点转移影响的操作时间；

F、施工过程中工种之间交叉作业造成的不可避免的剔凿、修复、清理等用工；

G、施工过程中不可避免的直接少量零星用工。

人工幅度差计算公式见式（2-19）。

$$人工幅度差 ＝（基本用工＋辅助用工＋超运距用工）×人工幅度差系数$$
$$(2-19)$$

人工幅度差系数一般取 10％到 15％。

【例题 2-4】　砌筑10m³ 砖墙需基本用工 20 个工日，辅助用工 5 个工日，超运距用工 2 个工日，人工幅度差系数为 10％，请计算预算定额人工工日消耗量。

【解】　　人工幅度差 ＝（20＋5＋2）×10％ ＝ 2.7 工日

预算定额人工工日消耗量 ＝ 20＋5＋2＋2.7 ＝ 29.7 工日

2.3.3　预算定额材料消耗量的确定

预算定额材料消耗量是完成单位合格分部分项工程和结构构件所必须消耗的材料数量，按用途划分为以下四种，见表 2-10。

预算定额材料分类　　　　　　　　　　表 2-10

1	主要材料	直接构成工程实体的材料，其中也包括成品、半成品的材料
2	辅助材料	构成工程实体除主要材料以外的其他材料，如钉子、铁丝等
3	周转性材料	脚手架、模板等多次周转使用的不构成工程实体的摊销性材料
4	其他材料	用量较少，难以计量的零星用料，如棉纱、编号用的油漆等

预算定额材料消耗量计算方法包括以下几种：

（1）有标准规格的材料，如砖、防水卷材等，可按规范要求计算定额计量单位的耗用量。

（2）设计图纸标注尺寸及下料要求的，如用于门窗制作的方料、板料等，可按设计图纸尺寸计算材料净用量。

（3）各种胶结、涂料等材料的配合比用料，可以根据用料条件换算，得出材料用量。

（4）各种强度等级的混凝土及砂浆等按配合比耗用原材料数量的计算，须按照规范要求试配，经试压合格并经过必要的调整后得出水泥、黄砂、石子、水的用量。

45

（5）对新材料、新结构等，不能用其他方法计算定额消耗用量时，须用现场测定方法来确定，根据不同条件可以采用写实记录法和观察法，得出定额的消耗量。

2.3.4 预算定额机械台班消耗量的确定

预算定额中的机械台班消耗量是指在正常施工条件下，完成单位合格分部分项工程或结构构件必须消耗的某种型号施工机械的台班数量。

1. 预算定额机械台班消耗量组成

确定预算定额中的机械台班消耗量时，应按合理的施工方法，并考虑增加机械幅度差。即用施工定额或劳动定额中机械台班产量加机械幅度差来计算预算定额的机械台班消耗量。机械幅度差指在基础机械施工定额中未包括的，而机械在合理的施工组织条件下所必需的停歇时间，编制预算定额时应该加以考虑。具体内容包括：

（1）在正常施工组织条件下不可避免的机械空转时间；

（2）施工技术原因的中断及合理的停滞时间；

（3）供电供水故障及水电线路移动检修而发生的运转中断时间；

（4）气候变化或机械本身故障影响工时利用的时间；

（5）施工机械转移及配套机械相互影响损失的时间；

（6）配合机械施工的工人与其他工种交叉造成的间歇时间；

（7）检查工程质量造成的机械停歇时间；

（8）工程收尾时工作量不饱满造成的机械停歇时间等。

2. 预算定额机械台班消耗量的计算

预算定额的机械台班消耗量按式（2-20）计算。

$$预算定额机械台班耗用量 = 施工定额机械台班耗用量 \times (1 + 机械幅度差系数) \qquad (2\text{-}20)$$

砂浆、混凝土搅拌机，垂直运输用的塔吊等机械，一般按工人小组配合使用，以工人小组产量计算机械台班消耗量，不另增加机械幅度差。

占比重不大的零星小型机械按劳动定额小组成员计算出机械台班使用量，以"机械费"或"其他机械费"表示，不再列台班数量。

【例 2-5】 已知某挖土机挖土，一次正常循环工作时间是 40s，每次循环平均挖土量 0.3m³，机械正常利用系数为 80%，机械幅度差系数为 25%。求该机械挖 1000m³ 土方的预算定额机械耗用台班量。

【解】 机械纯工作 1h 循环次数 = 3600/40 = 90 次 / 台时

机械纯工作 1h 正常生产率 = 90 × 0.3 = 27m³

施工机械台班产量定额 = 27 × 8 × 80% = 172.8m³ / 台班

施工机械台班时间定额 = 1/172.8 = 0.00579 台班 /m³

挖 1000m³ 土方预算定额机械耗用台班量 = 0.00579 × (1 + 25%)

× 1000 = 7.23 台班

2.3.5 预算定额的形式

预算定额的表现形式有基础预算定额和综合预算定额两种。

1. 基础预算定额

基础预算定额以分部分项工程为对象，是综合预算定额的基础。基础定额适用于工业与民用建筑新建、改建和扩建工程。基础预算定额按施工顺序的分部工程划分章，按分项工程划分节，按结构类型、材质品种、机械类型、使用要求不同分别列项。

如"建筑工程基础预算定额"包括的分部工程有：桩基工程；土方工程；脚手架工程；砌筑工程；钢筋混凝土工程；构件运输安装工程；门窗及木结构工程；楼地面工程；屋面及防水工程；耐酸防腐、保温隔热工程；装饰工程；金属结构制作工程；建筑工程垂直运输工程；建筑物超高增加工程等。

基础预算定额一般由总说明、目录、各分部工程项目表和附录四个部分组成，见图 2-2 所示。

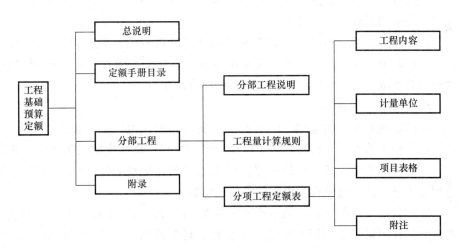

图 2-2　工程预算定额的组成

预算定额项目表是定额手册的主要部分，包括定额编号、定额项目名称、定额人工消耗量、定额材料消耗量、定额机械台班消耗量等。其中定额编号按章项确定，如 4-3 表示第 4 章第 3 项，对应的是砌筑工程中的多空砖内墙。表 2-11 为基础预算定额项目表的示例。

多孔砖内墙基础预算定额　　　　　　　　　　　　　表 2-11

工作内容：调运砂浆、运砌砖、门窗套、安放木砖、铁件等全部操作过程。

定额编号		4-3-1	4-3-2	4-3-3	4-3-4
项目	单位	多孔砖内墙			
		$1\frac{1}{2}$砖及以上	1 砖	$\frac{1}{2}$砖平砌	$\frac{1}{2}$砖侧砌
		m³	m³	m³	m³

续表

定额编号			4-3-1	4-3-2	4-3-3	4-3-4
人工	砖瓦工	工日	0.8646	0.8956	1.2164	1.2625
	其他工	工日	0.3652	0.3650	0.3875	0.3703
	人工工日（合计）	工日	1.2298	1.2606	1.6039	1.6328
材料	多孔砖（240×115×90）	块	332.0000	337.0000	351.0000	359.5600
	混合砂浆	m³	0.2370	0.2260	0.1930	0.1182
	水	m³	0.1050	0.1060	0.1120	0.1120
	其他材料费	%	0.2300	0.3500	0.7000	0.9000
机械	灰浆搅拌机 200L	台班	0.0296	0.0283	0.0241	0.0148

2. 综合预算定额

综合预算定额以扩大分项工程为对象，是对基础预算定额的综合、合并与扩大。综合预算定额的水平应与基础预算定额保持一致，或略低于基础预算定额水平。综合预算定额以计价为主，可以取代预算定额作为编制施工图预算、进行工程拨款和办理工程结算的依据以及编制概算定额和概算指标的基础，是编制工程标底的参考依据。

综合预算定额的项目表需要在基础预算定额内容的基础上增加"综合项目"一栏，说明该项综合预算定额是由基础预算定额那几个分项，按照多少含量综合而成的，可方便综合预算定额的换算套用。

3. 单位估价表的编制

在拟定预算定额的基础上，有时还需要根据所在地区的工资、物价水平计算确定相应的人工、材料和施工机械台班的价格，即相应的人工工资价格、材料预算价格和施工机械台班价格，计算拟定预算定额的每一分项工程的单位预算价格，这一过程称为单位估价表的编制。

分部分项工程的单价，是用预算定额规定的分部分项工程的人工、材料、机械台班耗用量分别乘以相应的人工价格、材料价格、机械台班价格，从而得到分部分项工程的人工费、材料费和机械费，并将三者汇总而成的。因此，单位估价表是以定额为基本依据，既需要人工、材料、机械台班的消耗量，又需要人工、材料、机械台班的价格，也即由"三量"和"三价"组合得到。

由于生产要素价格，即人工、材料、机械台班价格是随地区的不同而不同，随市场的变化而变化。所以，单位估价表应表现为一定地区在一定时间段的单位估价表，应按当时当地的资源价格来编制地区单位估价表，应随着市场价格的变化，及时不断地对单位估价表中的分部分项工程单价进行调整、修改和补充，使单位估价表能够正确反映市场的变化。

编制单位估价表时，在项目的划分、项目名称、项目编号、计量单位和工程量计算规则上应尽量与定额保持一致。

编制单位估价表，可以简化设计概算和施工图预算的编制。在编制概预算时，将各个分部分项工程的工程量分别乘以单位估价表中的相应单价后，即可计算得出分部分项工程的人工费、材料费和机械使用费，经累加汇总并计算各项取费即可得到相应的概预算造价。

2.3.6 预算定额的使用

使用预算定额，根据工程项目特征与预算定额项目的对应情况，可以分为直接套用预算定额，换算套用预算定额和补充后套用预算定额三种情况。

1. 直接套用预算定额

当编制预算工程的设计要求、结构形式、施工工艺、施工机械等与预算定额项目条件完全相符合时，可直接套用预算定额。在应用定额编制预算文件时，绝大多数项目属于直接套用定额这种情况。

套用定额时，应根据设计图纸的要求、做法说明，正确选择相应的套用项目。对工程项目的分项工程与预算定额项目，必须从工程内容、技术特征和施工方法上一一仔细核对，然后才能确定预算定额的套用项目，这是正确使用定额的关键。

2. 换算套用预算定额

当编制预算工程的设计要求与预算定额条件不完全相符时，不可直接套用预算定额，应根据定额的规定进行换算套用。换算的内容和方法有：

（1）砂浆及混凝土强度等级的换算

在砂浆及混凝土强度等级的换算中，除砂浆或混凝土拌合物的材料配合用量需换算外，其余的工、料、机用量不变。如采用商品混凝土或商品砂浆，只需换算不同强度等级的价格。

（2）乘系数换算

在预算定额的套用过程中，若定额的说明或附注要求在某些情况下对定额的某些内容进行乘系数换算时，应注意首先要区分是换算定额含量系数还是换算工程量系数，定额含量系数一般在定额说明或附注上列出；工程量系数一般在工程量计算规则中列出。其次要区分定额换算系数应乘在哪里，是乘在预算价格上还是乘在工、料、机消耗指标上。

【例 2-6】 人工挖基坑土方，坑深 7m，干处开挖，试计算挖 100m³ 土方的人工消耗量。

【解】 查基础预算定额人工挖基坑土、石方及其附注。

定额项目"干处开挖，坑深 6m 以内，每 10m³ 土方消耗人工 9.0 工日"；附注为"土方基坑深超过 6m 时，每加深 1m，按挖基坑深度 6m 以内定额，干处递增 5%，湿处递增 10%。"

则按照本例题坑深 7m，干处开挖，挖 100m³ 土方，换算后人工用量为：

$$9.0 \times (1 + 5\%) \times \frac{100}{10} = 94.5 \text{ 工日}$$

（3）补充套用预算定额

当编制预算工程的设计要求与预算定额条件完全不相符，或由于设计采用新材料、新工艺，在现行预算定额中无这类项目时，即属于定额缺项时，可编制补充定额。

编制补充定额一般采用两种方法：一是按照预算定额的编制方法，计算人工、各种材料及机械台班消耗指标，经有关人员审核讨论后确定；二是人工、机械及其他材料消耗量套用相近项目的定额计算，主要材料按施工图设计进行计算或测定。

2.4 概算指标的编制

概算指标是以每平方米或者每 $100m^2$ 建筑面积、或每幢建筑物、或每座构筑物、或每千米道路为计量单位，规定完成相应计量单位的建筑物或构筑物所需人工、材料和施工机械台班消耗量和相应费用的指标。因此，它较概算定额具有更强的综合性，编制概算也更方便、更简捷。在初步设计阶段，当设计深度不够时，往往用概算指标来编制初步设计概算，进行设计方案比选，工程投资控制，估算主要材料需求量和编制固定资产投资计划。

2.4.1 概算指标的编制依据

概算指标的编制需要参照下列依据：

（1）标准设计图纸和各类典型工程设计；

（2）国家颁发的建筑标准、设计规范、施工规范等；

（3）各类工程造价资料；

（4）现行概算定额和预算定额及补充定额资料；

（5）人工工资标准、材料预算价格、机械台班预算价格及其他价格资料。

2.4.2 概算指标的编制步骤

就房屋建筑工程为例，概算指标可按以下步骤进行编制：

（1）首先成立编制小组，拟定工作方案，明确编制原则和方法，确定概算指标的内容及表现形式，确定概算指标基价所依据的人工工日单价、材料价格和机械台班单价。

（2）收集整理编制指标所必需的标准设计，典型设计以及有代表性的工程设计图纸、设计预算等资料，充分利用已经积累的有使用价值的工程造价资料。

（3）按指标内容及表现形式的要求进行具体的计算分析，工程量尽可能利用经过审定的工程竣工结算等资料的工程量，或利用有可靠来源的工程量数据。由于原工程设计自然条件等的不同，必要时还要进行调整换算。按基价所依据的价格要求计算综合指标，并计算必要的主要材料消耗指标。用于调整价差的工、料、机消耗指标，一般可按不同类型工程划分项目进行分类计算。

（4）最后经过核对审核，平衡分析，水平测算，审查定稿。

随着有使用价值的工程造价资料积累制度和数据库的建立，以及电子计算机、网络技术的充分发展和应用，概算指标的编制工作将逐步向信息化、综合化发展。

2.4.3 概算指标的分类

概算指标可分为两大类，一类是建筑工程概算指标，另一类是安装工程概算指标，具体分类见图 2-3。由于概算指标的综合性极强，很难与拟建工程的建筑标准、结构特征、自然条件、施工条件等完全一致，因此，在选用指标时要非常慎重，注意使选用的指标与设计对象在各个方面尽量一致或者接近，以提高计算的准确性。如果设计对象的结构特征与概算指标的规定有局部差异时，需要对其进行调整和换算，用换算和调整后的指标进行计算。

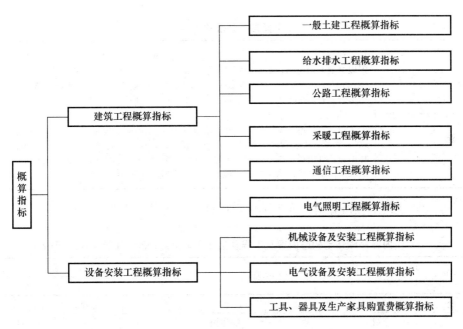

图 2-3 概算指标分类图

一般房屋建筑工程概算指标附有工程平、立、剖面示意图，并列出其建筑结构特征，如结构类型、层数、檐高、层高、跨度、基础深度及用料等。概算指标表中列出每 100m² 建筑面积的分部分项工程量，主要材料用量。

给水排水概算指标列有工程特征及经济指标，其工程特征栏内一般列出建筑面积、建筑层数、结构类型等。经济指标栏内一般列出每 100m² 建筑面积的人工费、主材费及主材用量等。

采暖概算指标除与给水排水概算指标相同内容外，其工程特征栏内还应列出采暖热源（如说明采用高压蒸汽、热水等）及采暖形式（如说明采用双管上行式、单管上行下给式等）。

电气照明概算指标一般在工程特征栏内列出建筑层数、结构类型、配线方式、配管材质、灯具名称等。在经济指标栏内一般列出每 100m² 建筑面积的人工费、主材费及主材用量。

2.4.4 概算指标的内容和形式

概算指标的组成内容一般分为文字说明和列表形式两部分，并配有必要的附录。

（1）文字说明包括总说明和分册说明。其内容一般包括：概算指标的编制范围，编制依据，分册情况，概算指标包括的内容及未包括的内容，指标的使用方法，指标允许调整的范围及调整方法等。

（2）列表形式：列表形式一般分建筑工程列表形式和安装工程列表形式，具体内容见表 2-12。

概算指标列表的内容　　　　表 2-12

建筑工程列表	房屋建筑、构筑物一般是以建筑面积、建筑体积、"座"、"个"等为计算单位，附以必要的示意图，示意图画出建筑物的轮廓示意或单线平面图，列出综合指标：元/m²，或元/m³，自然条件（如地耐力、地震烈度等），建筑物类型、结构形式及各部位中主要结构特点，主要工程量，主要材料用量
安装工程列表	设备以"t"或"台"为计算单位，也有以设备购置费或设备原价的百分比（%）表示，工艺管道一般以"t"为计算单位，通信电话站安装以"站"为计算单位。列出指标编号、项目名称、规格、综合指标（元/计算单位）之后，一般还要列出其中的人工费、主材费、辅材费和机械费指标。

（3）建筑工程概算指标列表示例，见表 2-13 和表 2-14。

内浇外砌住宅构造内容及工程量指标（单位：100m² 建筑面积）　**表 2-13**

序号	构造特征		工程量	
			单位	数量
一、土建				
1	基础	灌注桩	m³	14.64
2	外墙	二砖墙、清水墙勾缝、内墙抹灰刷白	m³	24.32
3	内墙	混凝土墙、一砖墙、抹灰刷白	m³	22.70
4	柱	混凝土柱	m³	0.70
5	地面	碎砖垫层、水泥砂浆面层	m²	13
6	楼面	120mm现浇板、水泥砂浆面层	m²	65
7	门窗	木门金属窗	m²	62
8	屋面	现浇板、水泥珍珠岩保温、卷材防水	m²	21.7
9	脚手架	综合脚手架	m²	100
二、给水排水及采暖				
1	采暖方式	集中采暖		
2	给水性质	生活给水明设		
3	排水性质	生活排水		
4	通风方式	自然通风		
三、电气照明				
1	配电方式	塑料管暗配电线		
2	灯具种类	日光灯		

内浇外砌住宅人工及主要材料消耗指标（单位：100m² 建筑面积）表 2-14

序 号	名称及规格	单 位	数 量	序 号	名称及规格	单 位	数 量
	一、土建				二、水暖		
1	人工	工日	506	1	人工	工日	39
2	钢筋	t	3.25	2	钢管	t	0.18
3	型钢	t	0.13	3	散热器	m²	20
4	水泥	t	18.10	4	卫生器具	套	2.35
5	石灰	t	2.10	5	水表	个	1.84
6	沥青	t	0.29		三、电照		
7	标准砖	千块	15.10	1	人工	工日	20
8	木材	m³	4.10	2	电线	m	283
9	砂	m³	41	3	钢管	t	0.04
10	碎石	m³	30.5	4	灯具	套	8.43
11	玻璃	m²	29.2	5	电表	个	1.84
12	卷材	m²	80.8	6	配电箱	套	6.1
					四、机械使用费	%	7.5
					五、其他材料费	%	19.57

2.5 估算指标的编制

投资估算指标用于编制投资估算，往往以独立的单项工程或完整的工程项目为计算对象，其主要作用是为项目决策和投资控制提供依据。投资估算指标比其他各种计价定额具有更大的综合性和概括性。

2.5.1 估算指标的作用

投资估算指标主要有以下几方面的作用：

（1）工程建设投资估算指标是编制项目建议书、可行性研究报告等前期工作阶段的投资估算的依据，也可以作为编制固定资产长远规划投资额的参考资料。

（2）投资估算指标在固定资产的形成过程中起着投资预测、投资决策、投资控制、投资效益分析的作用，是合理确定项目投资的基础。

（3）投资估算指标中的主要材料消耗量也是一种扩大材料消耗量的指标，可以作为计算建设项目主要材料消耗量的基础。

因此，正确编制估算指标对于提高投资估算准确度、合理评估建设项目经济效益、正确决策具有重要意义。

2.5.2 估算指标的编制

1. 估算指标的编制原则

编制投资估算指标除应遵守一般定额编制的原则外，还须坚持以下原则：

（1）投资估算指标项目的确定，应考虑以后几年编制建设项目建议书和

53

可行性研究报告投资估算的需要，即应考虑市场价格的动态变化。

（2）投资估算指标的分类、项目划分、项目内容、表现形式等要结合各专业的特点，并且与项目建议书、可行性研究报告的编制深度相适应。

（3）投资估算指标的编制要反映不同行业、不同项目和不同工程的特点，投资估算指标要适应项目前期工作深度的需要，且具有更大的综合性。

（4）投资估算指标的编制要贯彻静态和动态相结合的原则。要充分考虑到市场经济条件下建设条件，实施时间，建设期限等因素的不同；考虑到建设期动态因素，如价格、建设期利息、涉外工程的汇率等"动态"因素对投资估算的影响。

（5）投资估算的编制内容，典型工程的选择，必须遵循国家有关建设方针政策，符合科学技术发展方向要求，坚持技术上先进，经济上合理的原则。

2. 估算指标的编制步骤

投资估算指标的编制一般分三个阶段进行，见表2-15。

投资估算指标编制阶段表　　　　　　　　　　　　　表 2-15

收集整理资料阶段	收集整理已建成或正在建设的，符合现行技术政策和技术发展方向、有可能重复采用的、有代表性的工程设计施工图、标准设计以及相应的竣工决算或施工图预算资料等，这些资料是编制工作的基础，资料收集越广泛，反映出的问题越多，编制工作考虑得越全面，就越有利于提高投资估算指标的实用性和覆盖面。同时，对调查收集到的资料要选择占投资比重大、相互关联多的项目进行认真的分析整理，由已建成或正在建设的工程的设计意图、建设时间和地点、资料的基础等不同，相互之间的差异很大，需要去粗取精、去伪存真地加以整理，才能重复利用。将整理后的数据资料按项目划分栏目加以分类，按照编制年度的现行定额、费用标准和价格进行调整
平衡调整阶段	由于调查收集的资料来源不同，虽然经过一定的分析整理，但难免会由于设计方案、建设条件和建设时间上的差异带来的某些影响，使数据失准或漏项等，必须对有关资料进行综合平衡调整
测算审查阶段	测算是将新编的指标和选定工程的概预算，在同一价格条件下进行比较，检验其"量差"的偏离程度是否在允许偏差的范围内，如偏差过大，则要查找原因，进行修正，以保证指标的准确、实用。测算同时也要对指标编制质量进行系统检查，应由专人进行，以保持计算口径的统一，在此基础上组织专业人员予以全面审查定稿

2.5.3　估算指标的组成

一般地，按照建设项目层次和指标综合程度的不同，投资估算指标可划分为建设项目综合指标、单项工程指标和单位工程指标，见表2-16。

投资估算分类表　　　　　　　　　　　　　表 2-16

依据投资估算指标的综合程度分类	建设项目综合指标	包括按规定应列入建设项目总投资的从立项筹建开始至竣工验收交付使用的全部投资额，包括单项工程投资、工程建设其他费用和预备费等。 一般以项目的综合生产能力单位投资表示，如"元/t"；或以使用功能表示，如医院床位："元/床"

依据投资估算指标的综合程度分类	单项工程指标	指按规定应列入能独立发挥生产能力或使用效益的单项工程内的全部投资额,包括建筑工程费、安装工程费、设备、工器具及生产家具购置费和可能包含的其他费用。 一般以单项工程生产能力单位投资,如"元/t"或其他单位表示
	单位工程指标	包括按规定应列入能独立设计、独立施工的单位工程费用,即建筑安装工程费用。一般以 m²、m³、座等为单位

估算指标应列出工程内容、结构特征等资料,以便应用时依据实际情况进行必要的调整。

思考题与习题

一、思考题

2-1 简述定额的含义和分类。

2-2 简述建设工程定额的特性。

2-3 说明施工定额、预算定额、概算定额、概算指标和估算指标各自的编制对象及用途。

2-4 说明工人工作时间如何分类?

2-5 编制人工定额的方法有哪些?

2-6 时间定额和产量定额的含义和关系是什么?

2-7 材料消耗定额如何组成,确定材料消耗量的方法有哪些?

2-8 说明机械工作时间如何分类?

2-9 预算定额人工消耗量如何组成?

2-10 预算定额项目表的组成是怎样的?

2-11 定额和估价有何区别?

2-12 预算定额人工和机械幅度差分别包括哪些内容?

2-13 预算定额的套用分为哪几种情况?

2-14 概算定额与概算指标有何区别?

2-15 简述概算定额的编制依据和编制步骤。

2-16 概算指标分为哪几类?

2-17 简述投资估算指标的编制原则。

2-18 投资估算指标分为哪几个层次?

二、计算题

2-1 对一个 3 人小组进行砌墙施工过程的定额测定,3 人经过 12 小时的工作,共砌筑完成 5m³ 的合格墙体,计算该组工人的时间定额和产量定额。

2-2 通过计时观察,完成某工程的基本工作时间为 6h/m³,辅助工作时间占基本和辅助时间之和的 8%,准备与结束工作时间、不可避免的中断时间、休息时间分别占工作班时间的 3%、10%、2%,计算该工程的时间定额

55

和产量定额。

2-3 砌筑250mm厚砌块墙，灰缝厚度为10mm，砌块的施工损耗率为1.5%，砂浆损耗率为1%。砌块的规格为600mm×300mm×250mm，则每立方米砌块墙定额中砌块和砂浆的消耗量为多少？

2-4 砌筑每立方米一砖厚砖墙，砖（240mm×115mm×53mm）的净用量为529块，灰缝厚度为10mm，砖的损耗率为1%，砂浆的损耗率为2%。则每立方米一砖厚砖墙的砂浆消耗量为多少立方米。

2-5 出料容量为500L的砂浆搅拌机，每循环工作一次，需要运料、装料、搅拌、卸料和中断的时间分别为120s、30s、180s、30s、30s，其中运料与其他循环组成部分交叠的时间为30s。机械正常利用系数为0.8，则500L砂浆搅拌机的产量定额为多少 m³/台班。

2-6 在编制现浇混凝土柱预算定额时，测定每10m³混凝土柱工程量需消耗10.5m³的混凝土。现场采用500L的混凝土搅拌机，测得搅拌机每循环一次需4min，机械的正常利用系数为0.85。若机械幅度差系数为0，则该现浇混凝土柱10m³需消耗混凝土搅拌机多少台班。

2-7 分析表2-17中预算定额各个子目单位工程量的人工费、材料费、机械使用费以及定额基价。

某预算定额项目表（单位：10m³）　　　　　　　　　　表2-17

定额编号			3-1		3-2		3-4	
项目	单位	单价（元）	砖基础		混水砖墙			
					砖		1砖	
			数量	合价	数量	合价	数量	合价
基价			1254.31		1438.86		1323.51	
其中	人工费		303.36		518.20		413.74	
	材料费		931.65		904.70		891.35	
	机械费		19.30		15.96		18.42	
综合工日	工日	25.73	11.790	303.36	20.140	518.20	16.080	413.74
材料	水泥砂浆 M5	m³	93.92			1.950	183.14	2.250	211.32
	水泥砂浆 M10	m³	110.82	2.360	261.53				
	标准砖	百块	12.70	52.36	664.97	56.41	716.41	53.14	674.88
	水	m³	2.06	2.500	5.15	2.5000	5.15	2.5000	5.15
机械	灰浆搅拌机 200L	台班	49.11	0.393	19.30	0.325	15.96	0.375	18.42

2-8 某一正铲挖土机每一台班劳动定额表中 0.422/4.74（单位：100m³）表示定额的：人工时间/机械产量，求开挖周长2000m，深度5m的基坑需要多少机械台班、人工工日和工人小组人数。

2-9 某混凝土圆形柱施工采用木模板，圆柱直径1200mm，高度5m，共80根。模板现场制作安装不可避免的损耗率为3%，木模板可周转使用8次，每次补损率为 4%。求每根圆柱施工时的周转使用量和摊销量（回收折价率按 50%计算）。

2-10 某砖混结构的建筑物体积是 900m³，毛石带型基础的工程量为 67.5m³，砌块墙 232m³。若每 1m³ 毛石基础需要用砌石工 0.8 个工日，每 1m³ 砌块墙需要 1.1 工日。假定在该项单位工程中没有其他工程需要砌筑用工，则概算指标 1000m³ 建筑物需用多少工日的砌石工？

第3章
建筑工程工程量计算

本章知识点

> 本章主要介绍建筑工程工程量清单编制中的工程计量规则以及应用方法，详细阐述了清单计价模式下建筑工程工程量的计算规则。通过对本章的学习，需要掌握和了解的知识要点有：
> ◆ 掌握工程量计算的原理与方法；
> ◆ 掌握建筑面积的计算规则；
> ◆ 熟悉各分部分项工程的工作内容和特征描述；
> ◆ 掌握各分部分项工程工程量计算规则与应用方法。

3.1 工程量计算原则和方法

工程量是依据设计图纸的内容，按统一的工程量计算规则，用物理计量单位或自然计量单位计算出来的分项工程实物数量。工程量为编制建设工程预算、计算工程造价提供了原始数据，是反映建设工程内容的重要指标；为制定施工作业计划、资源供应计划提供了依据；也是建设统计和经济核算的基础，并为工程建设财务管理提供了依据。在工程量清单计价模式下，工程量作为招标文件的组成部分，为投标单位提供了统一的竞争平台。

3.1.1 工程量计算的原则

工程量的计算在整个计价工作中耗时最长，它直接影响到预算的及时性；另一方面，工程量的计算直接影响到各个分项工程费用的计算，从而影响工程造价的准确性。在计算工程量时，必须遵循一定的原则，避免重算、错算和漏算。工程量计算的原则如下：

1. 口径一致

根据施工图列出的分项工程应与预算定额或工程量清单计价规范中相应分项工程的口径相一致，因此在项目划分时要跟预算定额或工程量清单计价规范中该项目所包括的工作内容相符合。

2. 单位一致

按施工图纸计算工程量时，各分项工程量的计量单位必须与定额或工程量清单计价规范相应项目的计量单位一致，否则就无法套用相应子目。

3. 规则一致

在计算工程量时，必须严格遵循规定的工程量计算规则，以减小工程量计算的误差，从而提高工程造价计算的准确性。

4. 精度一致

工程量计算时，计算式要整洁，数字要清楚，必要时要注明项目部位，计算精度要一致。

5. 顺序一致

为了避免重算和漏算，工程量计算式一般应按照一定顺序进行，通常以长、宽、厚（高）顺序排列。

3.1.2 工程量计算的方法

工程量计算时，应严格按照图纸所标注的尺寸进行计算，不得任意更改尺寸，而且对图纸中的项目要认真反复清查，不得漏项和重复计算。

1. 工程量的计算依据

(1) 施工图纸及其配套的图集；

(2) 预算定额及说明；

(3)《建设工程工程量清单计价规范》GB 50500—2013；

(4) 建设工程工程量清单计价办法；

(5) 造价工作手册。

2. 工程量计算的步骤

计算工程量的具体步骤大体上可分为熟悉图纸、列出分项工程名称，计算基数，计算分项工程量，计算其他不能用基数计算的项目，整理与汇总、编制工程量清单五个步骤。在计算工程量的过程中，应将需要的数据统计并计算出来，具体工作包括：

(1) 计算基数；

(2) 编制统计表；

(3) 编制预制构件加工委托计划；

(4) 计算主要分部分项工程量；

(5) 计算零星项目；

(6) 计算措施项目和其他项目工程量；

(7) 汇总编制工程量清单。

3. 工程量计算顺序

工程量的计算是一项烦琐的过程，为使工程量的计算高效、准确，避免计算时重复和遗漏，需要工程量计算人员按照一定的顺序进行计算。

(1) 单位工程工程量计算顺序

单位工程的工程量计算顺序一般有：按图纸顺序，按清单计价规范分部分项的顺序，按施工顺序，按统筹图顺序和按计算软件程序等。

此外计算分项工程量时，可以先平面，后立面；先地下，后地上；先主体，后维护；先内墙，后外墙。住宅也可按建筑设计对称规律及单元个数计算。

（2）分项工程量计算顺序

分项工程量计算通常采用以下顺序：

1）按照顺时针方向计算

它是从施工图纸左上角开始，按顺时针方向计算，当计算路线绕图一周后，再重新回到施工图纸左上角的计算方法。

这种方法适用于：外墙挖基础土方、外墙基础、外墙、圈梁、过梁、楼地面、天棚、外墙粉饰、内墙粉饰等。

2）按照横竖分割计算

横竖分割计算是采用先横后竖、先左后右、先上后下的计算顺序。在同一施工图纸上，先计算横向工程量，后计算竖向工程量。在横向采用：先左后右、从上到下；在竖向采用：先上后下，从左至右。

这种方法适用于：内墙挖基础土方、内墙基础、内墙、间壁墙、内墙面粉饰等。

3）按照图纸注明编号、分类计算

按照图纸注明编号、分类计算，主要用于已在图纸上进行分类编号的钢筋混凝土结构、金属结构、门窗、钢筋等构件工程量的计算，如桩、框架柱、梁、板等构件，都可按图纸注明编号、分类计算。

4）按照图纸轴线编号计算

为计算和审核方便，对于造型或结构复杂的工程，可以根据施工图纸轴线编号确定工程量计算顺序。因为轴线一般都是按国家制图标准编号的，可以先算横轴线上的项目，再算纵轴线上的项目。并可在计算书上标明轴线编号，方便核对检查。

4. 工程量计算技巧及一般方法

工程量计算是一项技巧性较强的工作，掌握一定的技巧有利于快速、准确地计算工程量。

（1）工程量计算技巧

1）熟记工程量计算规则和相关问题处理规定；

2）结合设计说明看图纸；

3）统筹主体兼顾其他工程。

（2）建筑工程计算的一般方法

建筑工程工程量应注意"先分后合，先零后整"。分别计算工程量后，相同项目可以合并计算。另外，在建筑工程中，各部位的建筑结构和建筑做法不完全相同，要求也不一样，必须分别计算工程量。

工程量计算的一般方法有：分段法、分层法、分块法或分区域法、补加补减法、平衡法或近似法。

1）分段法：在通长构件中，当其中截面有变化时，可采取分段计算方法。如基础断面不同时，其基础垫层和基础工程量等应分段进行计算。

2）分层法：该方法在多层建筑的工程量计算中较为常见，例如墙体、构件布置、墙柱面装饰、楼地面做法等各层不同时，都应分层计算，然后再将各层相同做法的项目分别汇总。

3）分块法或分区域法：如天棚抹灰有多种构造和做法时，可以先计算小块，然后在总的面积中减去这些小块的面积，得到其他面积。大型工程项目平面设计比较复杂时，可在伸缩缝或沉降缝处将平面图划分成几个区域分别计算工程量，然后再将各区域相同特征的项目合并计算。

4）补加补减法：如多层建筑中，每层的墙体结构都相同，只有顶层多（或少）一个隔墙，可以先按照每层都无（有）这一隔墙计算，然后在顶层补加（补减）这一隔墙。

5）平衡法或近似法：适用于工程量不大或计算复杂难以准确计算时，如复杂地形的挖填土方工程，可以采用近似法计算。

5. 运用统筹法原理计算工程量

统筹法计算工程量就是利用"线、面、册"的相互关系，简化计算工作量。在工程量清单编制中，可以减少不必要的重复工作，亦称"四线"、"二面"、"一册"计算法。

"四线"：是指在建筑设计平面中外墙中心线的总长度（$L_中$）；外墙外边线的总长度（$L_外$）；内墙净长线长度（$L_内$）；内墙混凝土基础或垫层净长度（$L_净$）。

"二面"：是设计平面图中底层建筑面积（$S_底$）和房心净面积（$S_房$）。

"一册"：是指汇总各种计算工程量的有关系数；标准钢筋混凝土构件清单等内容的工程量计算手册或造价手册。

（1）"统筹法"计算工程量的基本要求

1）统筹程序、合理安排：在计算工程量的过程中，从图纸的整体上把握计算先后顺序、段落层次，合理安排计算过程；

2）利用基数、连续计算：根据图纸的尺寸，把"四条线"、"二个面"的长度和面积先算好，作为基数，然后利用基数分别计算与它们有关的分项工程量；

3）一次计算、多次应用：计算过程中算出来的基数数据要正确清晰地标明，计算其他数据时直接调用；

4）结合实际、灵活机动：根据设计图纸的特点，灵活安排计算顺序。

（2）基数计算应用

1）一般线面基数的计算

根据建筑平面图，可计算"四线"和"二面"，示例如下。

【**例 3-1**】 某建筑平面图如图 3-1 所示，设条形基础底宽 1200mm，计算一般线面基数。

【**解**】
$$L_中 = (3.00 \times 2 + 3.30) \times 2 = 18.60m$$
$$L_外 = (6.24 + 3.54) \times 2 = 19.56m$$
$$（或：L_外 = 18.60 + 0.24 \times 4 = 19.56m）$$

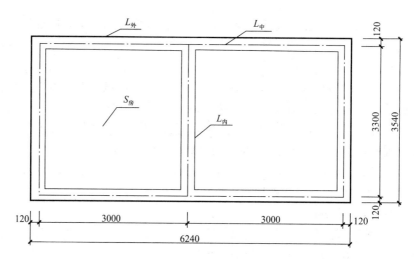

图 3-1　建筑平面图

$$L_{内} = 3.30 - 0.24 = 3.06\text{m}$$

$$L_{净} = 3.30 - 1.20 = 2.10\text{m}$$

$$S_{底} = 6.24 \times 3.54 = 22.09\text{m}^2$$

$$S_{房} = (3.00 \times 2 - 0.24 \times 2) \times (3.30 - 0.24) = 16.89\text{m}^2$$

2）偏轴线基数的计算

当建筑平面轴线与中心线不重合时，可以根据两者之间关系计算各基数，示例如下。

【例 3-2】　计算如图 3-2 所示基础平面图的线面基数。

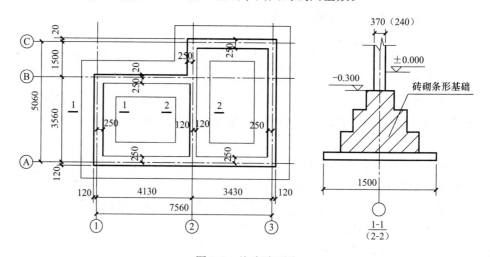

图 3-2　基础平面图

【解】　$L_{外} = (7.56 + 0.12 \times 2) \times 2 + (5.06 + 0.12 \times 2) \times 2$

$\qquad = 15.6 + 10.6 = 26.20\text{m}$

$L_{中} = (7.56 + 0.24 - 0.37) \times 2 + (5.06 + 0.24 - 0.37) \times 2$

$\qquad = 14.86 + 9.86 = 24.72\text{m}$

或：$L_{中} = L_{外} - 墙厚 \times 4 = 26.20 - 0.37 \times 4 = 24.72\text{m}$

$$L_{内} = 3.56 - 0.25 \times 2 = 3.06m$$

$$(垫层)L_{净} = L_{内} + 墙厚 - 垫层宽 = 3.56 - 0.25 \times 2 + 0.37 - 1.50 = 1.93m$$

$$S_{底} = 7.80 \times 5.30 - (4.13 + 0.12 - 0.25) \times 1.50 = 35.34m^2$$

$$S_{房} = (4.13 - 0.25 - 0.12) \times (3.56 - 0.25 \times 2)$$
$$+ (3.43 - 0.25 - 0.12) \times (5.06 - 0.25 \times 2) = 25.46m^2$$

$$或: S_{房} = S_{底} - L_{中} \times 墙厚 - L_{内} \times 墙厚$$
$$= 35.34 - 24.72 \times 0.37 - 3.06 \times 0.24 = 25.46m^2$$

3) 基数的扩展计算

某些分项工程项目的工程量计算不能直接使用基数，但与基数之间有着必然的联系，可以利用基数扩展计算，示例如下。

【例 3-3】 如图 3-3 所示，散水、女儿墙工程量等计算，可以利用外墙外边线基数 $L_{外}$ 扩展计算。

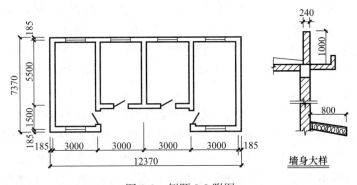

图 3-3 例题 3-3 附图

【解】
$$L_{外} = (12.37 + 7.37 + 1.50) \times 2 = 42.48m$$

$$女儿墙中心线长度 = L_{外} - 女儿墙厚 \times 4 = 42.48 - 0.24 \times 4 = 41.52m$$

$$女儿墙工程量 = 女儿墙中心线长度 \times 女儿墙厚 \times 女儿墙高$$
$$= 41.52 \times 0.24 \times 1.00 = 9.96m^3$$

$$散水中心线长度 = L_{外} + 散水宽 \times 4 = 42.48 + 0.80 \times 4 = 45.68m$$

$$散水工程量 = 散水中心线长度 \times 散水宽 = 45.68 \times 0.80 = 36.54m^2$$

3.2 建筑面积计算

3.2.1 建筑面积的概念

建筑面积亦称建筑展开面积，它是指建筑外墙勒脚以上外围水平投影面积之和。它是建筑规模大小的经济指标，包括使用面积、辅助面积和结构面积。

使用面积是指建筑物内各层平面布置中可直接为生产或生活使用的净面积的总和，在居住建筑中，使用面积也可称为"居住面积"。辅助面积是指建筑物各层平面布置中为辅助生产或生活使用所占的净面积的总和，如公共走廊（道）、电梯间、公共建筑中的卫生间等所占面积。使用面积与辅助面积的

图 3-4　建筑面积组成

总和称为"有效面积"。结构面积是指建筑物各层平面布置中的墙体、柱等结构所占的面积，不包括抹灰装饰厚度所占的面积的总和。建筑面积组成如图 3-4 所示。

3.2.2　建筑面积的作用

建筑面积是反映或衡量建筑物技术经济指标的重要参数之一，主要作用如下：

（1）在建筑设计中，可利用建筑面积计算建筑平面系数、土地利用系数、容积率等。

$$建筑平面系数 = 使用面积 / 建筑面积$$
$$土地利用系数 = 建筑占地面积 / 建筑用地面积$$
$$容积率 = 总建筑面积 / 建筑用地面积$$

（2）编制估算造价时，可将建筑面积作为估算指标的依据，如单位面积造价＝工程造价/建筑面积（元/m²）；编制概预算时，可用建筑面积来计算建筑或结构的工程量及造价指标、材料消耗量指标等技术经济指标，如人工消耗指标＝人工消耗量/建筑面积（工日/m²），材料消耗指标＝材料消耗量/建筑面积（t、m³ 等/m²）。

（3）在建筑施工企业管理中，建筑面积的完成量是考核企业的重要指标之一，建筑面积也是企业配备施工力量、物资资源、进行成本核算等的依据之一。

（4）建筑面积也用于衡量一个国家或地区的工农业发展状况及人民生活居住水平和文化生活福利设施建设发展的程度，如人均住房面积指标等。

3.2.3　建筑面积计算的规范术语

为完善和统一建筑面积的计算方法，使建筑面积的计算更加科学合理，首先应当明确计算时的通用语言，即计算术语。下面是常用的建筑面积计算的规范术语。

（1）层高：上下两层楼面或楼面与地面之间的垂直距离。

（2）自然层：按楼板、地板结构分层的楼层。

（3）架空层：建筑物深基础或坡地建筑吊脚架空部位不回填土石方形成的建筑空间。

（4）走廊：建筑物的水平交通空间。

（5）挑廊：挑出建筑物外墙的水平交通空间。

（6）檐廊：设置在建筑物底层出檐下的水平交通空间。

（7）回廊：在建筑物门厅、大厅内设置在二层或二层以上的回形走廊。

（8）门斗：在建筑物出入口设置的起分隔、挡风、御寒等作用的建筑过渡空间。

（9）建筑物通道：为道路穿过建筑物而设置的建筑空间。

（10）架空走廊：建筑物与建筑物之间，在二层或二层以上专门为水平交通设置的走廊。

（11）勒脚：建筑物的外墙与室外地面或散水接触部位墙体粉饰的加厚部分。

（12）围护结构：围合建筑空间四周的墙体、门、窗等。

（13）围护性幕墙：直接作为外墙、起围护作用的幕墙。

（14）装饰性幕墙：设置在建筑物墙体外起装饰作用的幕墙。

（15）落地橱窗：突出外墙面根基落地的橱窗。

（16）阳台：供使用者进行活动和晾晒衣物的建筑空间。

（17）眺望间：设置在建筑物顶层或挑出房间的供人们远眺或观察周围情况的建筑空间。

（18）雨篷：设置在建筑物进出口上部的遮雨、遮阳篷。

（19）地下室：房间地平面低于室外地平面的高度超过该房间净高的 1/2 者为地下室。

（20）半地下室：房间地平面低于室外地平面的高度超过该房间净高的 1/3，但不超过 1/2 者为半地下室。

（21）变形缝：伸缩缝（温度缝）、沉降缝和抗震缝的总称。

（22）永久性顶盖：经规划批准设计建造的永久使用的顶盖。

（23）飘窗：为房间采光和美化造型而设置的突出外墙的窗。

（24）骑楼：楼层部分跨在人行道上的临街楼房。

（25）过街楼：有道路穿过建筑空间的楼房。

3.2.4 建筑面积计算的规定

1. 建筑物层高的确定

（1）对于单层建筑物：其层高指室内地面标高至屋面板板面结构标高之间的垂直距离。

1）以屋面板找坡的平屋顶单层建筑物，其层高指室内地面标高至屋面板最低处板面结构标高之间的垂直距离。

2）坡屋顶的建筑按不同净高确定其建筑面积的计算范围。净高指楼面或地面至上部楼板底或吊顶底面之间的垂直距离。

（2）对于多层建筑物：其层高是指上下两层楼面结构标高之间的垂直距离（见图 3-5）。

1）建筑物底层的层高：有基础底板的取基础底板上表面结构标高至上层楼面的结构标高之间的垂直距离；没有基础底板的取地面标高至上层楼面结构标高之间的垂直距离。

2）顶层的层高：楼面结构标高至屋面板板面结构标高之间的垂直距离。遇有以屋面板找坡的屋面，层高指楼面结构标高至屋面板最低处板面结构标高之间的垂直距离。

2. 计算建筑面积的范围

（1）单层建筑物的建筑面积，应按其外墙勒脚以上结构外围水平投影面积计算，并应符合下列规定：

1）单层建筑物高度在 2.20m 及以上者应计算全面积；高度不足 2.20m

66

者应计算 1/2 面积。

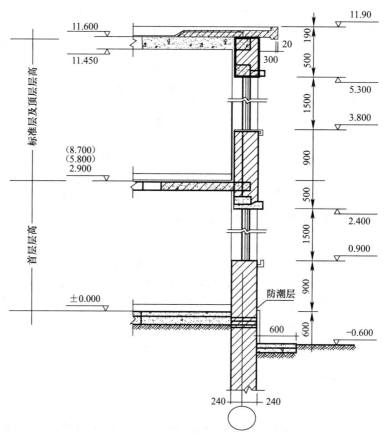

图 3-5　多层建筑物层高规定

2）利用坡屋顶内空间时，净高超过 2.10m 的部位应全计算建筑面积；净高在 1.20～2.10m 的部位应计算 1/2 面积；净高不足 1.20m 的部位不应计算面积。

（2）单层建筑物内设有局部楼层者，局部楼层的二层及以上楼层，有围护结构的应按其围护结构外围水平面积计算；无围护结构的应按其结构底板水平面积计算。层高在 2.20m 及以上者应计算全面积；层高不足 2.20m 者应计算 1/2 面积（见图 3-6）。

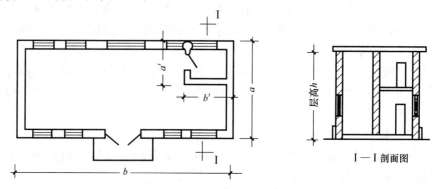

图 3-6　建筑物局部带楼层示意图

（3）多层建筑物首层应按其外墙勒脚以上结构外围水平投影面积计算；二层及以上楼层应按其外墙结构外围水平投影面积计算。层高在 2.20m 及以上者应计算全面积；层高不足 2.20m 者应计算 1/2 面积。

（4）多层建筑坡屋顶内和场馆看台下，当设计加以利用时，净高超过 2.10m 的部位应计算全面积；净高在 1.20～2.10m 的部位应计算 1/2 面积；当设计不利用或室内净高不足 1.20m 时不应计算面积。

（5）地下室、半地下室（车间、商店、车站、车库、仓库等），包括相应的有永久性顶盖的出入口，应按其外墙上口（不包括采光井、外墙防潮层及其保护墙）外边线所围水平投影面积计算。层高在 2.20m 及以上者应计算全面积；层高不足 2.20m 者应计算 1/2 面积，见图 3-7。

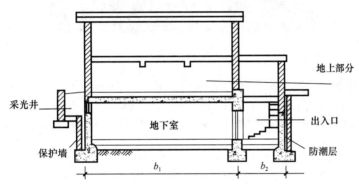

图 3-7　地下室剖面图

（6）坡地建筑物的吊脚架空层（见图 3-8）、深基础架空层，设计加以利用并有围护结构的，层高在 2.20m 及以上的部位应计算全面积；层高不足 2.20m 的部位应计算 1/2 面积。设计加以利用、无围护结构的建筑吊脚架空层，应按其利用部位水平面积的 1/2 计算；设计不利用的深基础架空层、坡地吊脚架空层、多层建筑坡屋顶内、场馆看台下的空间不应计算面积。

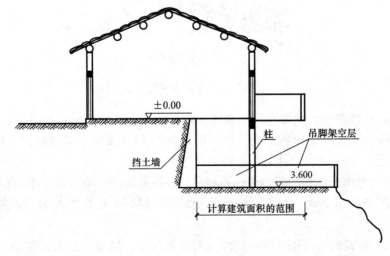

图 3-8　坡地建筑物吊脚架空层

（7）建筑物的门厅、大厅按一层计算建筑面积。门厅、大厅内设有回廊（见图 3-9）时，应按其结构底板水平面积计算。层高在 2.20m 及以上者应计算全面积；层高不足 2.20m 者应计算 1/2 面积。

图 3-9　回廊透视图

（8）建筑物之间有围护结构的架空走廊，应按其围护结构外围水平投影面积计算。层高在 2.20m 及以上者应计算全面积；层高不足 2.20m 者应计算 1/2 面积。有永久性顶盖无围护结构的应按其结构底板水平面积的 1/2 计算（见图 3-10）。

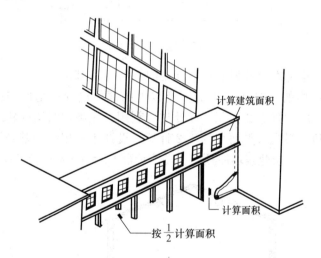

图 3-10　架空走廊透视图

（9）立体书库、立体仓库、立体车库，无结构层的应按一层计算，有结构层的应按其结构层面积分别计算。层高在 2.20m 及以上者应计算全面积；层高不足 2.20m 者应计算 1/2 面积。

（10）有围护结构的舞台灯光控制室，应按其围护结构外围水平投影面积计算。层高在 2.20m 及以上者应计算全面积；层高不足 2.20m 者应计算 1/2 面积。

（11）建筑物外有围护结构的落地橱窗、门斗、挑廊、走廊、檐廊，应按其围护结构外围水平投影面积计算（见图 3-11）。层高在 2.20m 及以上者应计算全面积；层高不足 2.20m 者应计算 1/2 面积。有永久性顶盖无围护结构的应按其结构底板水平面积的 1/2 计算。

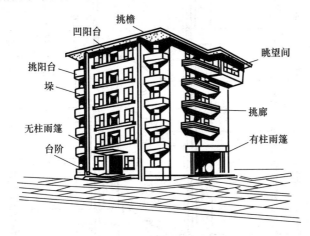

图 3-11　建筑物透视图

（12）有永久性顶盖无围护结构的场馆看台应按其顶盖水平投影面积的 1/2 计算。

（13）建筑物顶部有围护结构的楼梯间、水箱间、电梯机房等，层高在 2.20m 及以上者应计算全面积；层高不足 2.20m 者应计算 1/2 面积。如遇建筑物屋顶的楼梯间是坡屋顶，应按坡屋顶的相关规定计算建筑面积。

（14）设有围护结构不垂直于水平面而超出底板外沿的建筑物（指向建筑物外倾斜的墙体。若遇有向建筑物内倾斜的墙体，应视为坡屋顶。应按坡屋顶有关规定计算建筑面积），应按其底板面的外围水平面积计算。层高在 2.20m 及以上者应计算全面积；层高不足 2.20m 者应计算 1/2 面积。

（15）建筑物内的室内楼梯间、电梯井、观光电梯井、提物井、管道井、通风排气竖井、垃圾道、附墙烟囱等应按建筑物的自然层计算建筑面积，见图 3-12。

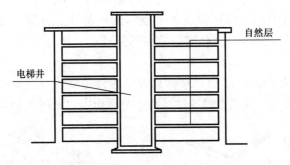

图 3-12　电梯井示意图

如遇跃层建筑，其共用的室内楼梯应按自然层计算面积；上下两错层户室共用的室内楼梯，应按上一层的自然层计算面积（见图 3-13）。

（16）雨篷结构的外边线至外墙结构外边线的宽度超过 2.10m 者，应按雨棚结构板的水平投影面积的 1/2 计算。

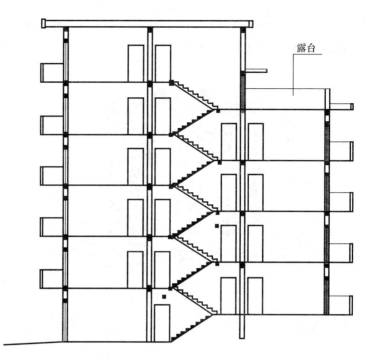

图 3-13　户室错层剖面示意图

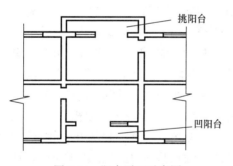

图 3-14　阳台平面示意图

（17）有永久性顶盖的室外楼梯，应按建筑物自然层的水平投影面积的 1/2 计算。

（18）建筑物的阳台，不论是凹阳台、挑阳台、封闭阳台、不封闭阳台均按其水平投影面积的 1/2 计算（见图 3-14）。

（19）有永久性顶盖无围护结构的车棚、货棚、站台（如图 3-15）、加油站、收费站等，应按其顶盖水平投影面积的 1/2 计算。在车棚、货棚、站台、加油站、收费站内设有围护结构的管理室、休息室等，另按相关条款计算建筑面积。

（20）高低联跨的建筑物，应以高跨结构外边线为界分别计算建筑面积；高低跨内部连通时，其变形缝应计算在低跨面积内，见图 3-16。

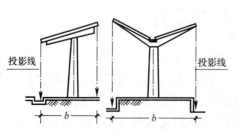

图 3-15　独立柱车棚、货棚、站台示意图

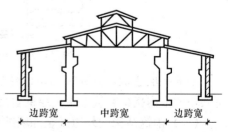

图 3-16　单层厂房高低联跨剖面图

（21）以幕墙作为围护结构的建筑物，应按幕墙外边线计算建筑面积。

（22）建筑物外墙外侧有保温隔热层的，应按保温隔热层外边线计算建筑面积。

（23）建筑物内的变形缝，应按其自然层合并在建筑物面积内计算。

3. 不计算建筑面积的范围

（1）建筑物通道（骑楼、过街楼的底层）。

（2）建筑物内的设备管道夹层。

（3）建筑物内分隔的单层房间，舞台及后台悬挂幕布、布景的天桥、挑台等。

（4）屋顶水箱、花架、凉棚、露台、露天游泳池。

（5）建筑物内的操作平台、上料平台、安装箱和罐体的平台。

（6）勒脚、附墙柱、垛、台阶、墙面抹灰、装饰面、镶贴块料面层、装饰性幕墙、空调机外机搁板（箱）、飘窗、构件、配件、宽度在2.10m及以内的雨篷以及与建筑物内不相连通的装饰性阳台、挑廊。

（7）无永久性顶盖的架空走廊、室外楼梯和用于检修、消防等的室外钢楼梯、爬梯。

（8）自动扶梯、自动人行道。

（9）烟囱、烟道、地沟、油（水）罐、气柜、水塔、贮油（水）池、贮仓、栈桥、地下人防通道、地铁隧道。

4. 建筑面积计算的应用

【例3-4】 图3-17所示建筑物为单层建筑物内设有局部楼层，计算该建筑物的建筑面积（内外墙墙厚为240mm）。

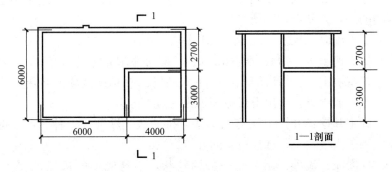

图3-17 建筑平面、剖面示意图

【解】 底层建筑面积=(6.0+4.0+0.24)×(3.30+2.70+0.24)
             =63.90m²

楼隔层建筑面积=(4.0+0.24)×(3.30+0.24)=4.24×3.54=15.01m²

总建筑面积=63.90+15.01=78.91m²

【例3-5】 计算图3-18所示建筑物地下室及出入口建筑面积（地下室外墙厚240mm）。

71

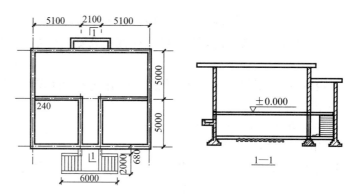

图 3-18 地下室及出入口

【解】 地下室 $S_1 = (5.1 \times 2 + 2.1 + 0.12 \times 2) \times (5 \times 2 + 0.12 \times 2)$
$= 128.41 \text{m}^2$

出入口 $S_2 = 6 \times 2 + (0.68 - 0.12) \times (2.1 + 0.12 \times 2) = 13.31 \text{m}^2$

总建筑面积 $S = S_1 + S_2 = 128.41 + 13.31 = 142 \text{m}^2$

注：采光井部分不计算建筑面积。

3.3 土石方工程量计算

3.3.1 土石方工程量计算的内容和范围

土石方工程中的土方工程主要包括平整场地、挖一般土方、挖沟槽土方、挖基坑土方、冻土开挖、挖淤泥、流砂、管沟土方；石方工程主要包括挖一般石方、挖沟槽石方、挖基坑石方、基底摊座、管沟石方等，适用于建筑物和构筑物的土石方开挖及回填工程。

(1) 平整场地：指挖、填、运、找平平均厚度在≤±300mm 的场地挖填土。

(2) 挖沟槽土方：指底宽≤7m，底长>3 倍底宽的土方开挖。

(3) 挖基坑土方：指底面积≤150m²，底长≤3 倍底宽的土方开挖。

(4) 挖一般土方：超出上述范围则为一般土方。

(5) 冻土开挖：开挖方法有人工法、机械法、爆破法三种。可依据冻土层的厚度和工程量大小，选择适宜的开挖方法。

(6) 挖淤泥、流砂：淤泥是一种稀软状，不易成形的灰黑色、有臭味、含有半腐朽的植物遗体，置于水中有动物残体渣滓浮于水面，并常有气泡由水中冒出的细粒土。流砂是在坑内抽水时，坑底具有流动状态的土，会随地下水涌出。这种土无承载力，边挖边冒，无法挖深，强挖会掏空地基。

(7) 管沟土方：在管沟工程开挖施工中，现场不宜放坡开挖，或放坡开挖可能对邻近建（构）筑物、地下管线、永久性道路产生危害时，应对管沟进行支护后开挖。

(8) 沟槽石方：底宽≤7m，底长>3 倍底宽为沟槽。

(9) 基坑石方：底面积≤150m²，底长≤3 倍底宽为基坑。

（10）一般石方：超出上述范围则为一般石方。

（11）基底摊座：指开挖爆破后，在需要设置的基底进行凿石找平，使基底达到设计标高要求，便于基础及垫层的施工。

（12）管沟石方：指管沟石方开挖、回填。

3.3.2　土石方开挖工程

1. 工程量清单项目设置及工程量计算规则

土石方工程工程量清单项目设置及工程量计算规则分别见表3-1、表3-2。

土方工程（编码：010101）　表3-1

项目编码	项目名称	项目特征	计量单位	工程量计算规则	工程内容
010101001	平整场地	1. 土壤类别 2. 弃土运距 3. 取土运距	m²	按设计图示尺寸以建筑物首层面积计算	1. 土方挖填 2. 场地找平 3. 运输
010101002	挖一般土方	1. 土壤类别 2. 挖土深度	m³	按设计图示尺寸以体积计算	1. 排地表水 2. 土方开挖 3. 围护（挡土板）、支撑 4. 基底钎探 5. 运输
010101003	挖沟槽土方			1. 房屋建筑按设计图示尺寸以基础垫层底面积乘以挖土深度计算； 2. 构筑物按最大水平投影面积乘以挖土深度（原地面平均标高至坑底高度）以体积计算	
010101004	挖基坑土方				
010101005	冻土开挖	冻土厚度		按设计图示尺寸开挖面积乘以厚度以体积计算	1. 爆破 2. 开挖 3. 清理 4. 运输
010101006	挖淤泥、流砂	1. 挖掘深度 2. 弃淤泥、流砂距离		按设计图示位置、界限以体积计算	1. 开挖 2. 运输
010101007	管沟土方	1. 土壤类别 2. 管外径 3. 挖沟深度 4. 回填要求	1. m 2. m²	1. 以米计量，按设计图示以管道中心线长度计算； 2. 以立方米计量，按设计图示管底垫层面积乘以挖土深度计算；无管底垫层按管外径的水平投影面积乘以挖土深度计算	1. 排地表水 2. 土方开挖 3. 围护（挡土板）、支撑 4. 运输 5. 回填

石方工程（编码：010102）　表3-2

项目编码	项目名称	项目特征	计量单位	工程量计算规则	工程内容
010102001	挖一般石方	1. 岩石类别 2. 开凿深度 3. 弃渣运距	m³	按设计图示尺寸以体积计算	1. 排地表水 2. 凿石 3. 运输
010102002	挖沟槽石方			按设计图示尺寸沟槽底面积乘以挖石深度以体积计算	
010102003	挖基坑石方			按设计图示尺寸基坑底面积乘以挖石深度以体积计算	
01002004	基底摊座		m²	按设计图示尺寸以展开面积计算	

续表

项目编码	项目名称	项目特征	计量单位	工程量计算规则	工程内容
010102005	管沟石方	1. 岩石类别 2. 管外径 3. 挖沟深度	1. m 2. m³	1. 以米计量，按设计图示以管道中心线长度计算； 2. 以立方米计量，按设计图示截面积乘以长度计算	1. 排地表水 2. 凿石 3. 回填 4. 运输

2. 工程量计算相关说明

（1）土壤的分类应按表 3-3 确定，如土壤类别不能准确划分时，招标人可注明为综合，由投标人根据地质勘察报告确定。

土壤分类表 表 3-3

土壤分类	土壤名称	开挖方法
一、二类土	粉土、砂土（粉砂、细砂、中砂、粗砂、砾砂）、粉质黏土、弱中盐渍土、软土（淤泥质土、泥炭、泥炭质土）、软塑红黏土、冲填土	用锹、少许用镐、条锄开挖。机械能全部直接铲挖满载者
三类土	黏土、碎石土（圆砾、角砾）混合土、可塑红黏土、硬塑红黏土、强盐渍土、素填土、压实填土	主要用镐、条锄、少许用锹开挖。机械需部分刨松方能铲挖满载者或可直接铲挖但不能满载者
四类土	碎石土（卵石、碎石、漂石、块石）、坚硬红黏土、超盐渍土、杂填土	全部用镐、条锄挖掘、少许用撬棍挖掘。机械须普遍刨松方能铲挖满载者

注：本表土的名称及其含义按国家标准《岩土工程勘察规范》GB 50021—2001（2009 年版）定义。

（2）土石方体积应按开挖前的天然密实体积计算。需按天然密实体积折算时，应按表 3-4 所示系数换算。

土石方体积折算系数表 表 3-4

天然密实度体积	虚方体积	夯实后体积	松填体积
1.00	1.30	0.87	1.08
0.77	1.00	0.67	0.83
1.15	1.50	1.00	1.25
0.92	1.20	0.80	1.00

（3）挖沟槽和基坑土方工程量的计算公式见表 3-5 和表 3-6。

挖沟槽土方工程的计算公式表 表 3-5

基础类型	工程量计算公式	图　示
条形基础	$a \times L \times h$	图 3-19（a）

挖基坑土方工程的计算公式表 表 3-6

基础类型	工程量计算公式	图　示
独立基础	$a \times b \times h$	图 3-19（b）
满堂基础	$a \times B \times h$	图 3-19（c）

表 3-5 和表 3-6 中，a 为垫层宽度；$a×b$（$a×B$）为垫层底面积；h 为开挖深度。应按基础垫层底表面标高至施工场地标高确定，若无施工场地标高，应按自然地面标高确定；L 为外墙下基础按外墙中心线长度，内墙下基础按垫层间净长线计算，如图 3-19（a）所示。

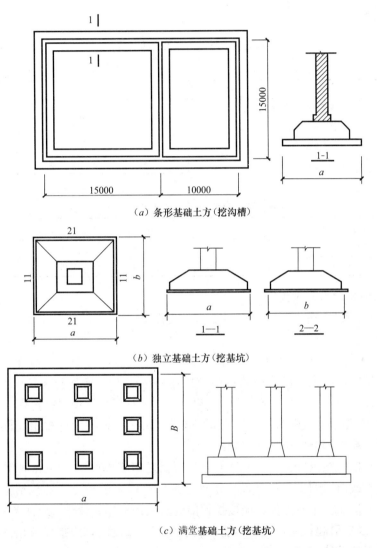

（a）条形基础土方（挖沟槽）

（b）独立基础土方（挖基坑）

（c）满堂基础土方（挖基坑）

图 3-19　基础平面、剖面图

（4）挖沟槽、基坑、一般土方因工作面和放坡增加的工程量（管沟工作面增加的工程量），是否并入各土方工程量中，按各省、自治区、直辖市或行业建设主管部门的规定实施，如并入各土方工程量中，办理工程结算时，按经发包人认可的施工组织设计规定计算，编制工程量清单时，可按表 3-7～表 3-9 的规定计算。

放坡系数表 表 3-7

土类别	放坡起点（m）	人工挖土	机械挖土		
			在坑内作业	在坑上作业	顺沟槽、在坑上作业
一、二类土	1.2	1：0.5	1：0.33	1：0.75	1：0.5
三类土	1.5	1：0.33	1：0.25	1：0.67	1：0.33
四类土	2.0	1：0.25	1：0.10	1：0.33	1：0.25

基础施工所需工作面宽度计算表 表 3-8

基础材料	每边各增加工作面宽度（mm）
砖基础	200
浆砌毛石、条石基础	150
混凝土基础垫层支模板	300
混凝土基础支模板	300
基础垂直面做防水层	1000（防水层面）

管沟施工每侧所需工作面宽度计算表 表 3-9

管道结构宽（mm）	≤500	≤1000	≤2500	>2500
混凝土及钢筋混凝土管道（mm）	400	500	600	700
其他材质管道（mm）	300	400	500	600

3. 清单项目有关说明

（1）"平整场地"项目适用于建筑场地厚度在≤±300mm 以内的挖、填、运、找平。应注意：

1）可能出现≤±300mm 以内全部是挖方或全部是填方，需外运土方或借土回填时，在工程量清单项目中应描述弃土运距（或弃土地点）或取土运距（或取土地点），这部分的运输应包括在"平整场地"项目报价内；

2）工程量"按建筑物首层面积计算"。如施工组织设计规定超面积平整场地时，超出部分应包括在报价内。

（2）挖一般土方："挖一般土方"项目适用于厚度>300mm 以外竖向布置的挖土或山坡切土，包括设计室外地坪标高以上的挖土，并包括指定范围内的土方运输。土石方体积应按挖掘前的天然密实体积计算。应注意：

1）因地形起状变化大，不能提供平均挖土厚度时，应提供方格网法或断面法施工的设计文件；

2）设计标高以下的填土应按"土石方回填"项目列项；

3）挖土方平均厚度应按自然地面测量标高至设计地坪标高间的平均厚度确定。

（3）挖沟槽土方：应包括条形土方、带形土方。带形土方应按不同底宽和深度分别编码列项。

（4）挖基坑土方：应包括挖满堂基础土方、地下室基础土方、设备基础土方、独立基础土方。不同基础土方应按不同底面积和深度，分别编码列项。

（5）"挖沟槽土方"和"挖基坑土方"项目适用于基础土方开挖（包括人工挖孔桩土方）。应注意：

1）根据施工方案规定的放坡、操作工作面和机械挖土进出施工工作面的坡道等增加的施工量，应包括在挖沟槽和基坑土方报价内。

2）竖向土方、山坡切土开挖深度应按基础垫层底表面标高至交付施工场地标高确定，无交付施工场地标高时，应按自然地面标高确定。

3）深基础的支护结构，如钢板桩、H形钢桩、预制钢筋混凝土板桩、钻孔灌注混凝土排桩挡墙、预制钢筋混凝土排桩挡墙、人工挖孔灌注混凝土排桩挡墙、搅拌桩、旋喷桩、地下连续墙和基坑内的水平钢支撑、水平钢筋混凝土支撑、锚杆拉固、基坑外拉锚、排桩的圈梁、H形钢桩之间的木挡土板以及施工降水等，应列入工程量清单措施项目内。

（6）管沟土方："管沟土方"项目适用于管沟土方开挖、回填。应注意：

1）管沟土方工程计量方式有两种：可以米计量，按设计图示以管道中心线长度计算；也可以立方米计量，按设计图示管底垫层面积乘以挖土深度计算。无管底垫层按管外径的水平投影面积乘以挖土深度计算。

2）采用多管同一管沟直埋时，管间距离必须符合有关规范的要求。

4. 工程量计算实例

【例 3-6】 某建筑基础平面图如图 3-20 所示，墙厚 240mm，开挖三类土，计算平整场地工程量。

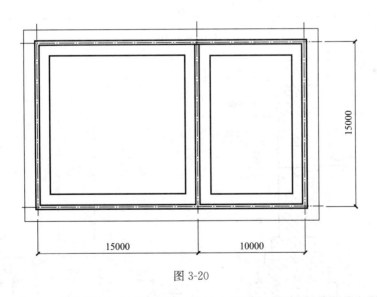

图 3-20

【解】 计算公式：平整场地按底层建筑面积计算，即
$$工程量 = (15+10+0.24) \times (15+0.24) = 384.66 m^2$$

工程量清单表

项目编码	项目名称	项目特征描述	计量单位	工程量
010101001001	平整场地	三类土	m^2	384.66

【例 3-7】 某建筑物基础平面图及剖面图如图 3-21（a）、（b）、（c）所示，土壤类别为四类土，地面做法：20mm 厚 1：2.5 的水泥砂浆，100mm 厚的 C10 素混凝土垫层，素土夯实。基础为混凝土垫层上 M5.0 水泥砂浆砌筑标准黏土砖。计算该工程挖基坑土方和沟槽土方的工程数量。

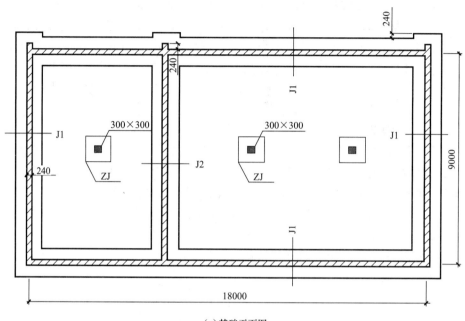

（a）基础平面图

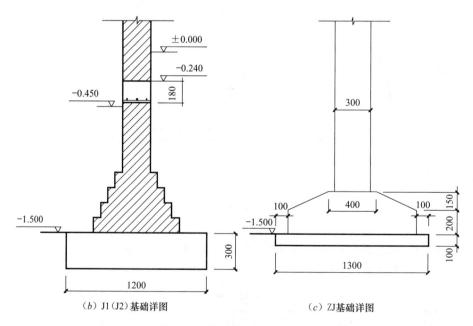

（b）J1（J2）基础详图　　　　（c）ZJ 基础详图

图 3-21　基础平面图及剖面图

【解】 计算公式：$V=$ 设计图示尺寸的基础垫层底面积乘以挖土深度

（1）如图 3-21（b）所示条形基础土方垫层底宽 1.2m，挖土深度 1.5－0.45＋0.3＝1.35m。

$$基础土方工程数量 = (9×2＋18×2＋0.24×3＋9－1.2)×1.2×1.35$$
$$= 101.28m^3$$

（2）如图 3-21（c）所示独立基础土方垫层底宽 $1.3×1.3＝1.69m^2$，挖土深度 1.5－0.45＋0.1＝1.15m。

$$基础土方工程数量 = 1.3×1.3×1.15×3 = 5.83m^3$$

工程量清单表

项目编码	项目名称	项目特征描述	计量单位	工程量
010101003001	挖沟槽土方	四类土，条形土方，挖土深度 1.5m 以内	m^3	101.28
010101004001	挖基坑土方	四类土，独立土方，挖土深度 1.5m 以内	m^3	5.83

【例 3-8】 某工程铺设混凝土排水管道 3000m，管道公称直径 600mm，深度 1200mm，土质为三类土，挖土运至 1.5km 处，管道铺设后全部用石屑回填。计算管沟土方工程量。

【解】 计算公式：按设计尺寸以管道中心线长度计算。

铺设公称直径 600mm，深度 1200mm 的混凝土管道，挖土类别为三类土，弃土运距 1.5km，管道铺设后石屑回填的管沟土方工程量为 3000m。

工程量清单表

项目编码	项目名称	项目特征描述	计量单位	工程量
010101007001	管沟土方	三类土，混凝土管道公称直径 600mm，挖沟深度 1200mm，弃土运距 1.5km，回填石屑	m	3000

3.3.3 回填工程

1. 工程量清单项目设置及工程量计算规则

回填工程工程量清单项目设置及工程量计算规则见表 3-10。

回填工程（编码：010103）　　　　　　　　表 3-10

项目编码	项目名称	项目特征	计量单位	工程量计算规则	工程内容
010103001	回填方	1. 密实度要求 2. 填方材料品种 3. 填方粒径要求 4. 填方来源、运距	m^3	按设计图示尺寸以体积计算。 1. 场地回填：回填面积乘平均回填厚度 2. 室内回填：主墙间面积乘回填厚度，不扣除间壁墙 3. 基础回填：挖方体积减去自然地坪以下埋设的基础体积（包括基础垫层及其他构筑物）	1. 运输 2. 回填 3. 压实

续表

项目编码	项目名称	项目特征	计量单位	工程量计算规则	工程内容
010103002	余方弃置	1. 废弃料品种 2. 运距	m³	按挖方清单项目工程量减利用回填方体积（正数）计算	余方点装料运输至弃置点
010103003	缺方内运	1. 填方材料品种 2. 运距		按挖方清单项目工程量减利用回填方体积（负数）计算	取料点装料运输至缺方点

2. 清单项目有关说明

（1）"回填"项目适用于场地回填、室内回填和基础回填，并包括指定范围内的运输以及补土回填的土方开挖。

（2）回填工程量：按设计图示尺寸以体积计算。

1）场地回填　场地回填土体积＝回填面积×平均回填厚度

平均回填厚度＝总回填土量÷回填面积

2）室内回填　室内回填土体积＝主墙间净面积×回填土厚度

回填土厚度＝室外与室内设计地坪标高差－室内地面面层和垫层厚度

3）基础回填　回填土体积＝挖方体积减去自然地坪以下埋设的基础体积（包括基础垫层及其他构筑物）

式中埋设的其他构筑物包括：墙基、柱基、管道等体积。

（3）土方放坡等施工方案增加的挖土工程量，应包括在报价内。

3. 工程量计算实例

【例3-9】　求例3-7中工程的室内回填土方，基础回填土方的工程量。假设基槽内的土可用于回填，用人力车运土方，运距为50m。

【解】　（1）室内回填工程量计算公式：$V=$主墙间净面积×回填土厚度

回填土厚度 $= 0.45 - 0.12 = 0.33$m

主墙间净面积 $= (18 - 0.24 \times 2) \times (9 - 0.24) = 153.48$m²

$$V = 153.48 \times 0.33 = 50.65 \text{m}^3$$

（2）基础回填土工程量计算：$V=$挖方体积－自然地坪以下埋设的基础体积（包括基础垫层及其他构筑物）

挖方体积：$V_{挖} = 101.28 + 5.83 = 107.11$m³（见例3-7数据）

扣除条形基础垫层工程量：

$V_{垫层} = V_{外墙垫} + V_{内墙垫}$

$= 1.2 \times 0.3 \times [(9+18) \times 2 + 0.24 \times 3] + 1.2 \times 0.3 \times (9-1.2)$

$= 22.51$m³

扣除独立基础C10素混凝土垫层工程量：

$$V_{垫层} = 1.3 \times 1.3 \times 3 \times 0.1 = 0.51 \text{m}^3$$

扣除砖基础：外墙：$L_{中} = (9.24 + 18) \times 2 = 54.48$m

$S_{断} = 0.24 \times (1.5 - 0.45) + 0.1575(查表3-16) = 0.4095$m²

$$V_{外} = S_{断} \times L_{中} = 54.48 \times 0.4095 = 22.31 \text{m}^3$$

$$内墙：L_内 = 9 - 0.24 = 8.76m$$

$$S_断 = 0.4095m^2$$

$$V_内 = S_断 \times L_净 = 0.4095 \times 8.76 = 3.59m^3$$

$$垛基：V_垛基 = 0.24 \times 0.4095 \times 1 = 0.10m^3$$

$$合计：V = V_外 + V_内 + V_垛基 = 22.31 + 3.59 + 0.10 = 26m^3$$

扣除混凝土独立基础：$1/3 \times 0.15 \times (0.4^2 + 1.1^2 + 0.4 \times 1.1) \times 3$

$$+ 1.1 \times 1.1 \times 0.2 \times 3 = 1.00m^3$$

扣除钢筋混凝土柱：$0.3 \times 0.3 \times (1.5 - 0.35 - 0.45) \times 3 = 0.189m^3$

土壤为四类土，土方运距为50m，基础回填土的工程量为：

$$V_{基础回填} = 107.11 - 22.51 - 0.51 - 26 - 1.00 - 0.189 = 56.9m^3$$

工程量清单表

项目编码	项目名称	项目特征描述	计量单位	工程量
010103001001	室内回填土	四类土，运距为50m	m³	50.65
010103001002	基础回填土	四类土，运距为50m	m³	56.9

3.4 地基处理与边坡支护工程量计算

3.4.1 地基处理与边坡支护工程量计算的内容和范围

地基处理与边坡支护工程量计算包括地基处理、基坑与边坡支护的各类分项工程。

3.4.2 地基处理

1. 工程量清单项目设置及工程量计算规则

地基处理的方法包括换填垫层、铺设土工合成材料、预压地基、强夯地基、振冲密实（不填料）、振冲桩（填料）、砂石桩、水泥粉煤灰碎石桩、深层搅拌桩、粉喷桩、夯实水泥土桩、高压喷射注浆桩、石灰桩、灰土（土）挤密桩、柱锤冲扩桩、注浆地基、褥垫层等。工程量清单项目设置、项目特征描述的内容、计量单位及工程量计算规则，按表3-11的规定执行。

地基处理（编码：010201） 表3-11

项目编码	项目名称	项目特征	计量单位	工程量计算规则	工作内容
010201001	换填垫层	1. 材料种类及配比 2. 压实系数 3. 掺加剂品种	m³	按设计图示尺寸以体积计算	1. 分层铺填 2. 碾压、振密或夯实 3. 材料运输
010201002	铺设土工合成材料	1. 部位 2. 品种 3. 规格	m²	按设计图示尺寸以面积计算	1. 挖填锚固沟 2. 铺设 3. 固定 4. 运输

项目编码	项目名称	项目特征	计量单位	工程量计算规则	工作内容
010201003	预压地基	1. 排水竖井种类、断面尺寸、排列方式、间距、深度 2. 预压方法 3. 预压荷载、时间 4. 砂垫层厚度	m²	按设计图示尺寸以加固面积计算	1. 设置排水竖井、盲沟、滤水管 2. 铺设砂垫层、密封膜 3. 堆载、卸载或抽气设备安拆、抽真空 4. 材料运输
010201004	强夯地基	1. 夯击能量 2. 夯击遍数 3. 地耐力要求 4. 夯填材料种类			1. 铺设夯填材料 2. 强夯 3. 夯填材料运输
010201005	振冲密实（不填料）	1. 地层情况 2. 振密深度 3. 孔距			1. 振冲加密 2. 泥浆运输
010201006	振冲桩（填料）	1. 地层情况 2. 空桩长度、桩长 3. 桩径 4. 填充材料种类	1. m 2. m³	1. 以米计量，按设计图示尺寸以桩长计算 2. 以立方米计量，按设计桩截面乘以桩长以体积计算	1. 振冲成孔、填料、振实 2. 材料运输 3. 泥浆运输
010201007	砂石桩	1. 地层情况 2. 空桩长度、桩长 3. 桩径 4. 成孔方法 5. 材料种类、级配		1. 以米计量，按设计图示尺寸以桩长（包括桩尖）计算 2. 以立方米计量，按设计桩截面乘以桩长（包括桩尖）以体积计算	1. 成孔 2. 填充、振实 3. 材料运输
010201008	水泥粉煤灰碎石桩	1. 地层情况 2. 空桩长度、桩长 3. 桩径 4. 成孔方法 5. 混合料强度等级		按设计图示尺寸以桩长（包括桩尖）计算	1. 成孔 2. 混合料制作、灌注、养护
010201009	深层搅拌桩	1. 地层情况 2. 空桩长度、桩长 3. 桩截面尺寸 4. 水泥强度等级、掺量	m	按设计图示尺寸以桩长计算	1. 预搅下钻、水泥浆制作、喷浆搅拌提升成桩 2. 材料运输
010201010	粉喷桩	1. 地层情况 2. 空桩长度、桩长 3. 桩径 4. 粉体种类、掺量 5. 水泥强度等级、石灰粉要求		按设计图示尺寸以桩长计算	1. 预搅下钻、喷粉搅拌提升成桩 2. 材料运输

项目编码	项目名称	项目特征	计量单位	工程量计算规则	工作内容
010201011	夯实水泥土桩	1. 地层情况 2. 空桩长度、桩长 3. 桩径 4. 成孔方法 5. 水泥强度等级 6. 混合料配比		按设计图示尺寸以桩长（包括桩尖）计算	1. 成孔、夯底 2. 水泥土拌合、填料、夯实 3. 材料运输
010201012	高压喷射注浆桩	1. 地层情况 2. 空桩长度、桩长 3. 桩截面 4. 注浆类型、方法 5. 水泥强度等级		按设计图示尺寸以桩长计算	1. 成孔 2. 水泥浆制作、高压喷射注浆 3. 材料运输
010201013	石灰桩	1. 地层情况 2. 空桩长度、桩长 3. 桩径 4. 成孔方法 5. 掺和料种类、配合比	m	按设计图示尺寸以桩长（包括桩尖）计算	1. 成孔 2. 混合料制作、运输、夯填
010201014	灰土（土）挤密桩	1. 地层情况 2. 空桩长度、桩长 3. 桩径 4. 成孔方法 5. 灰土级配			1. 成孔 2. 灰土拌合、运输、填充、夯实
10201015	柱锤冲扩桩	1. 地层情况 2. 空桩长度、桩长 3. 桩径 4. 成孔方法 5. 桩体材料种类、配合比		按设计图示尺寸以桩长计算	1. 安拔套管 2. 冲孔、填料、夯实 3. 桩体材料制作、运输
010201016	注浆地基	1. 地层情况 2. 空钻深度、注浆深度 3. 注浆间距 4. 浆液种类及配比 5. 注浆方法 6. 水泥强度等级	1. m 2. m³	1. 以米计量，按设计图示尺寸以钻孔深度计算 2. 以立方米计量，按设计图示尺寸以加固体积计算	1. 成孔 2. 注浆导管制作、安装 3. 浆液制作、压浆 4. 材料运输
10201017	褥垫层	1. 厚度 2. 材料品种及比例	1. m² 2. m³	1. 以平方米计量，按设计图示尺寸以铺设面积计算 2. 以立方米计量，按设计图示尺寸以体积计算	材料拌合、运输、铺设、压实

3.4 地基处理与边坡支护工程量计算

84

2. 清单项目有关说明

（1）高压喷射注浆类型包括旋喷、摆喷、定喷，高压喷射注浆方法包括单管法、双重管法、三重管法。

（2）项目特征中的桩长应包括桩尖，空桩长度＝孔深－桩长，孔深为自然地面至设计桩底的深度。

3. 工程量计算实例

【例 3-10】 如图 3-22 所示，实线范围为强夯地基范围。

（1）设计要求：不间断夯击，设计击数 8 击，夯击能量为 400t·m，一遍夯击，计算强夯地基工程量。

（2）设计要求：不间断夯击，设计击数 10 击，分两遍夯击，第一遍 5 击，第二遍 5 击，第二遍要求低锤满拍，设计夯击能量为 300t·m，计算强夯地基工程量。

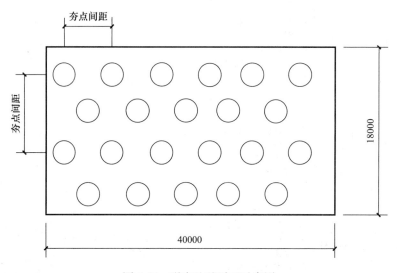

图 3-22 强夯地基平面示意图

【解】 计算公式：按设计图示尺寸以加固面积计算。

（1）不间断夯击，设计击数 8 击，夯击能量为 400t·m，一遍夯击的地基强夯工程量：

$$40 \times 18 = 720 \text{m}^2$$

（2）不间断夯击，设计击数 10 击，分两遍夯击，第一遍 5 击，第二遍 5 击，第二遍要求低锤满拍，夯击能量为 300t·m 的地基强夯工程量：

$$40 \times 18 = 720 \text{m}^2$$

工程量清单表

项目编码	项目名称	项目特征描述	计量单位	工程量
010201004001	强夯地基	不间断夯击，设计击数 8 击，夯击能量为 400t·m，一遍夯击	m²	720

项目编码	项目名称	项目特征描述	计量单位	工程量
010201004002	强夯地基	不间断夯击，设计击数 10 击，分两遍夯击，第一遍 5 击，第二遍 5 击，第二遍要求低锤满拍，夯击能量为 300t·m	m²	720

3.4.3 基坑与边坡支护工程

1. 工程量清单项目设置及工程量计算规则

基坑与边坡支护的分项工程项目包括地下连续墙、咬合灌注桩、圆木桩、预制钢筋混凝土板桩、型钢桩、钢板桩、预应力锚杆、锚索、其他锚杆、土钉、喷射混凝土、喷射水泥砂浆、混凝土支撑、钢支撑。工程量清单项目设置、项目特征描述的内容、计量单位及工程量计算规则，应按表 3-12 的规定执行。

基坑与边坡支护工程（编码：010202）　　表 3-12

项目编码	项目名称	项目特征	计量单位	工程量计算规则	工作内容
010202001	地下连续墙	1. 地层情况 2. 导墙类型、截面 3. 墙体厚度 4. 成槽深度 5. 混凝土类别、强度等级 6. 接头形式	m³	按设计图示墙中心线长乘以厚度乘以槽深以体积计算	1. 导墙挖填、制作、安装、拆除 2. 挖土成槽、固壁、清底置换 3. 混凝土制作、运输、灌注、养护 4. 接头处理 5. 土方、废泥浆外运 6. 打桩场地硬化及泥浆池、泥浆沟
010202002	咬合灌注桩	1. 地层情况 2. 桩长 3. 桩径 4. 混凝土类别、强度等级 5. 部位	1. m 2. 根	1. 以米计量，按设计图示尺寸以桩长计算 2. 以根计量，按设计图示数量计算	1. 成孔、护壁 2. 混凝土制作、运输、灌注、养护 3. 套管压拔 4. 土方、废泥浆外运 5. 打桩场地硬化及泥浆池、泥浆沟
010202003	圆木桩	1. 地层情况 2. 桩长 3. 材质 4. 尾径 5. 桩倾斜度	1. m 2. 根	1. 以米计量，按设计图示尺寸以桩长（包括桩尖）计算 2. 以根计量，按设计图示数量计算	1. 工作平台搭拆 2. 桩机竖拆、移位 3. 桩靴安装 4. 沉桩
010202004	预制钢筋混凝土板桩	1. 地层情况 2. 送桩深度、桩长 3. 桩截面 4. 混凝土强度等级			1. 工作平台搭拆 2. 桩机竖拆、移位 3. 沉桩 4. 接桩

85

项目编码	项目名称	项目特征	计量单位	工程量计算规则	工作内容
010202005	型钢桩	1. 地层情况或部位 2. 送桩深度、桩长 3. 规格型号 4. 桩倾斜度 5. 防护材料种类 6. 是否拔出	1. t 2. 根	1. 以吨计量，按设计图示尺寸以质量计算 2. 以根计量，按设计图示数量计算	1. 工作平台搭拆 2. 桩机竖拆、移位 3. 打（拔）桩 4. 接桩 5. 刷防护材料
010202006	钢板桩	1. 地层情况 2. 桩长 3. 板桩厚度	1. t 2. m²	1. 以吨计量，按设计图示尺寸以质量计算 2. 以平方米计量，按设计图示墙中心线长乘以桩长以面积计算	1. 工作平台搭拆 2. 桩机竖拆、移位 3. 打拔钢板桩
010202007	预应力锚杆、锚索	1. 地层情况 2. 锚杆（索）类型、部位 3. 钻孔深度 4. 钻孔直径 5. 杆体材料品种、规格、数量 6. 浆液种类、强度等级	1. m 2. 根	1. 以米计量，按设计图示尺寸以钻孔深度计算 2. 以根计量，按设计图示数量计算	1. 钻孔、浆液制作、运输、压浆 2. 锚杆、锚索制作、安装 3. 张拉锚固 4. 锚杆、锚索施工平台搭设、拆除
010202008	其他锚杆、土钉	1. 地层情况 2. 钻孔深度 3. 钻孔直径 4. 置入方法 5. 杆体材料品种、规格、数量 6. 浆液种类、强度等级			1. 钻孔、浆液制作、运输、压浆 2. 锚杆、土钉制作、安装 3. 锚杆、土钉施工平台搭设、拆除
010202009	喷射混凝土、水泥砂浆	1. 部位 2. 厚度 3. 材料种类 4. 混凝土（砂浆）类别、强度等级	m²	按设计图示尺寸以面积计算	1. 修整边坡 2. 混凝土（砂浆）制作、运输、喷射、养护 3. 钻排水孔、安装排水管 4. 喷射施工平台搭设、拆除
010202010	混凝土支撑	1. 部位 2. 混凝土强度等级	m³	按设计图示尺寸以体积计算	1. 模板支架（或支撑）制作、安装、拆除、堆放、运输及清理模内杂物、刷隔离剂等 2. 混凝土制作、运输、浇筑、振捣、养护

项目编码	项目名称	项目特征	计量单位	工程量计算规则	工作内容
010202011	钢支撑	1. 部位 2. 钢材品种、规格 3. 探伤要求	t	按设计图示尺寸以质量计算。不扣除孔眼质量，焊条、铆钉、螺栓等不另增加质量	1. 支撑、铁件制作（摊销、租赁） 2. 支撑、铁件安装 3. 探伤 4. 刷漆 5. 拆除 6. 运输

2. 清单项目有关说明

（1）"地下连续墙"项目适用于构成建筑物、构筑物地下结构部分的永久性的复合型地下连续墙；作为深基础支护结构，单独起围护作用的地下连续墙工程，应列入措施项目清单中，在分部分项工程量清单中不反映。

（2）"预应力锚杆、锚索"应注意：

1）钻孔、布筋、锚杆安装、灌浆、张拉等施工需要搭设脚手架的费用，应列入措施项目费；

2）锚杆制作本身根据材质按混凝土及钢筋混凝土相关项目编码列项。

（3）其他锚杆是指不施加预应力的土层锚杆和岩石锚杆。置入方法包括钻孔置入、打入或射入等。

3. 工程量计算实例

【例 3-11】 某地下室车库基坑深 7.0m，周长 150m，边坡基本直立，该基坑采用钢管锚杆、土钉喷护混凝土支护方案。锚孔直径 60mm，竖直方向设 4 排锚杆，呈梅花形布置，长度分别为 6m、4m、4m、4m，则锚孔平均深度 4.5m，锚固方法为无预应力土钉锚头；采用 1∶2 的水泥砂浆灌浆水平间距为 1.5m；面层为喷射 60mm 厚 C20 混凝土，上翻 1.0m，双向钢筋网ф 6@200×200。计算锚杆喷射混凝土支护的工程数量。

【解】 计算公式：

锚杆： $150/1.5 \times 4 \times 4.5 = 1800$m

喷射混凝土支护：$(7+1) \times 150 = 1200$m² (钢筋另计)

工程量清单表

项目编码	项目名称	项目特征描述	计量单位	工程量
010202008001	其他锚杆、土钉	锚孔直径 60mm，锚孔平均深度 4.5m，锚固方法为无预应力土钉锚头，采用 1∶2 的水泥砂浆灌浆	m	1800
010202009001	喷射混凝土	面层喷射 C20、60mm 厚混凝土	m²	1200

3.5 桩基工程量计算

3.5.1 桩基工程量计算的内容和范围

桩基工程量项目包括打桩和灌注桩。计算打桩工程量，应注意下列事项：

混凝土桩 {
　预制钢筋混凝土桩 {
　　静力压桩
　　先张法预应力管桩
　　混凝土预制桩
　}
　混凝土灌注桩 {
　　泥浆护壁成孔灌注桩
　　人工成孔灌注桩
　　螺旋钻成孔灌注桩
　}
}

图 3-23　混凝土桩的分类

（1）确定土质级别，依工程地质资料中的土层构造、土壤物理、化学性质及每米沉桩时间，鉴定场地土质级别。

（2）确定施工方法、工艺流程、采用机械、钻孔灌注泥浆运距等。

混凝土桩的分类：混凝土桩可分为预制钢筋混凝土桩和混凝土灌注桩，见图 3-23。

3.5.2　打桩工程

1. 工程量清单项目设置及工程量计算规则

工程量清单项目设置、项目特征描述的内容、计量单位及工程量计算规则，应按表 3-13 的规定执行。

打桩工程（编码：010301）　　　　　　表 3-13

项目编码	项目名称	项目特征	计量单位	工程量计算规则	工作内容
010301001	预制钢筋混凝土方桩	1. 地层情况 2. 送桩深度、桩长 3. 桩截面 4. 桩倾斜度 5. 混凝土强度等级	1. m 2. 根	1. 以米计量，按设计图示尺寸以桩长（包括桩尖）计算 2. 以根计量，按设计图示数量计算	1. 工作平台搭拆 2. 桩机竖拆、移位 3. 沉桩 4. 接桩 5. 送桩
010301002	预制钢筋混凝土管桩	1. 地层情况 2. 送桩深度、桩长 3. 桩外径、壁厚 4. 桩倾斜度 5. 混凝土强度等级 6. 填充材料种类 7. 防护材料种类			1. 工作平台搭拆 2. 桩机竖拆、移位 3. 沉桩 4. 接桩 5. 送桩 6. 填充材料、刷防护材料
010301003	钢管桩	1. 地层情况 2. 送桩深度、桩长 3. 材质 4. 管径、壁厚 5. 桩倾斜度 6. 填充材料种类 7. 防护材料种类	1. t 2. 根	1. 以吨计量，按设计图示尺寸以质量计算 2. 以根计量，按设计图示数量计算	1. 工作平台搭拆 2. 桩机竖拆、移位 3. 沉桩 4. 接桩 5. 送桩 6. 切割钢管、精割盖帽 7. 管内取土 8. 填充材料、刷防护材料
010301004	截（凿）桩头	1. 桩头截面、高度 2. 混凝土强度等级 3. 有无钢筋	1. m³ 2. 根	1. 以立方米计量，按设计桩截面乘以桩头长度以体积计算 2. 以根计量，按设计图示数量计算	1. 截桩头 2. 凿平 3. 废料外运

2. 清单项目有关说明

"预制钢筋混凝土桩"项目适用于预制混凝土方桩、管桩等。应注意：

（1）试桩应按"预制钢筋混凝土桩"项目编码单独列项；

（2）试桩与打桩间的间歇时间与机械在现场停滞所产生的费用，应包括在打试桩报价内；

（3）打钢筋混凝土预制板桩是指留滞原位（即不拔出）的板桩，板桩应在工程量清单中描述其单桩垂直投影面积；

（4）预制桩刷防护材料所产生的费用应包括在报价内。

3. 工程量计算实例

【例 3-12】 某工程需要用如图 3-24 所示预制混凝土方桩 100 根，如图 3-25 所示预制混凝土管桩 50 根，已知混凝土强度等级为 C40，土壤类别为四类土，计算该工程预制钢筋混凝土方桩及管桩的工程数量。

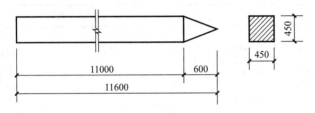

图 3-24　预制混凝土方桩

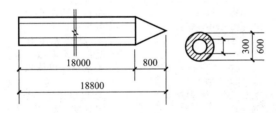

图 3-25　预制混凝土管桩

【解】 计算公式：按设计图示尺寸以桩长（包括桩尖）或根数计算。

（1）土壤类别为四类土，打单桩长度 11.6m，断面 450mm×450mm，混凝土强度等级为 C40 的预制混凝土桩的工程数量为 100 根或 $11.6 \times 100 = 1160m$。

（2）土壤类别为四类土，钢筋混凝土管桩单根长度 18.8m，外径 600mm，内径 300mm，管内灌注 C10 细石混凝土，混凝土强度等级为 C40 的预制混凝土管桩的工程数量为 50 根。

工程量清单表

项目编码	项目名称	项目特征描述	计量单位	工程量
010301001001	预制钢筋混凝土方桩	四类土，单桩长度 11.6m，断面 450mm×450mm，混凝土强度等级为 C40	m	1160

续表

项目编码	项目名称	项目特征描述	计量单位	工程量
010301002001	预制钢筋混凝土管桩	四类土，钢筋混凝土管桩单根长度 18.8m，外径 600mm，内径 300mm，管内灌注 C10 细石混凝土，混凝土强度等级为 C40	根	50

3.5.3　灌注桩工程

1. 工程量清单项目设置及工程量计算规则

工程量清单项目设置、项目特征描述的内容、计量单位及工程量计算规则，应按表 3-14 的规定执行。

灌注桩工程（编码：010302）　　　　　　　表 3-14

项目编码	项目名称	项目特征	计量单位	工程量计算规则	工作内容
010302001	泥浆护壁成孔灌注桩	1. 地层情况 2. 空桩长度、桩长 3. 桩径 4. 成孔方法 5. 护筒类型、长度 6. 混凝土类别、强度等级	1. m 2. m³ 3. 根	1. 以米计量，按设计图示尺寸以桩长（包括桩尖）计算 2. 以立方米计量，按不同截面积乘桩长以体积计算 3. 以根计量，按设计图示数量计算	1. 护筒埋设 2. 成孔、固壁 3. 混凝土制作、运输、灌注、养护 4. 土方、废泥浆外运 5. 打桩场地硬化及泥浆池、泥浆沟
010302002	沉管灌注桩	1. 地层情况 2. 空桩长度、桩长 3. 复打长度 4. 桩径 5. 沉管方法 6. 桩尖类型 7. 混凝土类别、强度等级	1. m 2. m³ 3. 根		1. 打（沉）拔钢管 2. 桩尖制作、安装 3. 混凝土制作、运输、灌注、养护
010302003	干作业成孔灌注桩	1. 地层情况 2. 空桩长度、桩长 3. 桩径 4. 扩孔直径、高度 5. 成孔方法 6. 混凝土类别、强度等级			1. 成孔、扩孔 2. 混凝土制作、运输、灌注、振捣、养护
010302004	挖孔桩土（石）方	1. 土（石）类别 2. 挖孔深度 3. 弃土（石）运距	m³	按设计图示尺寸截面积乘以挖孔深度以立方米计算	1. 排地表水 2. 挖土、凿石 3. 基底钎探 4. 运输
010302005	人工挖孔灌注桩	1. 桩芯长度 2. 桩芯直径、扩底直径、扩底高度 3. 护壁厚度、高度 4. 护壁混凝土类别、强度等级 5. 桩芯混凝土类别、强度等级	1. m³ 2. 根	1. 以立方米计量，按桩芯混凝土体积计算 2. 以根计量，按设计图示数量计算	1. 护壁制作 2. 混凝土制作、运输、灌注、振捣、养护

项目编码	项目名称	项目特征	计量单位	工程量计算规则	工作内容
010302006	钻孔压浆桩	1. 地层情况 2. 空钻长度、桩长 2. 钻孔直径 3. 水泥强度等级	1. m 2. 根	1. 以米计量，按设计图示尺寸以桩长计算 2. 以根计量，按设计图示数量计算	钻孔、下注浆管、投放骨料、浆液制作、运输、压浆
010302007	桩底注浆	1. 注浆导管材料、规格 2. 注浆导管长度 3. 单孔注浆量 4. 水泥强度等级	孔	按设计图示以注浆孔数计算	1. 注浆导管制作、安装 2. 浆液制作、运输、压浆

2. 工程量计算相关说明

灌注桩钢筋笼的钢筋包括直立钢筋和箍筋，其工程量以吨计算。如图 3-26～图 3-28 所示。

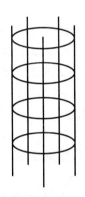

图 3-26 钢筋笼圆箍

图 3-27 钢筋笼螺旋箍

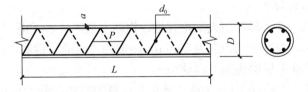

图 3-28 螺旋箍剖面

钢筋笼重量＝主筋重量＋箍筋重量（圆形箍筋和螺旋箍筋）

其中：主筋重量＝直立钢筋长×根数×单位长度重量

圆形箍筋＝(圆箍周长＋搭接长)×根数×单位长度重量

圆形箍筋根数＝箍筋配筋范围÷箍筋间距＋1

螺旋钢筋长度＝螺旋钢筋圈数×$\sqrt{(螺距)^2+(\pi×螺圈直径)^2}$＋上、下底面两个圆形筋长度＋2×弯钩增加长度

或，以字母表示：

$$螺旋钢筋长度 = \frac{L}{P} \times \sqrt{P^2 + \pi^2 \times (D - 2a + d_0)^2}$$
$$+ \pi(D - 2a + d_0) \times 2 + 2 \times 6.25d_0$$

式中　螺旋钢筋圈数 $N = L \div P$；

螺旋直径 $= D - 2a + d_0$；

L——钢筋笼长度；

P——螺旋箍筋间距；

D——灌注桩直径；

a——混凝土保护层厚度；

d_0——螺旋钢筋直径。

3. 清单项目有关说明

（1）泥浆护壁成孔灌注桩是指在泥浆护壁条件下成孔，采用水下灌注混凝土的桩。其成孔方法包括冲击钻成孔、冲抓锥成孔、回旋钻成孔、潜水钻成孔、泥浆护壁的旋挖成孔等。

（2）沉管灌注桩的沉管方法包括锤击沉管法、振动沉管法、振动冲击沉管法、内夯沉管法等。

（3）干作业成孔灌注桩是指不用泥浆护壁和套管护壁的情况下，用钻机成孔后，下钢筋笼，灌注混凝土的桩，适用于地下水位以上的土层使用。其成孔方法包括螺旋钻成孔、螺旋钻成孔扩底、干作业的旋挖成孔等。

（4）"泥浆护壁成孔灌注桩"项目适用于人工挖孔灌注桩、钻孔灌注桩、爆扩灌注桩、打管灌注桩、振动管灌注桩等。应注意：

1）人工挖孔时采用的护壁应包括在报价内。

2）钻孔护壁泥浆的搅拌运输，泥浆池、泥浆沟槽的砌筑、拆除所产生的费用，应包括在报价内。

3）灌注混凝土桩的钢筋笼制作。依设计规定，工程量按钢筋混凝土章节相应项目以吨计算。

4. 工程量计算实例

【例 3-13】　某工程所用人工挖孔桩、钢筋笼如图 3-29 和图 3-30 所示，已知桩长为 10m，混凝土保护层为 50mm，主筋为 6 根通长钢筋，加密区 6 根截断纵筋，试计算单根钢筋笼工程量。

【解】　（1）主筋（Φ14），通长筋长度计算需减去凿除的桩头及桩底保护层厚度。

质量 $= [(10 + 0.6 - 0.1 - 0.05) \times 6 + (4 + 0.6) \times 6] \times 1.209$
$= 109.17\text{kg}$

（2）圆形箍筋（Φ12）：

直径 $= 0.9 - 0.05 \times 2 + 0.012 = 0.812\text{m}$

圆形箍筋质量 $= 0.812\pi \times \left(\frac{10}{2} + 1\right) \times 0.888 = 13.58\text{kg}$

（3）螺旋箍筋（按 Φ6.5 计算），长度计算时需加上叠合的 300mm。

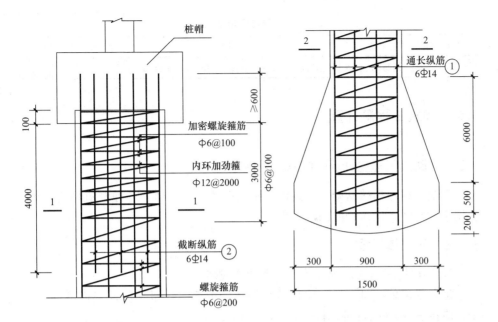

图 3-29 钢筋笼

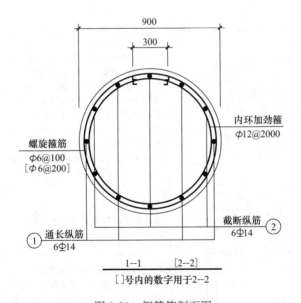

图 3-30 钢筋笼剖面图

$$
\text{质量} = \left[\left(\frac{10 - 0.05}{0.2} + \frac{3 + 0.1}{0.2} \right) \times \sqrt{0.2^2 + (0.9 - 0.05 \times 2 + 0.0065)^2 \pi^2} \right.
$$
$$
\left. + (0.9 - 0.05 \times 2 + 0.0065) \times \pi \times 2 + 6.25 \times 0.0065 \times 2 + 0.3 \right]
$$
$$
\times 0.261 = 44.71\text{kg}
$$

(4) 钢筋笼总质量：

$$
109.17 + 13.58 + 44.71 = 167.46\text{kg} = 0.17\text{t}
$$

93

工程量清单表

项目编码	项目名称	项目特征描述	计量单位	工程量
010515003001	钢筋笼	Φ14，主筋、Φ12，圆形箍筋、Φ6.5，螺旋箍筋	t	0.17

3.6 砌筑工程量计算

3.6.1 砌筑工程量计算的内容和范围

砌筑工程包括砖基础、砖砌体、砌块砌体、石砌体、各种砌筑构筑物等。适用于建筑物、构筑物的砌筑工程。

3.6.2 砖砌体工程

1. 工程量清单项目设置及工程量计算规则

工程量清单项目设置、项目特征描述的内容、计量单位及工程量计算规则，应按表 3-15 的规定执行。

砖砌体工程（编码：010401）　　　　　表 3-15

项目编码	项目名称	项目特征	计量单位	工程量计算规则	工作内容
010401001	砖基础	1. 砖品种、规格、强度等级 2. 基础类型 3. 砂浆强度等级 4. 防潮层材料种类	m³	1. 按设计图示尺寸以体积计算 2. 包括附墙垛基础宽出部分体积，扣除地梁（圈梁）、构造柱所占体积，不扣除基础大放脚T形接头处的重叠部分及嵌入基础内的钢筋、铁件、管道、基础砂浆防潮层和单个面积≤0.3m²的孔洞所占体积，靠墙暖气沟的挑檐不增加 3. 基础长度：外墙按外墙中心线，内墙按内墙净长线计算	1. 砂浆制作、运输 2. 砌砖 3. 防潮层铺设 4. 材料运输
010401002	砖砌挖孔桩护壁	1. 砖品种、规格、强度等级 2. 砂浆强度等级		按设计图示尺寸以立方米计算	1. 砂浆制作、运输 2. 砌砖 3. 材料运输
010401003	实心砖墙		m³	1. 按设计图示尺寸以体积计算 2. 扣除门窗洞口、过人洞、空圈、嵌入墙内的钢筋混凝土柱、梁、圈梁、挑梁、过梁及凹进墙内的壁龛、管槽、暖气槽、消火栓箱所占体积，不扣除梁头、板头、檩头、垫木、木楞头、沿缘木、木砖、门窗走头、砖墙内加固钢筋、木筋、铁件、钢管及单个面积≤0.3m²的孔洞所占的体积 3. 凸出墙面的腰线、挑檐、压顶、窗台线、虎头砖、门窗套的体积亦不增加。凸出墙面的砖垛并入墙体体积内计算	1. 砂浆制作、运输 2. 砌砖 3. 刮缝 4. 砖压顶砌筑 5. 材料运输
010401004	多孔砖墙	1. 砖品种、规格、强度等级 2. 墙体类型 3. 砂浆强度等级、配合比			
010401005	空心砖墙				

项目编码	项目名称	项目特征	计量单位	工程量计算规则	工作内容
010401006	空斗墙	1. 砖品种、规格、强度等级 2. 墙体类型 3. 砂浆强度等级、配合比	m³	1. 按设计图示尺寸以空斗墙外形体积计算 2. 墙角、内外墙交接处、门窗洞口立边、窗台砖、屋檐处的实砌部分体积并入空斗墙体积内	1. 砂浆制作、运输 2. 砌砖 3. 装填充料 4. 刮缝 5. 材料运输
010401007	空花墙			按设计图示尺寸以空花部分外形体积计算，不扣除空洞部分体积	
010404008	填充墙			按设计图示尺寸以填充墙外形体积计算	
010401009	实心砖柱	1. 砖品种、规格、强度等级 2. 柱类型 3. 砂浆强度等级、配合比		按设计图示尺寸以体积计算。扣除混凝土及钢筋混凝土垫块、梁头所占体积	1. 砂浆制作、运输 2. 砌砖 3. 刮缝 4. 材料运输
010404010	多孔砖柱				
010404011	砖检查井	1. 井截面 2. 垫层材料种类、厚度 3. 底板厚度 4. 井盖安装 5. 混凝土强度等级 6. 砂浆强度等级 7. 防潮层材料种类	座	按设计图示数量计算	1. 土方挖、运 2. 砂浆制作、运输 3. 铺设垫层 4. 底板混凝土制作、运输、浇筑振捣、养护 5. 砌砖 6. 刮缝 7. 井池底壁抹灰 8. 抹防潮层 9. 回填 10. 材料运输
010404013	零星砌砖	1. 零星砌砖名称、部位 2. 砂浆强度等级、配合比	1. m³ 2. m² 3. m 4. 个	1. 以立方米计量，按设计图示尺寸截面积乘以长度计算 2. 以平方米计量，按设计图示尺寸水平投影面积计算 3. 以米计量，按设计图示尺寸长度计算 4. 以个计量，按设计图示数量计算	1. 砂浆制作、运输 2. 砌砖 3. 刮缝 4. 材料运输
010404014	砖散水、地坪	1. 砖品种、规格、强度等级 2. 垫层材料种类、厚度 3. 散水、地坪厚度 4. 面层种类、厚度 5. 砂浆强度等级	m²	按设计图示尺寸以面积计算	1. 土方挖、运 2. 地基找平、夯实 3. 铺设垫层 4. 砌砖散水、地坪 5. 抹砂浆面层

95

项目编码	项目名称	项目特征	计量单位	工程量计算规则	工作内容
010404015	砖地沟、明沟	1. 砖品种、规格、强度等级 2. 沟截面尺寸 3. 垫层材料种类、厚度 4. 混凝土强度等级 5. 砂浆强度等级	m	以米计量，按设计图示以中心线长度计算	1. 土方挖、运 2. 铺设垫层 3. 底板混凝土制作、运输、浇筑、振捣、养护 4. 砌砖 5. 刮缝、抹灰 6. 材料运输

2. 工程量计算相关说明

砖基础按设计图示尺寸以体积计算。包括附墙垛基础宽出部分体积，扣除地梁（圈梁）、构造柱所占体积，不扣除基础大放脚 T 形接头处的重叠部分及嵌入基础内的钢筋、铁件、管道、基础砂浆防潮层和单个面积≤0.3m² 孔洞所占体积，靠墙暖气沟的挑檐不增加。

（1）砖基础长度的计算：外墙墙基按外墙中心线长计算；内墙墙基按内墙间净长线计算。

（2）砖基础断面积的计算。

1）砖基础的大放脚：

砖基础的大放脚通常采用等高式和不等高式（又叫间隔式）两种砌筑法，分别如图 3-31（a）、（b）所示。

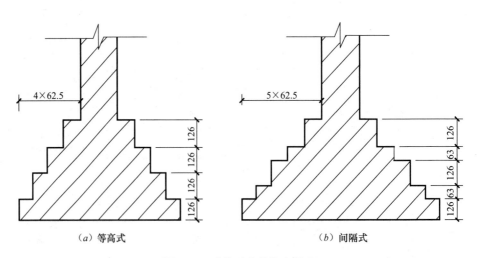

（a）等高式　　　　　（b）间隔式

图 3-31　砖基础大放脚砌筑法

大放脚的折加高度或大放脚增加面积可根据砖基础的大放脚形式、大放脚层数从表 3-16 中查得。

表 3-16

砖墙基础大放脚增加表

基础墙厚对应增加高度

放脚层数 (n)	增加断面积 ΔS断 (m²)		1/2 砖		3/4 砖		1 砖		1½ 砖		2 砖		2½ 砖	
	等高式	间隔式	等高式	间隔式	等高式	间隔式	等高式	间隔式	等高式	间隔式	等高式	间隔式	等高式	间隔式
一	0.01575	0.01575	0.137	0.137	0.066	0.066	0.066	0.066	0.043	0.043	0.032	0.032	0.026	0.026
二	0.04725	0.03938	0.411	0.342	0.197	0.164	0.197	0.164	0.129	0.108	0.096	0.08	0.077	0.064
三	0.0945	0.07875			0.394	0.328	0.398	0.328	0.259	0.216	0.193	0.161	0.154	0.128
四	0.1575	0.126			0.656	0.525	0.651	0.525	0.432	0.345	0.321	0.253	0.256	0.205
五	0.2363	0.189			0.984	0.788	0.984	0.788	0.647	0.518	0.482	0.380	0.384	0.307
六	0.3308	0.2599			1.378	1.083	1.378	1.083	0.906	0.712	0.672	0.58	0.538	0.419
七	0.4410	0.3456			1.838	1.444	1.838	1.444	1.208	0.949	0.900	0.707	0.717	0.563
八	0.5670	0.4410			2.363	1.838	2.363	1.838	1.553	1.208	1.157	0.90	0.922	0.717
九	0.7088	0.5513			2.953	2.297	2.953	2.297	1.942	1.510	1.447	1.125	1.153	0.896
十	0.8663	0.6694			3.610	2.789	3.610	2.789	2.372	1.834	1.768	1.366	1.409	1.088

2）砖基础断面积的计算公式：采用大放脚砌筑法时，砖基础断面积通常按下述两种方法计算：

采用折加高度计算：

$$基础断面积 ＝ 基础墙宽度 \times （基础高度 ＋ 折加高度）$$

采用增加断面面积计算：

$$基础断面积 ＝ 基础墙宽度 \times 基础高度 ＋ 大放脚增加断面积$$

式中　基础高度是指砖基底部到砖基础与砖墙分界线之间的高度。

3）砖基础与砖墙的分界线

砖基础与砖墙身的划分：基础与墙（柱）身使用同一种材料时，应以设计室内地面为界（有地下室的按地下室设计室内地面为界），设计室内地面以下为基础，以上为墙（柱）身。基础与墙身使用不同材料，位于设计室内地坪±300mm 以内时以不同材料为界，超过±300mm，应以设计室内地面为界。砖围墙应以设计室外地坪为界，设计室外地坪以下为基础，以上为墙身。

（3）砖基础工程量计算公式。

1）条形基础：

$$外墙条形基础体积 ＝ L_{中} \times 基础断面积 ＋ V_{垛}$$

$$内墙条形基础体积 ＝ L_{内} \times 基础断面积$$

2）独立基础：

对于砖柱独立基础，如图 3-32 所示，工程量计算公式：

$$V_{柱基} ＝ V_{柱基身} ＋ V_{柱放脚}$$

式中　$V_{柱放脚}$可根据砖柱断面、大放脚形式、大放脚层数查表 3-17 计算。

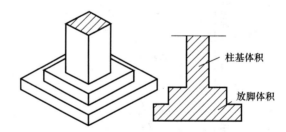

图 3-32　砖独立基础

砖柱基础大放脚增加体积表（单位：m³）　　　　　　表 3-17

类型	砖柱水平断面	放脚层数					
		一层	二层	三层	四层	五层	六层
间隔式	240×240	0.010	0.028	0.062	0.110	0.179	0.270
	240×365	0.012	0.033	0.071	0.126	0.203	0.302
	365×365	0.014	0.038	0.081	0.141	0.227	0.334
	365×490	0.015	0.043	0.091	0.157	0.250	0.367
	490×490	0.017	0.048	0.101	0.173	0.274	0.400
	490×615	0.019	0.053	0.111	0.189	0.298	0.432
	615×615	0.021	0.057	0.121	0.204	0.321	0.464
	615×740	0.023	0.062	0.130	0.220	0.345	0.497
	740×740	0.025	0.067	0.140	0.236	0.368	0.529

类型	砖柱水平断面	放脚层数					
		一层	二层	三层	四层	五层	六层
等高式	240×240	0.010	0.033	0.073	0.135	0.222	0.338
	240×365	0.012	0.038	0.085	0.154	0.251	0.379
	365×365	0.014	0.044	0.097	0.174	0.281	0.421
	365×490	0.015	0.050	0.108	0.194	0.310	0.462
	490×490	0.017	0.056	0.120	0.213	0.340	0.503
	490×615	0.019	0.062	0.132	0.233	0.369	0.545
	615×615	0.021	0.068	0.144	0.253	0.399	0.586
	615×740	0.023	0.074	0.156	0.273	0.429	0.627
	740×740	0.025	0.080	0.167	0.292	0.458	0.669

（4）墙体按设计图示尺寸以体积计算。

（5）实心砖墙、多孔砖墙、空心砖墙墙长度：外墙按中心线，内墙按净长线计算。

（6）实心砖墙、多孔砖墙、空心砖墙墙高度：

1）外墙：斜（坡）屋面无檐口天棚者算至屋面板底；有屋架且室外均有天棚者算至屋架下弦底另加 200mm；有屋架但无天棚者算至屋架下弦底另加 300mm；出檐高度超过 600mm 时按实砌高度计算；有钢筋混凝土楼板隔层者算至板顶；平屋面算至钢筋混凝土板底。

2）内墙：位于屋架下弦者，算至屋架下弦底；无屋架者算至天棚底另加 100mm，有钢筋混凝土楼板隔层者算至楼板顶；有框架梁时算至梁底。

3）女儿墙：从屋面板上表面算至女儿墙顶面；如有混凝土压顶时算至压顶下表面。

4）内、外山墙：按其平均高度计算。

5）框架间填充墙：不分内外墙按墙体净尺寸以体积计算。

6）围墙高度算至压顶上表面；如有混凝土压顶时算至压顶下表面；围墙柱并入围墙体积内计算。

（7）标准砖墙墙体厚度按表3-18计算。

标准砖墙墙体厚度　　　　　　　　表 3-18

墙厚（砖）	1/4	1/2	3/4	1	$1\frac{1}{2}$	2	$2\frac{1}{2}$	3
计算厚度（mm）	53	115	180	240	365	490	615	740

（8）"实心砖墙、多孔砖墙、空心砖墙"工程量计算应注意：

1）不论三皮砖以下或三皮砖以上的腰线、挑檐等突出墙面部分，均不计算体积（与基础清单不同）；

2）内墙高度算至楼板隔层板顶，外墙高度算至屋面板底；

3）女儿墙的砖压顶、围墙的砖压顶突出墙面部分不计算体积，压顶顶面凹进墙面的部分也不扣除其体积（包括一般围墙的抽屉檐、棱角檐、仿瓦砖檐等）；

4）墙内砖平碹、砖拱碹、砖过梁的体积不扣除，应包括在报价内。

（9）"实心砖柱、多孔砖柱"的工程量应扣除混凝土及钢筋混凝土梁垫、梁头所占体积。

（10）"零星砌砖"的计算应注意：

1）砖砌台阶工程量可按水平投影面积计算（不包括梯带或台阶挡墙）；

2）砖砌小型池槽、锅台、炉灶可按个计算，以长×宽×高的顺序标明外形尺寸；

3）砖砌小便槽等可按长度计算。

（11）实心砖墙、多孔砖墙、空心砖墙工程量计算规则中应扣除过人洞、空圈、门窗洞口面积和每个面积在 0.3m² 以上的孔洞所占的体积，嵌入墙身的钢筋混凝土柱、梁（包括过梁、圈梁、挑梁）及凹进墙内的壁龛、管槽、暖气槽、消火栓箱所占体积。但不扣除梁头、板头、檩木、垫木、木楞头、沿椽木、木砖、门窗走头、砖墙内的加固钢筋、木筋、铁件、钢管的体积及单个面积在 0.3m² 以内的孔洞所占体积。凸出墙面的腰线、挑檐、压顶、窗台线、虎头砖、门窗套的体积亦不增加。凸出墙面的砖垛并入墙体体积内计算。相关名词见图 3-33～图 3-38。

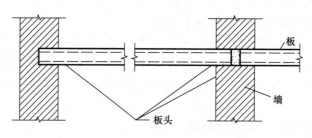

图 3-33　板头

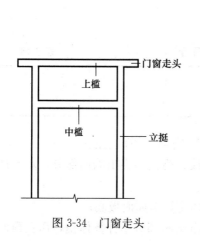

图 3-34　门窗走头

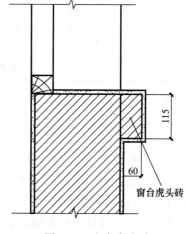

图 3-35　窗台虎头砖

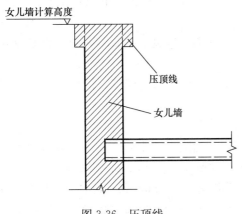

图 3-36　压顶线

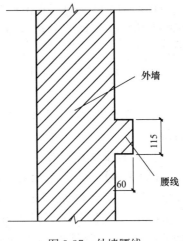

图 3-37　外墙腰线

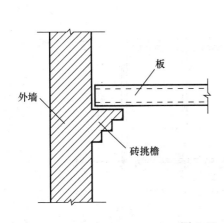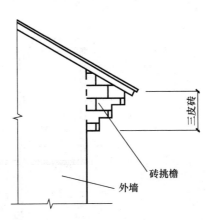

图 3-38　砖挑檐

（12）实心砖墙、多孔砖墙、空心砖墙体工程量计算公式：

外墙体积：　　$V_{外墙} = (L_中 \times H_外 - F_洞) \times 墙厚 \pm V_{增减}$

内墙体积：　　$V_{内墙} = (L_内 \times H_内 - F_洞) \times 墙厚 \pm V_{增减}$

女儿墙体积：　　$V_女 = L_中 \times H_女 \times 墙厚 \pm V_{增减}$

式中　$L_中$——外墙中心线长；

　　　$H_外$——外墙计算高度；

　　　$L_内$——内墙净长线长；

　　　$H_内$——内墙计算高度；

　　　$F_洞$——门窗洞口、过人洞、空圈面积。

3. 清单项目有关说明

（1）"砖基础"项目适用于各种类型砖基础，如柱基础、墙基础、管道基础等。应注意基础类型应在工程量清单项目特征中进行描述。

（2）"实心砖墙"项目适用于各种类型的实心砖墙，包括外墙、内墙、围墙、双面混水墙、双面清水墙、单面清水墙、直形墙、弧形墙以及不同厚度的墙体，砌筑砂浆包括水泥砂浆、混合砂浆以及不同强度等级的砂浆。不同的砖强度等级、加浆勾缝、原浆勾缝等，应在工程量清单项目中一一进行描述。

（3）"实心砖柱"项目适用于各种类型柱，如矩形柱、异形柱、圆柱、包柱等。

（4）"零星砌砖"项目适用于台阶、台阶挡墙、梯带、锅台、炉灶、蹲台等。

4. 工程量计算实例

【例3-14】 某砖混结构建筑物平面、立面图如图3-39所示，墙身为实心砖以 M2.5 混合砂浆砌筑。M-1 为 1200mm×2500mm，M-2 为 900mm×2000mm，C-1 为 1500×1600mm，过梁断面为 240mm×120mm，长为洞口宽加 500mm，构造柱断面 240mm×240mm，檐口处圈梁断面为 240mm×200mm。根据施工图计算墙身工程量。

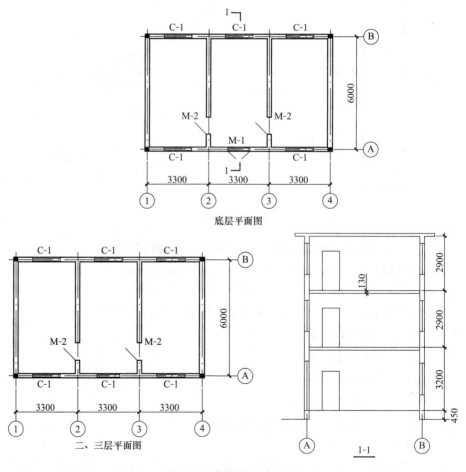

图 3-39 建筑平面、立面图

【解】 工程量的计算

$$L_{中} = (3.3 \times 3 + 6) \times 2 - 0.24 \times 4 = 30.84\text{m}$$

$$L_{内} = (6 - 0.24) \times 2 = 11.52m$$

$$S_{外墙} = 30.84 \times [3.2 + 2.9 \times 2 - 0.2] = 271.39m^2$$

$$S_{内墙} = 11.52 \times [3.2 - 0.13 + (2.9 - 0.13) \times 2 - 0.2] = 96.88m^2$$

门窗的面积：$S_{门窗} = 1.2 \times 2.5 \times 1 + 0.9 \times 2 \times 6 + 1.5 \times 1.6 \times 17 = 54.6m^2$

过梁体积：$V_{过梁} = 0.24 \times 0.12 \times [(1.2 + 0.5) \times 1 + (0.9 + 0.5) \times 6$
$$+ (1.5 + 0.5) \times 17] = 1.27m^3$$

所以砖墙工程量为：$V = 0.24 \times (271.39 + 96.88 - 54.6) - 1.27 = 74.1m^3$

工程量清单表

项目编码	项目名称	项目特征描述	计量单位	工程量
010401003001	实心砖墙	240mm 厚实心砖墙，M2.5 混合砂浆砌筑	m³	74.1

3.6.3 砌块砌体工程

1. 工程量清单项目设置及工程量计算规则

砌块砌体工程工程量清单项目设置及工程量计算规则，应按表 3-19 的规定执行。

砌块砌体工程（编码：010402）　　　　　　　表 3-19

项目编码	项目名称	项目特征	计量单位	工程量计算规则	工程内容
010402001	砌块墙	1. 砌块品种、规格、强度等级 2. 墙体类型 3. 砂浆强度等级	m³	1. 按设计图示尺寸以体积计算 2. 扣除门窗洞口、过人洞、空圈、嵌入墙内的钢筋混凝土柱、梁、圈梁、挑梁、过梁及凹进墙内的壁龛、管槽、暖气槽、消火栓箱所占体积 3. 不扣除梁头、板头、檩头、垫木、木楞头、沿缘木、木砖、门窗走头、砖墙内加固钢筋、木筋、铁件、钢管及单个面积 0.3m² 以内的孔洞所占体积 4. 凸出墙面的腰线、挑檐、压顶、窗台线、虎头砖、门窗套的体积不增加，凸出墙面的砖垛并入墙体体积内计算	1. 砂浆制作、运输 2. 砌砖、砌块 3. 勾缝 4. 材料运输
010402002	砌块柱	1. 砖块品种、规格、强度等级 2. 墙体类型 3. 砂浆强度等级		按设计图示尺寸以体积计算。扣除混凝土及钢筋混凝土梁垫、梁头、板头所占体积	

2. 工程量计算有关说明

（1）砌块墙工程量计算规则与实心砖墙一致；

（2）砌块柱工程量计算规则与实心砖柱一致。

3. 清单项目有关说明

"砌块柱"项目适用于各种类型柱（矩形柱、方柱、异形柱、圆柱、包柱等）。应注意：工程量应扣除混凝土及钢筋混凝土梁头、梁垫、板头所占体积；梁头、板头下镶嵌的实心砖体积不扣除。

3.6.4　石砌体工程

1. 工程量清单项目设置及工程量计算规则

石砌体工程工程量清单项目设置及工程量计算规则，应按表 3-20 的规定执行。

石砌体工程（编码：010403）　　表 3-20

项目编码	项目名称	项目特征	计量单位	工程量计算规则	工程内容
010403001	石基础	1. 石料种类、规格 2. 基础类型 3. 砂浆强度等级	m³	按设计图示尺寸以体积计算。包括附墙垛基础宽出部分体积，不扣除基础砂浆防潮层及单个面积 0.3m² 以内的孔洞所占体积，靠墙暖气沟的挑檐不增加体积	1. 砂浆制作、运输 2. 吊装 3. 砌石 4. 防潮层铺设 5. 材料运输
010403002	石勒脚	1. 石料种类、规格 2. 石表面加工要求 3. 勾缝要求 4. 砂浆强度等级、配合比	m³	按设计图示尺寸以体积计算，扣除单个面积 0.3m² 以外的孔洞所占的体积	1. 砂浆制作、运输 2. 吊装 3. 砌石 4. 石表面加工 5. 勾缝 6. 材料运输
010403003	石墙	1. 石料种类、规格 2. 墙厚 3. 石表面加工要求 4. 勾缝要求 5. 砂浆强度等级、配合比	m³	按设计图示尺寸以体积计算。扣除门窗洞口、过人洞、空圈、嵌入墙内的钢筋混凝土柱、梁、圈梁、挑梁、过梁及凹进墙内的壁龛、管槽、暖气槽、消火栓箱所占体积。不扣除梁头、板头、檩头、垫木、木楞头、沿缘木、木砖、门窗走头、砖墙内加固钢筋、木筋、铁件、钢管及单个面积 0.3m² 以内的孔洞所占体积。凸出墙面的腰线、挑檐、压顶、窗台线、虎头砖、门窗套不增加体积，凸出墙面的砖垛并入墙体体积内计算	
010403004	石挡土墙	1. 石料种类、规格 2. 石表面加工要求 3. 勾缝要求 4. 砂浆强度等级、配合比	m³	按设计图示尺寸以体积计算	1. 砂浆制作、运输 2. 吊装 3. 砌石 4. 变形缝、泄水孔、压顶抹灰 5. 滤水层 6. 勾缝 7. 材料运输

项目编码	项目名称	项目特征	计量单位	工程量计算规则	工程内容
010403005	石柱	1. 石料种类、规格 2. 石表面加工要求 3. 勾缝要求 4. 砂浆强度等级、配合比	m	按设计图示以长度计算	1. 砂浆制作、运输 2. 吊装 3. 砌石 4. 石表面加工 5. 勾缝 6. 材料运输
010403006	石栏杆				
010403007	石护坡	1. 垫层材料种类、厚度 2. 石料种类、规格 3. 护坡厚度、高度 4. 石材表面加工要求 5. 勾缝要求 6. 砂浆强度等级、配合比	m³	按设计图示尺寸以体积计算	1. 铺设垫层 2. 石料加工 3. 砂浆制作、运输 4. 砌石 5. 石表面加工 6. 勾缝 7. 材料运输
010403008	石台阶				
010403009	石坡道		m²	按设计图示尺寸以水平投影面积计算	
010403010	石地沟、石明沟	1. 沟截面尺寸 2. 土壤类别、运距 4. 垫层材料种类、厚度 5. 石料种类、规格 6. 石表面加工要求 7. 勾缝要求 8. 砂浆强度等级、配合比	m	按设计图示以中心线长度计算	1. 土方挖、运 2. 砂浆制作、运输 3. 铺设垫层 4. 砌石 5. 石表面加工 6. 勾缝 7. 回填 8. 材料运输

2. 工程量计算有关说明

（1）石基础长度：外墙按中心线计算，内墙按净长计算；

（2）石墙工程量计算规则与实心砖墙一致。

3.6.5　垫层工程

基础垫层工程工程量清单项目设置及工程量计算规则，应按表 3-21 的规定执行。

垫层工程（编码：010404）　　　　　　　　　　　　表 3-21

项目编码	项目名称	项目特征	计量单位	工程量计算规则	工程内容
010404001	垫层	垫层材料种类、配合比、厚度	m³	按设计图示尺寸以立方米计算	1. 垫层材料的拌制 2. 垫层铺设 3. 材料运输

除混凝土垫层应按 3.7 节中相关项目编码列项外，没有包括垫层要求的清单项目应按表 3-21 垫层项目编码列项。

3.7 混凝土及钢筋混凝土工程量计算

3.7.1 混凝土及钢筋混凝土工程量计算的内容和范围

混凝土及钢筋混凝土工程包括现浇混凝土基础、现浇混凝土柱、现浇混凝土梁、现浇混凝土墙、现浇混凝土板、现浇混凝土楼梯、现浇混凝土其他构件、后浇带、预制混凝土柱、梁、屋架、板、楼梯、其他预制构件、钢筋工程、螺栓铁件等。适用于建筑物、构筑物的混凝土结构工程。

混凝土及钢筋混凝土工程包括模板、钢筋及混凝土的施工内容，其中模板工程列入措施项目清单，钢筋、混凝土工程的一般计算规则为：

（1）混凝土工程的工程量按施工图示尺寸计算，不扣除钢筋、铁件和面积在 $0.05m^2$ 以内的螺栓盒等所占的体积。

（2）现浇墙、板及预制板均不扣除面积在 $0.3m^2$ 以内孔洞的体积，面积超过 $0.3m^2$ 的孔洞，应扣除混凝土体积，留孔所需工料不另外计算。

（3）钢筋、铁件用量按理论重量计算。钢筋、铁件的制作损耗不另外计算。

（4）预应力粗钢筋冷加工费用，按施工图的预应力粗钢筋净用量计算。

（5）钢筋的搭接用量：设计图纸已注明的钢筋接头，按图纸规定计算；设计图纸未规定搭接长度的，在钢筋的损耗率之内，不另外计算搭接长度。钢筋用电渣压力焊焊接、锥螺纹套筒等接头，以"只"单独列项计算。

3.7.2 现浇混凝土基础工程

1. 工程量清单项目设置及工程量计算规则

现浇混凝土基础工程工程量清单项目设置及工程量计算规则，应按表 3-22 的规定执行。

现浇混凝土基础工程（编码：010501） 表 3-22

项目编码	项目名称	项目特征	计量单位	工程量计算规则	工程内容
010501001	垫层	1. 混凝土类别 2. 混凝土强度等级	m³	按设计图示尺寸以体积计算。不扣除构件内钢筋、预埋铁件和伸入承台基础的桩头所占体积	1. 模板及支撑制作、安装、拆除、堆放、运输及清理模内杂物、刷隔离剂等 2. 混凝土制作、运输、浇筑、振捣、养护
010501002	带形基础				
010501003	独立基础				
010501004	满堂基础				
010501005	桩承台基础				
010501006	设备基础	1. 混凝土类别 2. 混凝土强度等级 3. 灌浆材料、灌浆材料强度等级			

2. 工程量计算相关说明

（1）带形基础工程量＝设计外墙中心线长度×基础断面面积＋设计内墙基础图示长度×基础断面面积。

（2）独立基础工程量按图示尺寸以体积计算。对于锥形独立基础（图 3-40），可按下列公式计算：

$$V_{独立} = A \cdot B \cdot h_1 + \frac{h - h_1}{6}[A \cdot B + a \cdot b + (A + a)(B + b)]$$

或：$V_{独立} = A \cdot B \cdot h_1 + \frac{h - h_1}{3}[A \cdot B + a \cdot b + \sqrt{A \cdot B \cdot a \cdot b}]$

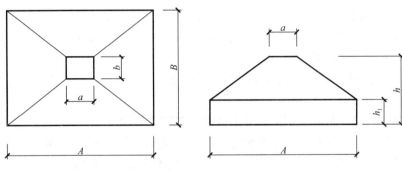

图 3-40　锥形独立基础

杯形基础（图 3-41）需扣除杯芯体积，杯芯体积可按下式计算：

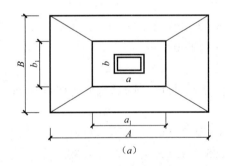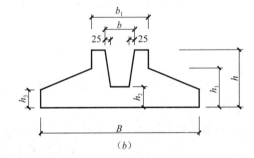

图 3-41　杯型基础

$$V_{杯芯} = (h - h_2)(a - 0.025)(b - 0.025)$$

$$V_{杯形} = A \cdot B \cdot h_3 + \frac{h_1 - h_3}{6}[A \cdot B + (A + a_1)(B + b_1) + a_1 \cdot b_1]$$

$$+ a_1 \cdot b_1 \cdot (h - h_1) - V_{杯芯}$$

（3）满堂基础工程量＝图示长度×图示宽度×厚度＋翻梁体积，其中：

1）无梁式满堂基础，其倒转的柱头（帽）应列入基础计算，其工程量计算公式为：

$$V_{无梁} = 底板体积 + 柱头体积$$

2）有梁式满堂基础的工程量计算公式为：

$$V_{有梁} = 底板体积 + 梁体积$$

3）肋形满堂基础的梁、板合并计算。

（4）设备基础除块体以外，其他类型设备基础分别按基础梁、柱、板、墙等有关规定计算。

（5）"桩承台基础"工程量不扣除浇入承台体积内的桩头所占体积。

3. 清单项目有关说明

（1）"带形基础"项目适用于各种带形基础，墙下的带形基础包括浇筑在一字排桩上面的带形基础。

（2）"独立基础"项目适用于块体柱基、杯基、柱下的板式基础、无筋倒圆台基础、壳体基础、电梯井基础等。

（3）"满堂基础"项目适用于地下室的箱形、筏形基础等。

（4）"设备基础"项目适用于设备的块体基础、框架基础等。应注意：螺栓孔灌浆应包括在报价内。

（5）"桩承台基础"项目适用于浇筑在组桩（如梅花桩）上的承台。

4. 工程量计算实例

【例 3-15】 某现浇钢筋混凝土基础及垫层，如图 3-42～图 3-44 所示，垫层混凝土强度等级 C15，厚度均为 100mm，基础混凝土强度等级 C20，场外搅拌量为 50m³/h，运距为 5km，分别计算混凝土基础工程量。

【解】

（1）如图 3-42 所示，独立基础工程量按图示尺寸以体积计算。

$$\begin{aligned}现浇钢筋混凝土独立基础工程量 &= (2.00 \times 2.00) \times 0.4 + 0.4/6 \\ &\quad \times [2.00 \times 2.00 + 0.4 \times 0.4 \\ &\quad + (2 + 0.4) \times (2 + 0.4)] \\ &= 1.6 + 0.66 = 2.26 m^3\end{aligned}$$

（2）如图 3-43 所示，满堂基础工程量＝图示长度×图示宽度×厚度＋翻梁体积

$$\begin{aligned}满堂基础混凝土工程量 &= 35 \times 25 \times 0.3 + 0.3 \times 0.4 \\ &\quad \times [35 \times 3 + (25 - 0.3 \times 3) \times 5] = 289.56 m^3\end{aligned}$$

（3）如图 3-44 所示，带形基础工程量＝设计外墙中心线长度×设计断面＋设计内墙基础图示长度×设计断面。

$$\begin{aligned}带形基础混凝土工程量 &= (4 + 4 + 4.6) \times 2 \times 0.4 \times 1.2 \\ &\quad + (4.6 - 1.2) \times 0.4 \times 1.2 = 13.73 m^3\end{aligned}$$

（4）如图 3-42～图 3-44 所示，垫层工程量＝设计垫层面积×垫层厚度

$$独立基础垫层工程量 = (2 + 0.2) \times (2 + 0.2) \times 0.1 = 0.484 m^3$$

$$满堂基础垫层工程量 = (25 + 0.2) \times (35 + 0.2) \times 0.1 = 88.704 m^3$$

$$\begin{aligned}带型基础垫层工程量 &= [(4 + 4 + 4.6) \times 2 + 4.6 - (0.1 \times 2 + 0.3 \times 2 \\ &\quad + 0.6)] \times (0.1 \times 2 + 0.3 \times 2 + 0.6) \times 0.1 \\ &= 3.976 m^3\end{aligned}$$

$$垫层总工程量 = 0.484 + 88.704 + 3.976 = 93.16 m^3$$

工程量清单表

项目编码	项目名称	项目特征描述	计量单位	工程量
010501003001	独立基础	C20，场外搅拌量为50m³/h，运距为5km	m³	2.26
010501004001	满堂基础	C20，场外搅拌量为50m³/h，运距为5km	m³	289.56
010501002001	带形基础	C20，场外搅拌量为50m³/h，运距为5km	m³	13.73
010501001001	垫层	C15，场外搅拌量为50m³/h，运距为5km	m³	93.16

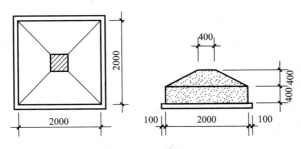

图 3-42　钢筋混凝土独立基础

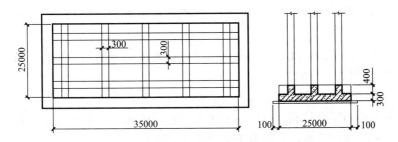

图 3-43　钢筋混凝土满堂基础

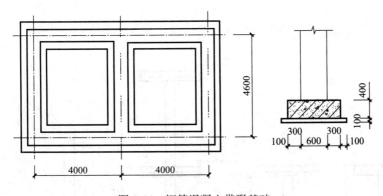

图 3-44　钢筋混凝土带形基础

3.7.3　现浇混凝土柱工程

1. 工程量清单项目设置及工程量计算规则

现浇混凝土柱工程工程量清单项目设置及工程量计算规则，应按表 3-23 的规定执行。

现浇混凝土柱工程（编码：010502）　　　　表 3-23

项目编码	项目名称	项目特征	计量单位	工程量计算规则	工程内容
010502001	矩形柱	1. 混凝土类别 2. 混凝土强度等级	m³	按设计图示尺寸以体积计算。 不扣除构件内钢筋、预埋铁件所占体积。型钢混凝土柱应扣除构件内型钢所占体积	1. 模板及支架（撑）制作、安装、拆除、堆放、运输及清理模内杂物、刷隔离剂等 2. 混凝土制作、运输、浇筑、振捣、养护
010502002	构造柱				
010502003	异形柱	1. 柱形状 2. 混凝土类别 3. 混凝土强度等级			

2. 工程量计算相关说明

现浇钢筋混凝土柱工程工程量按设计图示尺寸以体积计算，不扣除构件内钢筋、预埋铁件所占体积。型钢混凝土柱扣除构件内型钢所占体积。

工程量计算公式：

$$V_{柱} = 柱高 \times 柱截面积$$

（1）柱高的计算规定。

1）有梁板的柱高：自柱基上表面（或楼板上表面）至上一层楼板上表面之间的高度，见图 3-45（a）。

2）无梁楼板的柱高：自柱基上表面（或楼板上表面）至柱帽下表面之间的高度，见图 3-45（b）。

3）有楼隔层的柱高：自柱基上表面至梁上表面的高度，见图 3-45（c）。

4）无楼隔层的柱高：自柱基上表面至柱顶的高度，见图 3-45（d）。

5）框架柱的柱高：自柱基上表面至柱顶高度。

6）构造柱按全高计算，与砖墙嵌接部分（马牙槎）的体积并入柱身体积内计算。

7）依附在柱身上的牛腿和升板的柱帽，并入柱身体积计算。

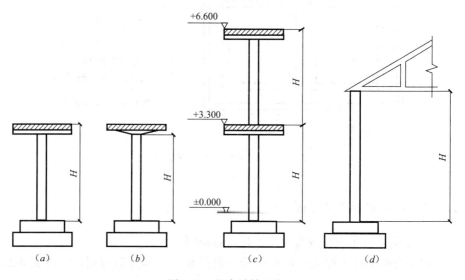

图 3-45　柱高计算示意图

（2）"矩形柱"、"异形柱"、"构造柱"项目适用于各种类型柱，除无梁板柱的高度计算至柱帽下表面，其他柱均计算全高。应注意：

1）单独的薄壁柱根据其截面形状，确定以异形柱或矩形柱单独计算；

2）柱帽的工程量包括在无梁板体积内计算；

3）混凝土柱上的钢牛腿按零星钢构件单独列项计算。

3. 工程量计算相关说明

混凝土类别指清水混凝土、彩色混凝土等，如在同一地区既使用预拌（商品）混凝土，又允许现场搅拌混凝土时，也应注明。

3.7.4 现浇混凝土梁工程

1. 工程量清单项目设置及工程量计算规则

现浇混凝土梁工程量清单项目设置及工程量计算规则，应按表 3-24 的规定执行。

现浇混凝土梁工程（编码：010503）　　　　　表 3-24

项目编码	项目名称	项目特征	计量单位	工程量计算规则	工程内容
010503001	基础梁	1. 混凝土类别 2. 混凝土强度等级	m³	按设计图示尺寸以体积计算。不扣除构件内钢筋、预埋铁件所占体积，伸入墙内的梁头、梁垫并入梁体积内。型钢混凝土梁扣除构件内型钢所占体积	1. 模板及支架（撑）制作、安装、拆除、堆放、运输及清理模内杂物、刷隔离剂等 2. 混凝土制作、运输、浇筑、振捣、养护
010503002	矩形梁				
010503003	异形梁				
010503004	圈梁				
010503005	过梁				
010503006	弧形、拱形梁	1. 混凝土类别 2. 混凝土强度等级	m³	按设计图示尺寸以体积计算。不扣除构件内钢筋、预埋铁件所占体积，伸入墙内的梁头、梁垫并入梁体积内	1. 模板及支架（撑）制作、安装、拆除、堆放、运输及清理模内杂物、刷隔离剂等 2. 混凝土制作、运输、浇筑、振捣、养护

2. 工程量计算相关说明

现浇混凝土梁包括基础梁、单梁、框架梁、圈梁和过梁等。工程量按设计图示尺寸以体积计算，不扣除构件内钢筋、预埋铁件所占体积，伸入墙内的梁头、梁垫并入梁体积内，型钢混凝土梁扣除构件内型钢所占体积。工程量计算公式：

$$V_梁 = 梁长 \times 梁断面积$$

（1）梁高为梁底至梁顶面的距离。

（2）梁长的计算规定：

1）当主梁与柱连接时，梁长算至柱侧面；

2）当次梁与主梁连接时，其长度算至主梁的侧面，如图 3-46 所示；

3）梁与砌体墙连接时，介入墙内的梁头，应计算在梁的长度内；

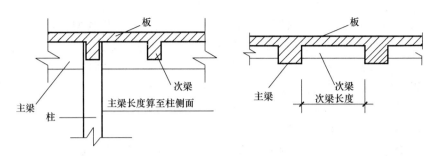

图 3-46　梁长度计算示意图

4）现浇梁头处有现浇混凝土垫块者，垫块体积可并入梁体积内计算。

（3）圈梁带梁时，以墙的结构外皮为分界线，墙外部分按单梁计算，墙内部分按圈梁计算。

（4）现浇挑檐天沟与圈梁（包括其他梁）连接时，以梁外边线为分界线，梁外边线以外为挑檐天沟，梁外边线以内为圈梁。

3.7.5　现浇混凝土墙工程

1. 工程量清单项目设置及工程量计算规则

现浇混凝土墙工程量清单项目设置及工程量计算规则，应按表 3-25 的规定执行。

现浇混凝土墙工程（编码：010504）　　　　表 3-25

项目编码	项目名称	项目特征	计量单位	工程量计算规则	工程内容
010504001	直形墙	1. 混凝土类别 2. 混凝土强度等级	m³	按设计图示尺寸以体积计算。 不扣除构件内钢筋、预埋铁件所占体积，扣除门窗洞口及单个面积 0.3m² 以上的孔洞所占体积，墙垛及突出墙面部分并入墙体体积内	1. 模板及支架（撑）制作、安装、拆除、堆放、运输及清理模内杂物、刷隔离剂等 2. 混凝土制作、运输、浇筑、振捣、养护
010504002	弧形墙				
010504003	短肢剪力墙				
010504004	挡土墙				

2. 清单项目有关说明

（1）"直形墙"、"弧形墙"项目也适用于电梯井。应注意：与墙相连接的薄壁柱按墙项目编码列项。

（2）墙肢截面的最大长度与厚度之比小于或等于 6 倍的剪力墙，按短肢剪力墙项目列项。

（3）L、Y、T、十字、Z 形、一字形等短肢剪力墙的单肢中心线长小于等于 0.4m 时，按柱项目列项。

3.7.6　现浇混凝土板工程

1. 工程量清单项目设置及工程量计算规则

现浇混凝土板工程工程量清单项目设置及工程量计算规则，应按表 3-26 的规定执行。

现浇混凝土板工程（编码：010505）　　**表 3-26**

项目编码	项目名称	项目特征	计量单位	工程量计算规则	工程内容
010505001	有梁板	1. 混凝土类别 2. 混凝土强度等级	m³	按设计图示尺寸以体积计算。不扣除构件内钢筋、预埋铁件及单个面积 0.3m² 以内的柱、垛以及孔洞所占体积。压形钢板混凝土楼板扣除构件内压形钢板所占体积	1. 模板及支架（撑）制作、安装、拆除、堆放、运输及清理模内杂物、刷隔离剂等 2. 混凝土制作、运输、浇筑、振捣、养护
010505002	无梁板				
010505003	平板				
010505004	拱板				
010505005	薄壳板				
010505006	栏板				
010505007	天沟、（檐沟）挑檐板	1. 混凝土类别 2. 混凝土强度等级		按设计图示尺寸以体积计算	
010505008	雨篷、悬挑板、阳台板			按设计图示尺寸以墙外部分体积计算。包括伸出墙外的牛腿和雨篷反挑檐的体积	
010505009	其他板			按设计图示尺寸以体积计算	

2. 工程量计算相关说明

（1）有梁板（包括主、次梁与板）按梁、板体积之和计算。

（2）无梁板按板和柱帽体积之和计算。

（3）各类板伸入墙内的板头并入板体积内计算。

（4）薄壳板的肋、基梁并入薄壳体积内计算。

3. 清单项目有关说明

（1）混凝土板采用复合高强薄型空心管浇筑时，其工程量应扣除空心管所占体积，复合高强薄型空心管应包括在报价内。

（2）有梁板内浇筑轻质材料时，轻质材料应包括在报价内。

（3）现浇挑檐、天沟板、雨篷、阳台与板（包括屋面板、楼板）连接时，以外墙外边线为分界线；与圈梁（包括其他梁）连接时，以梁外边线为分界线。外边线以外为挑檐、天沟、雨篷或阳台。

3.7.7　楼梯及其他构件工程

1. 工程量清单项目设置及工程量计算规则

现浇混凝土楼梯工程量清单项目设置及工程量计算规则，应按表 3-27 中的相关规定执行。

现浇混凝土楼梯工程（编码：010506）　　**表 3-27**

项目编码	项目名称	项目特征	计量单位	工程量计算规则	工程内容
010506001	直形楼梯	1. 混凝土类别 2. 混凝土强度等级	1. m² 2. m³	1. 以平方米计量，按设计图示尺寸以水平投影面积计算。不扣除宽度≤500mm 的楼梯井，伸入墙内部分不计算 2. 以立方米计量，按设计图示尺寸以体积计算	1. 模板及支架（撑）制作、安装、拆除、堆放、运输及清理模内杂物、刷隔离剂等 2. 混凝土制作、运输、浇筑、振捣、养护
010506002	弧形楼梯				

(113)

现浇混凝土其他构件工程量清单项目设置及工程量计算规则，应按表 3-28 中的相关规定执行。

现浇混凝土其他构件工程（编码：010507） 表 3-28

项目编码	项目名称	项目特征	计量单位	工程量计算规则	工程内容
010507001	散水、坡道	1. 垫层材料种类、厚度 2. 面层厚度 3. 混凝土类别 4. 混凝土强度等级 5. 变形缝填塞材料种类	m^2	以平方米计量，按设计图示尺寸以面积计算。不扣除单个 $\leq 0.3m^2$ 的孔洞所占面积	1. 地基夯实 2. 铺设垫层 3. 模板及支撑制作、安装、拆除、堆放、运输及清理模内杂物、刷隔离剂等 4. 混凝土制作、运输、浇筑、振捣、养护 5. 变形缝填塞
010507002	电缆沟、地沟	1. 土壤类别 2. 沟截面净空尺寸 3. 垫层材料种类、厚度 4. 混凝土类别 5. 混凝土强度等级 6. 防护材料种类	m	以米计量，按设计图示以中心线长计算	1. 挖填、运土石方 2. 铺设垫层 3. 模板及支撑制作、安装、拆除、堆放、运输及清理模内杂物、刷隔离剂等 4. 混凝土制作、运输、浇筑、振捣、养护 5. 刷防护材料
010507003	台阶	1. 踏步高宽比 2. 混凝土类别 3. 混凝土强度等级	1. m^2 2. m^3	1. 以平方米计量，按设计图示尺寸水平投影面积计算 2. 以立方米计量，按设计图示尺寸以体积计算	1. 模板及支撑制作、安装、拆除、堆放、运输及清理模内杂物、刷隔离剂等 2. 混凝土制作、运输、浇筑、振捣、养护
010507004	扶手、压顶	1. 断面尺寸 2. 混凝土类别 3. 混凝土强度等级	1. m 2. m^3	1. 以米计量，按设计图示的延长米计算 2. 以立方米计量，按设计图示尺寸以体积计算	1. 模板及支架（撑）制作、安装、拆除、堆放、运输及清理模、内杂物、刷隔离剂等 2. 混凝土制作、运输、浇筑、振捣、养护
010507005	化粪池底	1. 混凝土强度等级 2. 防水、抗渗要求	m^3	按设计图示尺寸以体积计算。不扣除构件内钢筋、预埋铁件所占体积	1. 模板及支架（撑）制作、安装、拆除、堆放、运输及清理模内杂物、刷隔离剂等 2. 混凝土制作、运输、浇筑、振捣、养护
010507006	化粪池壁				
010507007	化粪池顶				
010507008	检查井底				
010507009	检查井壁				
010507010	检查井顶				
010507011	其他构件	1. 构件的类型 2. 构件规格 3. 部位 4. 混凝土类别 5. 混凝土强度等级	m^3		

后浇带工程量清单项目设置及工程量计算规则，应按表 3-29 中的相关规定执行。

后浇带工程（编码：010508）   表 3-29

项目编码	项目名称	项目特征	计量单位	工程量计算规则	工程内容
010508001	后浇带	1. 混凝土类别 2. 混凝土强度等级	m³	按设计图示尺寸以体积计算	1. 模板及支架（撑）制作、安装、拆除、堆放、运输及清理模内杂物、刷隔离剂等 2. 混凝土制作、运输、浇筑、振捣、养护及混凝土交接面、钢筋等的清理

2. 工程量计算相关说明

（1）整体楼梯（包括休息平台、平台梁、斜梁、楼梯板、踏步及楼梯的连接梁）应分层，按楼梯水平投影面积计算，不扣除宽度小于 500mm 的楼梯井，介入墙内部分不另外增加面积。当整体楼梯与现浇楼板无梯梁连接时，以楼梯的最后一个踏步边缘加 300mm 为界，划为楼梯与楼板。

（2）单跑楼梯的工程量计算与直形楼梯的工程量计算相同，单跑楼梯如无中间休息平台时，应在工程量清单中进行描述。

（3）弧形楼梯按梯段中心弧长乘以楼梯宽度以面积计算。

（4）雨篷、阳台按设计图示尺寸以墙外部分体积计算，包括伸出墙外的牛腿和雨篷反挑檐的体积。散水、坡道按设计图示尺寸以面积计算。不扣除单个面积 0.3m² 以内的孔洞所占面积。

（5）电缆沟、地沟长度按设计图示尺寸以中心线计算。

（6）后浇带按设计图示尺寸以体积计算。

（7）"其他构件"项目中的压顶、扶手工程量可按长度计算，台阶工程量可按水平投影面积计算。

3. 清单项目有关说明

（1）"电缆沟、地沟"、"散水、坡道"面层须抹灰时，应包括在报价内。

（2）"后浇带"项目适用于梁、墙、板的后浇带。

（3）架空式混凝土台阶，按现浇楼梯计算。

3.7.8 预制混凝土构件工程

1. 工程量清单项目设置及工程量计算规则

预制混凝土柱工程量清单项目设置及工程量计算规则，应按表 3-30 中的相关规定执行。

预制混凝土柱工程（编码：010509）　　　　　表 3-30

项目编码	项目名称	项目特征	计量单位	工程量计算规则	工程内容
010509001	矩形柱	1. 参考图集图代号 2. 单件体积 3. 安装高度 4. 混凝土强度等级 5. 砂浆强度等级、配合比	1. m³ 2. 根	1. 以立方米计量，按设计图示尺寸以体积计算。不扣除构件内钢筋、预埋铁件所占体积 2. 以根计量，按设计图示以数量计算	1. 构件安装 2. 砂浆制作、运输 3. 接头灌缝、养护
010509002	异形柱				

　　预制混凝土梁工程量清单项目设置及工程量计算规则，应按表 3-31 中的相关规定执行。

预制混凝土梁工程（编码：010510）　　　　　表 3-31

项目编码	项目名称	项目特征	计量单位	工程量计算规则	工程内容
010510001	矩形梁	1. 参考图集图代号 2. 单件体积 3. 安装高度 4. 混凝土强度等级 5. 砂浆强度等级、配合比	1. m³ 2. 根	1. 以立方米计量，按设计图示尺寸以体积计算。不扣除构件内钢筋、预埋铁件所占体积 2. 以根计量，按设计图示以数量计算	1. 构件安装 2. 砂浆制作、运输 3. 接头灌缝、养护
010510002	异形梁				
010510003	过梁				
010510004	拱形梁				
010510005	鱼腹式吊车梁				
010510006	风道梁				

　　预制混凝土屋架工程量清单项目设置及工程量计算规则，应按表 3-32 中的相关规定执行。

预制混凝土屋架工程（编码：010511）　　　　　表 3-32

项目编码	项目名称	项目特征	计量单位	工程量计算规则	工程内容
010511001	折线型屋架	1. 参考图集图代号 2. 单件体积 3. 安装高度 4. 混凝土强度等级 5. 砂浆强度等级、配合比	1. m³ 2. 榀	1. 以立方米计量，按设计图示尺寸以体积计算。不扣除构件内钢筋、预埋铁件所占体积 2. 以榀计量，按设计图示尺寸以数量计算	1. 构件安装 2. 砂浆制作、运输 3. 接头灌缝、养护
010511002	组合屋架				
010511003	薄腹屋架				
010511004	门式刚架屋架				
010411005	天窗架屋架				

　　预制混凝土板工程量清单项目设置及工程量计算规则，应按表 3-33 中的相关规定执行。

预制混凝土板工程（编码：010512）　　　　　表 3-33

项目编码	项目名称	项目特征	计量单位	工程量计算规则	工程内容
010512001	平板	1. 参考图集图代号 2. 单件体积 3. 安装高度 4. 混凝土强度等级 5. 砂浆强度等级、配合比	1. m³ 2. 块	1. 以立方米计量，按设计图示尺寸以体积计算。不扣除构件内钢筋、预埋铁件及单个尺寸≤300mm×300mm 的孔洞所占体积，扣除空心板空洞体积 2. 以块计量，按设计图示尺寸以数量计算	1. 构件安装 2. 砂浆制作、运输 3. 接头灌缝、养护
010512002	空心板				
010512003	槽形板				
010512004	网架板				
010512005	折线板				
010512006	带肋板				
010512007	大型板				

项目编码	项目名称	项目特征	计量单位	工程量计算规则	工程内容
010512008	沟盖板、井盖板、井圈	1. 单件体积 2. 安装高度 3. 混凝土强度等级 4. 砂浆强度等级、配合比	1. m³ 2. 块（套）	1. 以立方米计量，按设计图示尺寸以体积计算。不扣除构件内钢筋、预埋铁件所占体积 2. 以块计量，按设计图示以"数量"计算	1. 构件安装 2. 砂浆制作、运输 3. 接头灌缝、养护

预制混凝土楼梯工程量清单项目设置及工程量计算规则，应按表 3-34 中的相关规定执行。

预制混凝土楼梯工程（编码：010513）　　　　　表 3-34

项目编码	项目名称	项目特征	计量单位	工程量计算规则	工程内容
010513001	楼梯	1. 楼梯类型 2. 单件体积 3. 混凝土强度等级 4. 砂浆强度等级	1. m³ 2. 块	1. 以立方米计量，按设计图示尺寸以体积计算。不扣除构件内钢筋、预埋铁件所占体积，扣除空心踏步板孔洞体积 2. 以块计量，按设计图示数量计算	1. 构件安装 2. 砂浆制作、运输 3. 接头灌缝、养护

预制混凝土其他构件工程量清单项目设置及工程量计算规则，应按表 3-35 中的相关规定执行。

预制混凝土其他构件工程（编码：010514）　　　　　表 3-35

项目编码	项目名称	项目特征	计量单位	工程量计算规则	工程内容
010514001	垃圾道、通风道、烟道	1. 单件体积 2. 混凝土强度等级 3. 砂浆强度等级	1. m³ 2. m² 3. 根（块）	1. 以立方米计量，按设计图示尺寸以体积计算。不扣除构件内钢筋、预埋铁件及单个尺寸≤300mm×300m 的孔洞所占体积、扣除烟道、垃圾道、通风道的孔洞所占体积 2. 以平方米计量，按设计图示尺寸以面积计算。不扣除构件内钢筋、预埋铁件及单个面积≤300mm×300mm 的孔洞所占面积 3. 以根（块）计量，按设计图示尺寸以数量计算	1. 构件安装 2. 砂浆制作、运输 3. 接头灌缝、养护 4. 酸洗、打蜡
010414002	其他构件	1. 单件体积 2. 构件的类型 3. 混凝土强度等级 4. 砂浆强度等级			
010414003	水磨石构件	1. 构件的类型 2. 单件体积 3. 水磨石面层厚度 4. 混凝土强度等级 5. 水泥石子浆配合比 6. 石子品种、规格、颜色 7. 酸洗、打蜡要求			

2. 工程量计算相关说明

（1）有相同截面、长度的预制混凝土柱的工程量可按根数计算。以根计量，必须描述单件体积。

（2）有相同截面、长度的预制混凝土梁的工程量可按根数计算。以根计量，必须描述单件体积。

（3）同类型、相同跨度的预制混凝土屋架的工程量可按榀数计算。以榀计量，必须描述单件体积。

（4）同类型、相同构件尺寸的预制混凝土板工程量可按块、套数计算。以块、套计量，必须描述单件体积。

（5）同类型、相同构件尺寸的预制混凝土沟盖板的工程量可按块数计算；混凝土井圈、井盖板工程量可按套数计算。

3. 清单项目有关说明

（1）"水磨石构件"需打蜡抛光时，应包括在报价内。

（2）三角形屋架应按表 3-32 中折线型屋架项目编码列项。

（3）不带肋的预制遮阳板、雨篷板、挑檐板、拦板等，应按表 3-33 中平板项目编码列项。预制 F 形板、双 T 形板、单肋板和带反挑檐的雨篷板、挑檐板、遮阳板等，应按表 3-33 中带肋板项目编码列项。预制大型墙板、大型楼板、大型屋面板等，应按表 3-33 中大型板项目编码列项。

（4）预制钢筋混凝土小型池槽、压顶、扶手、垫块、隔热板、花格等，按表 3-33 中其他构件项目编码列项。

3.7.9 钢筋工程

1. 工程量清单项目设置及工程量计算规则

钢筋工程工程量清单项目设置及工程量计算规则，应按表 3-36 中的相关规定执行。

钢筋工程（编码：010515）　　　　　　　　表 3-36

项目编码	项目名称	项目特征	计量单位	工程量计算规则	工程内容
010515001	现浇构件钢筋	钢筋种类、规格	t	按设计图示钢筋（网）长度（面积）乘单位理论质量计算	1. 钢筋制作、运输 2. 钢筋安装 3. 焊接
010515002	钢筋网片				1. 钢筋网制作、运输 2. 钢筋网安装 3. 焊接
010515003	钢筋笼				1. 钢筋笼制作、运输 2. 钢筋笼安装 3. 焊接
010515004	先张法预应力钢筋	1. 钢筋种类、规格 2. 锚具种类		按设计图示钢筋长度乘单位理论质量计算	1. 钢筋制作、运输 2. 钢筋张拉
010515005	后张法预应力钢筋	1. 钢筋种类、规格 2. 钢丝种类、规格 3. 钢绞线种类、规格 4. 锚具种类 5. 砂浆强度等级		按设计图示钢筋长度乘单位理论质量计算	1. 钢筋、钢丝、钢绞线制作、运输 2. 钢筋、钢丝、钢绞线安装 3. 预埋管孔道铺设 4. 锚具安装 5. 砂浆制作、运输 6. 孔道压浆、养护
010515006	预应力钢丝				
010515007	预应力钢绞线				

项目编码	项目名称	项目特征	计量单位	工程量计算规则	工程内容
010515008	支撑钢筋（铁马凳）	1. 钢筋种类 2. 规格		按钢筋长度乘单位理论质量计算	钢筋制作、焊接、安装
010515009	声测管	1. 材质 2. 规格型号		按设计图示尺寸质量计算	1. 检测管截断、封头 2. 套管制作、焊接 3. 定位、固定

螺栓、铁件工程量清单项目设置及工程量计算规则，应按表3-37中的相关规定执行。

螺栓、铁件工程（编码：010516）   表 3-37

项目编码	项目名称	项目特征	计量单位	工程量计算规则	工程内容
010516001	螺栓	1. 螺栓种类 2. 规格	t	按设计图示尺寸以质量计算	1. 螺栓、铁件制作、运输 2. 螺栓、铁件安装
010516002	预埋铁件	1. 钢材种类 2. 规格 3. 铁件尺寸			
010516003	机械连接	1. 连接方式 2. 螺纹套筒种类 3. 规格	个	按数量计算	1. 钢筋套丝 2. 套筒连接

2. 工程量计算相关说明

（1）钢筋的分类和作用

配置在钢筋混凝土结构中的钢筋，按其作用可分为以下五种：

1）受力筋：承受拉、压应力的钢筋，用于梁、板、柱等各种钢筋混凝土构件；

2）钢箍（箍筋）：承受一部分斜拉应力，并固定受力筋的位置，多用于梁和柱内；

3）架立筋：用以固定梁内钢箍位置，构成梁内的钢筋骨架；

4）分布筋：用于屋面板、楼板内，与板的受力筋垂直布置，将承受的荷载均匀地传给受力筋，并固定受力筋的位置，以及抵抗热胀冷缩所引起的温度变形；

5）附加钢筋：因构件几何形状或受力情况变化而增加的附加筋。

（2）钢筋的保护层

钢筋在混凝土里，要有一定厚度的混凝土包住它，以防止钢筋被腐蚀，并加强钢筋与混凝土的粘结力。钢筋外皮至最近的混凝土表面层的厚度就称为钢筋保护层厚度。一般构件钢筋保护层的厚度见表3-38。

（3）钢筋的弯钩形式及增加长度

一般螺纹钢筋、焊接网片及钢筋焊接骨架可不设弯钩。对于光圆钢筋为了提高钢筋与混凝土的粘结力，两端要设弯钩。光圆钢筋弯钩形式有三种，如图3-47所示。

一般环境中混凝土材料与钢筋最小保护层厚度（单位：mm）　表 3-38

设计使用年限 环境作用等级		100 年		50 年		30 年	
		混凝土强度 等级	最小保护层 厚度	混凝土强度 等级	最小保护层 厚度	混凝土强度 等级	最小保护层 厚度
板、墙等面 形构件	A	C30	20	C25	20	C25	20
	B	C35	30	C30	25	C25	25
		≥C40	25	≥C35	20	≥C30	20
	C	C40	40	C35	35	C30	30
		C45	35	C40	30	C35	25
		≥C50	30	≥C45	25	≥C40	20
梁、柱等条 形构件	A	C30	25	C25	25	≥C25	20
		≥C35	20	≥C30	20		
	B	C35	35	C30	30	C25	30
		≥C40	30	≥C35	25	≥C30	25
	C	C40	45	C35	40	C30	35
		C45	40	C40	35	C35	30
		≥C50	35	≥C45	30	≥C40	25

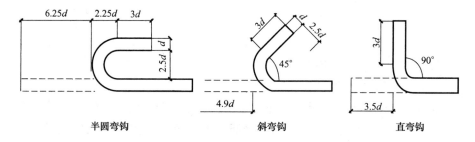

图 3-47　钢筋的弯钩形式

弯钩长度按设计规定计算，如设计无规定时可参考表 3-39 计算。

钢筋弯钩增加长度表（单位：mm）　表 3-39

钢筋直径 d	半圆弯钩（6.25d）		斜弯钩（4.9d）		直弯钩（3.5d）	
	一个钩长	二个钩长	一个钩长	二个钩长	一个钩长	二个钩长
6	40	80	30	60	21	42
8	50	100	40	80	28	56
10	60	120	50	100	35	70
12	75	150	60	120	42	84
14	85	170	70	140	49	98
16	100	200	78	156	56	112
18	110	220	88	176	63	126
20	125	250	98	196	70	140
22	135	270	108	216	77	154
25	155	310	122	244	87	174
28	175	350	137	274	98	196
30	188	376	147	294	105	210

（4）钢筋弯起增加的长度

在钢筋混凝土梁板中，因受力需要，经常采用将钢筋弯起的方法，其弯起的角度有 $30°$、$45°$ 和 $60°$ 三种形式。钢筋弯起增加的长度是指水平投影长（L）与斜长（S）之差，（H）为梁、板构件高减上下钢筋保护层厚度之净高。

当梁的断面高 $\geqslant 0.8m$ 时，钢筋弯起角度采用 $60°$，增加长度 $S-L=0.577H$；当梁的断面高 $\leqslant 0.8m$ 时，钢筋弯起角度采用 $45°$，增加长度 $S-L=0.414H$；当弯起钢筋用于板内时采用 $30°$，增加长度 $S-L=0.268H$。

（5）箍筋弯钩增加值

计算方法：包围箍（图 3-48a）的长度 $=2(A+B)+$ 弯钩增加长度 $\times 2$

开口箍（图 3-48b）的长度 $=2\times A+B+$ 弯钩增加长度 $\times 2$

箍筋弯钩增加长度见表 3-40。

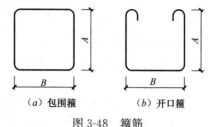

（a）包围箍　　　　（b）开口箍

图 3-48　箍筋

箍筋弯钩增加长度（d 为钢筋直径）　　　　表 3-40

弯钩形式		$90°$	$135°$	$180°$
弯钩增加值	一般结构	$5.5d$	$6.87d$	$8.25d$
	抗震结构	$10.5d$	$11.87d$	$13.25d$

（6）钢筋搭接增加的长度

钢筋搭接增加的长度按设计规定计算，也可根据规范参见表 3-41。除此以外的施工搭接在投标报价的综合单价中考虑。

钢筋搭接长度（d 为直径）　　　　表 3-41

钢筋种类	混凝土强度等级			
	C15		$\geqslant$ C20	
	受力情况			
	受拉	受压	受拉	受压
HPB300 级钢筋	$35d$	$25d$	$30d$	$20d$
HRB335 级钢筋	$40d$	$30d$	$35d$	$25d$
HRB400 级钢筋	$45d$	$35d$	$40d$	$30d$
冷拉低碳钢丝	250mm	200mm	250mm	200mm

（7）钢筋图示用量长度计算

如果采用标准图，可按标准图所列的钢筋混凝土构件钢筋用量表，分别汇总钢筋总用量。

对于设计图纸标注的钢筋混凝土构件，应按图示尺寸，区别钢筋的级别和规格分别计算，并汇总钢筋总用量。钢筋用量计算公式：

直钢筋长度 ＝ 构件长度 － 2×保护层厚度 ＋ 弯钩增加的长度

弯起钢筋长度 ＝ 直段钢筋长度 ＋ 斜段钢筋长度 ＋ 弯钩增加的长度

钢箍钢筋长度 ＝［（构件宽 ＋ 构件高）×2 － 8×保护层厚度］＋ 弯钩增加长度

箍筋根数 ＝ 箍筋配筋范围 ÷ 箍筋间距 ＋1

（8）钢筋的质量计算

$$图纸钢筋质量 = \sum 各规格钢筋（单根钢筋长 \times 根数 \times 每米质量）$$

注意：

1）低合金钢筋两端均采用螺杆锚具时，钢筋长度按孔道长度减 0.35m 计算，螺杆另行计算。

2）低合金钢筋一端采用镦头插片、另一端采用螺杆锚具时，钢筋长度按孔道长度计算，螺杆另行计算。

3）低合金钢筋一端采用镦头插片、另一端采用帮条锚具时，钢筋增加 0.15m 计算；两端均采用帮条锚具时，钢筋长度按孔道长度增加 0.3m 计算。

4）低合金钢筋采用后张混凝土自锚时，钢筋长度按孔道长度增加 0.35m 计算。

5）低合金钢筋（钢绞线）采用 JM、XM、QM 型锚具，孔道长度在 20m 以内时，钢筋长度按孔道长度增加 1m 计算；孔道长度 20m 以外时，钢筋（钢绞线）长度按孔道长度增加 1.8m 计算。

6）碳素钢丝采用锥形锚具，孔道长度在 20m 以内时，钢丝束长度按孔道长度增加 1m 计算；孔道长在 20m 以上时，钢丝束长度按孔道长度增加 1.8m 计算。

7）碳素钢丝束采用镦头锚具时，钢丝束长度按孔道长度增加 0.35m 计算。

（9）现浇构件中伸出构件的锚固钢筋并入钢筋工程量内计算。

（10）现浇构件中固定钢筋的"铁马凳"，在编制工程量清单时其工程数量为暂估量，结算时按现场签证数量计算。

3. 工程量计算实例

【例 3-16】 如图 3-49 所示。现浇钢筋混凝土梁 100 根，混凝土强度等级 C20，构件几何尺寸见图 3-49，计算现浇钢筋混凝土梁的钢筋用量。

【解】 （1）计算 1 号钢筋的用量

查表得保护层厚度为 0.025m。

查图 3-49，1 号受力钢筋为 2 根 $\Phi 18$ 的 HRB335 级钢筋，螺纹钢不设弯钩。

查金属材料手册，$\Phi 18$ 钢筋质量为 2kg/m，则：

$$单根钢筋长 = 6.94 - 2 \times 0.025 = 6.89m$$
$$钢筋总长 = 2 \times 6.89 \times 100 = 1378m$$
$$钢筋总质量 = 1378 \times 2 = 2756kg$$

（2）计算 2 号钢筋的用量

查图 3-49，2 号弯起钢筋为 2 根 $\Phi 18$ 的 HRB335 级钢筋，不设弯钩。

$$H = 45 - 2 \times 2.5 - 40cm, \quad S - L - 0.414H = 0.414 \times 0.40 = 0.1656m$$

则：

$$单根钢筋长 = 6.94 - 2 \times 0.025 + 0.1656 \times 2 = 7.22m$$
$$钢筋总长 = 2 \times 7.22 \times 100 = 1444m$$
$$钢筋总质量 = 1444 \times 2 = 2888kg$$

± 18 钢筋总用量 $= 2756 + 2888 = 5644$kg

（3）计算 3 号钢筋的用量

查图 3-49，3 号架立钢筋为 6 根 ± 10 的 HRB335 级钢筋，不设弯钩。

查金属材料手册，± 10 钢筋质量为 0.617kg/m，则：

$$单根钢筋长度 = 6.89m$$

$$钢筋总长 = 6 \times 6.89 \times 100 = 4134m$$

$$钢筋总质量 = 4134 \times 0.617 = 2550.68kg$$

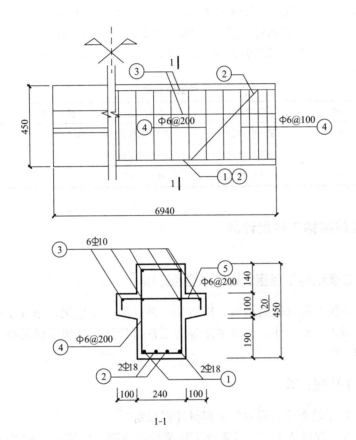

图 3-49　钢筋混凝土梁配筋图

（4）计算 4 号钢筋的用量

查图 3-49，4 号钢筋为 $\Phi 6$ 的箍筋，间距为 200mm，两端各加 2 根变为间距 100mm，配筋范围为 6890mm。

查金属材料手册，$\Phi 6$ 钢筋质量为 0.222kg/m，则：

$$箍筋的个数 = 箍筋配筋范围 \div 箍筋间距 + 2 \times 2 + 1 根封口$$

$$= 6890 \div 200 + 4 + 1 = 40 根$$

$$单根箍筋长度 = [(0.24 + 0.45) - 4 \times 0.015] \times 2 + 2 \times 5.5 \times 0.006$$

$$（表 3-40，一般结构，90° 弯钩） = 1.27m$$

$$钢筋总长度 = 40 \times 1.27 \times 100 = 5080m$$

钢筋总质量 $= 5080 \times 0.222 = 1127.76\text{kg}$

（5）计算 5 号钢筋的用量

查图 3-49，5 号钢筋为 Φ6 的附加钢筋，间距为 200mm，两端各加 2 根变为间距 100mm，总根数 =40 根（同 4 号钢筋），则：

钢筋水平段长 $= 0.44 - 0.03 = 0.41\text{m}$

钢筋弯起段长 $= (0.1 - 0.03) \times 2 = 0.14\text{m}$

则：钢筋单根长 $= 0.41 + 0.14 = 0.55\text{m}$

钢筋总长度 $= 0.55 \times 40 \times 100 = 2200\text{m}$

钢筋总质量 $= 2200 \times 0.222 = 488.4\text{kg}$

Φ6 钢筋总质量 $= 1127.76 + 488.4 = 1616.2\text{kg}$

工程量清单表

项目编码	项目名称	项目特征描述	计量单位	工程量
010515001001	现浇构件钢筋	Φ18 螺纹钢	t	5.644
010515001002	现浇构件钢筋	Φ10 螺纹钢	t	2.551
010515001003	现浇构件钢筋	Φ6 圆钢	t	1.616

3.8 金属结构工程量计算

3.8.1 金属结构工程量计算的内容和范围

金属结构工程包括钢屋架、钢网架、钢托架、钢桁架、钢柱、钢梁、钢板楼板、墙板、钢构件、金属制品等的工程量计算。适用于建筑物、构筑物的钢结构工程。

3.8.2 工程量计算

1. 工程量清单项目设置及工程量计算规则

钢结构工程量清单项目设置及工程量计算规则，应按表 3-42 中的相关规定执行。

金属结构工程（编码：010601～010607）　　　　　　　　　表 3-42

表 A　钢网架（编码：010601）					
项目编码	项目名称	项目特征	计量单位	工程量计算规则	工程内容
010601001	钢网架	1. 钢材品种、规格 2. 网架节点形式、连接方式 3. 网架跨度、安装高度 4. 探伤要求 5. 防火要求	t	按设计图示尺寸以质量计算。 不扣除孔眼的质量，焊条、铆钉、螺栓等不另增加质量	1. 拼装 2. 安装 3. 探伤 4. 补刷油漆

表 B　钢屋架、钢托架、钢桁架、钢桥架（编码：010602）

项目编码	项目名称	项目特征	计量单位	工程量计算规则	工程内容
010602001	钢屋架	1. 钢材品种、规格 2. 单榀质量 3. 屋架跨度、安装高度 4. 螺栓种类 5. 探伤要求 6. 防火要求	1. 榀 2. t	1. 以榀计量，按设计图示数量计算 2. 以吨计量，按设计图示尺寸以质量计算。不扣除孔眼的质量，焊条、铆钉、螺栓等不另增加质量	1. 拼装 2. 安装 3. 探伤 4. 补刷油漆
010602002	钢托架	1. 钢材品种、规格 2. 单榀重量 3. 安装高度 4. 螺栓种类 5. 探伤要求 6. 防火要求	t	按设计图示尺寸以质量计算 不扣除孔眼的质量，焊条、铆钉、螺栓等不另增加质量	1. 拼装 2. 安装 3. 探伤 4. 补刷油漆
010602003	钢桁架				
010602004	钢桥架	1. 桥架类型 2. 钢材品种、规格 3. 单榀质量 4. 安装高度 5. 螺栓种类 6. 探伤要求	t		

表 C　钢柱（编码：010603）

项目编码	项目名称	项目特征	计量单位	工程量计算规则	工程内容
010603001	实腹钢柱	1. 钢柱类型 2. 钢材品种、规格 3. 单根柱质量 4. 螺栓种类 5. 探伤要求 6. 防火要求	t	按设计图示尺寸以质量计算。 不扣除孔眼的质量，焊条、铆钉、螺栓等不另增加质量，依附在钢柱上的牛腿及悬臂梁等并入钢柱工程量内计算	1. 拼装 2. 安装 3. 探伤 4. 补刷油漆
010603002	空腹钢柱				
010603003	钢管柱	1. 钢材品种、规格 2. 单根柱重量 3. 螺栓种类 4. 探伤要求 5. 防火要求	t	按设计图示尺寸以质量计算。 不扣除孔眼的质量，焊条、铆钉、螺栓等不另增加质量，钢管柱上的节点板、加强环、内衬管、牛腿等并入钢管柱工程量内计算	

表 D　钢梁（编码：010604）

项目编码	项目名称	项目特征	计量单位	工程量计算规则	工程内容
010604001	钢梁	1. 钢梁类型 2. 钢材品种、规格 3. 单根质量 4. 螺栓种类 5. 安装高度 6. 探伤要求 7. 防火要求	t	按设计图示尺寸以质量计算。 不扣除孔眼的质量，焊条、铆钉、螺栓等不另增加质量，制动梁、制动板、制动桁架、车挡并入钢吊车梁工程量内计算	1. 拼装 2. 安装 3. 探伤 4. 补刷油漆
010604002	钢吊车梁	1. 钢材品种、规格 2. 单根质量 3. 螺栓种类 4. 安装高度 5. 探伤要求 6. 防火要求			

续表

表 E 钢板楼板、墙板（编码：010605）

项目编码	项目名称	项目特征	计量单位	工程量计算规则	工程内容
010605001	钢板楼板	1. 钢材品种、规格 2. 钢板厚度 3. 螺栓种类 4. 防火要求	m²	按设计图示尺寸以铺设水平投影面积计算。不扣除单个面积在 0.3m² 以内的柱、垛及孔洞所占面积	1. 拼装 2. 安装 3. 探伤 4. 补刷油漆
010605002	钢板墙板	1. 钢材品种、规格 2. 钢板厚度、复合板厚度 3. 螺栓种类 4. 复合板夹芯材料种类、层数、型号、规格 5. 防火要求	m²	按设计图示尺寸以铺挂展开面积计算。不扣除单个 0.3m² 以内的梁、孔洞所占面积，包角、包边、窗台泛水等不另增加面积	

表 F 钢构件（编码：010606）

项目编码	项目名称	项目特征	计量单位	工程量计算规则	工程内容
010606001	钢支撑、钢拉条	1. 钢材品种、规格 2. 构件类型 3. 安装高度 4. 螺栓种类 5. 探伤要求 6. 防火要求	t	按设计图示尺寸以质量计算。 不扣除孔眼的质量，焊条、铆钉、螺栓等不另增加质量	1. 拼装 2. 安装 3. 探伤 4. 补刷油漆
010606002	钢檩条	1. 钢材品种、规格 2. 构件类型 3. 单根质量 4. 安装高度 5. 螺栓种类 6. 探伤要求 7. 防火要求			
010606003	钢天窗架	1. 钢材品种、规格 2. 单榀质量 3. 安装高度 4. 螺栓种类 5. 探伤要求 6. 防火要求			
010606004	钢挡风架	1. 钢材品种、规格 2. 单榀质量 3. 螺栓种类 4. 探伤要求 5. 防火要求			
010606005	钢墙架				
010606006	钢平台	1. 钢材品种、规格 2. 螺栓种类 3. 防火要求			
010606007	钢走道				
010606008	钢梯	1. 钢材品种、规格 2. 钢梯形式 3. 螺栓种类 4. 防火要求		按设计图示尺寸以质量计算。 不扣除孔眼的质量，焊条、铆钉、螺栓等不另增加质量，依附漏斗或天沟的型钢并入漏斗或天沟工程量内计算	
010606009	钢栏杆	1. 钢材品种、规格 2. 防火要求			

表F 钢构件（编码：010606）

项目编码	项目名称	项目特征	计量单位	工程量计算规则	工程内容
010606010	钢漏斗	1. 钢材品种、规格 2. 钢漏斗、天沟形式 3. 安装高度 4. 探伤要求	t	按设计图示尺寸以质量计算。 不扣除孔眼的质量，焊条、铆钉、螺栓等不另增加质量	1. 拼装 2. 安装 3. 探伤 4. 补刷油漆
010606011	钢板天沟				
010606012	钢支架	1. 钢材品种、规格 2. 单件质量 3. 防火要求			
010606013	零星钢构件	1. 构件名称 2. 钢材品种、规格			

表G 金属制品（编码：010607）

项目编码	项目名称	项目特征	计量单位	工程量计算规则	工程内容
010607001	成品空调金属百页护栏	1. 材料品种、规格 2. 边框材质	m²	按设计图示尺寸以框外围展开面积计算	1. 安装 2. 校正 3. 预埋铁件及安装螺栓
010607002	成品栅栏	1. 材料品种、规格 2. 边框及立柱型钢品种、规格			1. 安装 2. 校正 3. 预埋铁件 4. 安装螺栓及金属立柱
010607003	成品雨篷	1. 材料品种、规格 2. 雨篷宽度 3. 晾衣杆品种、规格	1. m 2. m²	1. 以米计量，按设计图示与建筑物接触边以米计算。 2. 以平方米计量，按设计图示尺寸以展开面积计算	1. 安装 2. 校正 3. 预埋铁件及安装螺栓
010607004	金属网栏	1. 材料品种、规格 2. 边框及立柱型钢品种、规格	m²	按设计图示尺寸以框外围展开面积计算	1. 安装 2. 校正 3. 安装螺栓及金属立柱
010607005	砌块墙钢丝网加固	1. 材料品种、规格 2. 加固方式		按设计图示尺寸以面积计算	1. 铺贴 2. 铆固
010607006	后浇带金属网				

2. 工程量计算相关说明

（1）钢漏斗采用钢板拼接可按排版图外接矩形面积乘以厚度按单位理论质量计算。

（2）型钢材料单位长度、质量可查阅金属材料手册。

（3）金属构件的切边，不规则及多边形钢板发生的损耗在综合单价中考虑。

3. 清单项目有关说明

（1）"钢网架"项目适用于一般钢网架和不锈钢网架。不论节点形式（球形节点、板式节点等）和节点连接方式（焊结、丝结）等，均使用该项目。

（2）"钢屋架"项目适用于一般钢屋架和轻钢屋架、冷弯薄壁型钢屋架。

（3）"钢屋架"以榀计量，按标准图设计的应注明标准图代号，按非标准图设计的项目特征必须描述单榀屋架的质量。

（4）"实腹钢柱"项目适用于实腹钢柱和实腹式型钢混凝土柱。实腹钢柱类型指十字、T、L、H 形等。

（5）"空腹钢柱"项目适用于空腹钢柱和空腹式型钢混凝土柱。空腹钢柱类型指箱形、格构等。

（6）"钢管柱"项目适用于钢管柱和钢管混凝土柱。

（7）"钢梁"项目适用于钢梁和实腹式型钢混凝土梁、空腹式型钢混凝土梁。梁类型指 H、L、T 形、箱形、格构式等。

（8）"钢板楼板"项目适用于现浇混凝土楼板，使用压型钢板作永久性模板，并与混凝土叠合后组成共同受力的构件。压型钢板采用镀锌或经防腐处理的薄钢板，都含在报价内。

（9）"钢栏杆"适用于工业厂房平台钢栏杆。

（10）钢结构的防火要求是指耐火极限的要求。

3.9　木结构工程量计算

3.9.1　木结构工程量计算的内容和范围

木结构工程包括木屋架、木构件和屋面木基层工程，适用于建筑物、构筑物的木结构施工内容。

3.9.2　木屋架工程

1. 工程量清单项目设置及工程量计算规则

木屋架工程工程量清单项目设置及工程量计算规则，应按表 3-43 中的相关规定执行。

木屋架工程（编码：010701）

表 3-43

项目编码	项目名称	项目特征	计量单位	工程量计算规则	工程内容
010701001	木屋架	1. 跨度 2. 材料品种、规格 3. 刨光要求 4. 拉杆及夹板种类 5. 防护材料种类	1. 榀 2. m²	1. 以榀计量，按设计图示数量计算。 2. 以立方米计量，按设计图示的规格尺寸以体积计算	1. 制作 2. 运输 3. 安装 4. 刷防护材料
010701002	钢木屋架	1. 跨度 2. 木材品种、规格 3. 刨光要求 4. 钢材品种、规格 5. 防护材料种类	榀	以榀计量，按设计图示数量计算	

2. 清单项目有关说明

（1）"木屋架"项目适用于各种方木、圆木屋架。应注意：

1）与屋架相连接的挑檐木应包括在木屋架报价内；

2）钢夹板构件、连接螺栓应包括在报价内；

3）屋架的跨度应以上、下弦中心线两交点之间的距离计算。

（2）"钢木屋架"项目适用于各种方木、圆木的钢木组合屋架。应注意钢拉杆、下弦拉杆、受拉腹杆、钢夹板、连接螺栓应包括在报价内。

（3）带气楼的屋架和马尾、折角以及正交部分的半屋架，按相关屋架项目编码列项。

3.9.3 木构件工程

1. 工程量清单项目设置及工程量计算规则

木构件工程工程量清单项目设置及工程量计算规则，应按表 3-44 中的相关规定执行。

木构件工程（编码：010702） 表 3-44

项目编码	项目名称	项目特征	计量单位	工程量计算规则	工程内容
010702001	木柱	1. 构件规格尺寸 2. 木材种类 3. 刨光要求 4. 防护材料种类	m³	按设计图示尺寸以体积计算	1. 制作 2. 运输 3. 安装 4. 刷防护材料
010702002	木梁		1. m³ 2. m	1. 以立方米计量，按设计图示尺寸以体积计算。 2. 以米计量，按设计图示尺寸以长度计算	
010702003	木檩				
010702004	木楼梯	1. 楼梯形式 2. 木材种类 3. 刨光要求 4. 防护材料种类	m²	按设计图示尺寸以水平投影面积计算。不扣除宽度≤300mm 的楼梯井，伸入墙内部分不计算	
010702005	其他木构件	1. 构件名称 2. 构件规格尺寸 3. 木材种类 4. 刨光要求 5. 防护材料种类	1. m³ 2. m	1. 以立方米计量，按设计图示尺寸以体积计算。 2. 以米计量，按设计图示尺寸以长度计算	

2. 清单项目有关说明

（1）"木柱"、"木梁"项目适用于建筑物各部位的柱、梁。应注意接地、嵌入墙内部分的防腐应包括在报价内。

（2）"木楼梯"项目适用于楼梯和爬梯。应注意：

1）楼梯的防滑条应包括在报价内；

2）楼梯栏杆（栏板）、扶手，应按相关项目编码列项。

（3）"其他木构件"项目适用于斜撑、传统民居的垂花、花芽子、封檐板、搏风板等构件。

（4）以米计量的项目，项目特征必须描述构件规格尺寸。

3.9.4 屋面木基层工程

屋面木基层工程工程量清单项目设置及工程量计算规则，应按表3-45中的相关规定执行。

屋面木基层工程（编码：010703） 表3-45

项目编码	项目名称	项目特征	计量单位	工程量计算规则	工程内容
010703001	屋面木基层	1. 椽子断面尺寸及椽距 2. 望板材料种类、厚度 3. 防护材料种类	m²	按设计图示尺寸以斜面积计算。 不扣除房上烟囱、风帽底座、风道、小气窗、斜沟等所占面积。小气窗的出檐部分不增加面积	1. 椽子制作、安装 2. 望板制作、安装 3. 顺水条和挂瓦条制作、安装 4. 刷防护材料

3.10 门窗工程量计算

3.10.1 门窗工程量计算的内容和范围

门窗工程共有10节，包括木门、金属门、金属卷帘（阀）门、厂库房大门、特种门、其他门、木窗、金属窗、门窗套、窗台板、窗帘、窗帘盒、窗帘轨。适用于各类门窗工程。

3.10.2 木门工程

1. 工程量清单项目设置及工程量计算规则

木门工程量清单项目设置及工程量计算规则，应按表3-46的规定执行。

木门工程（编码：010801） 表3-46

项目编码	项目名称	项目特征	计量单位	工程量计算规则	工程内容
010801001	木质门	1. 门代号及洞口尺寸 2. 镶嵌玻璃品种、厚度	1. 樘 2. m²	1. 以樘计量，按设计图示数量计算 2. 以平方米计量，按设计图示洞口尺寸以面积计算	1. 门安装 2. 玻璃安装 3. 五金安装
010801002	木质门带套				
010801003	木质连窗门				
010801004	木质防火门	1. 门代号及洞口尺寸 2. 镶嵌玻璃品种、厚度			
010801005	木门框	1. 门代号及洞口尺寸 2. 框截面尺寸 3. 防护材料种类	1. 樘 2. m²		1. 木门框制作、安装 2. 运输 3. 刷防护材料
010801006	门锁安装	1. 锁品种 2. 锁规格	个 （套）	按设计图示数量计算	安装

2. 清单项目有关说明

(1) 木质门应区分镶板木门、企口木板门、实木装饰门、胶合板门、夹板装饰门、木纱门、全玻门（带木质扇框）、木质半玻门（带木质扇框）等项目，分别编码列项。

(2) 玻璃、百叶面积占其门窗面积一半以内者应为半玻门或半百叶门，超过一半时应为全玻门或全百叶门。

(3) 项目特征中的框截面尺寸，指边立挺截面尺寸。

(4) 凡门窗面层材料有品种、规格、品牌、颜色要求的，应在工程量清单特征中进行描述。

(5) 门窗框与洞口之间缝的填塞，应包括在报价内。

(6) 木门五金应包括：折页、插销、门碰珠、弓背拉手、搭机、木螺丝、弹簧折页（自动门）、管子拉手（自由门、地弹门）、地弹簧（地弹门）、角铁、门轧头（地弹门、自由门）等。

(7) 木质门带套计量按洞口尺寸以面积计算，不包括门套的面积。

(8) 以樘计量的项目，项目特征必须描述洞口尺寸；以平方米计量的项目，项目特征可不描述洞口尺寸。

(9) 单独制作安装木门框按木门框项目编码列项。

3. 工程量计算实例

【例3-17】 某住宅用带纱镶木板门45樘，洞口尺寸如图3-50所示，刷底油一遍，调合漆三遍，计算带纱镶木板门工程量。

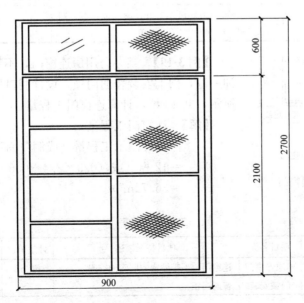

图 3-50 镶木板门

【解】 镶木板门工程量＝设计图示数量（或洞口面积）

$$=45 樘 （或 0.9×2.7×45=109.35m^2）$$

工程量清单表

项目编码	项目名称	项目特征描述	计量单位	工程量
010801001001	木质门	带纱镶木板门，刷底油一遍调合漆三遍，洞口尺寸 900mm×2700mm	樘/m²	45/109.35

【例 3-18】　某住宅卫生间胶合板门，每扇均安装通风小百叶，刷底油一遍，设计尺寸如图 3-51 所示，共 45 樘，计算带小百叶胶合板门工程量。

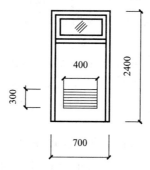

图 3-51　卫生间胶合板门

【解】　胶合板门工程量＝设计图示工程量（或洞口面积）
$$＝45 樘（或 0.7×2.4×45＝75.60m²）$$

工程量清单表

项目编码	项目名称	项目特征描述	计量单位	工程量
010801001002	木质门	胶合板门带通风小百叶，刷底油一遍，洞口尺寸 700mm×2400mm	樘/m²	45/75.60

图 3-52　连窗门

【例 3-19】　某办公用房连窗门，不带纱窗，刷底油一遍，门上安装普通门锁，设计洞口尺寸如图 3-52 所示，共 12 樘，计算连窗门工程量。

【解】　连窗门工程量
$$＝设计图示工程量（或洞口面积）$$
$$＝12 樘（或（0.9×2.4＋0.6×1.5）×12$$
$$＝36.72m²）$$

工程量清单表

项目编码	项目名称	项目特征描述	计量单位	工程量
010801003001	木质连窗门	连窗门，不带纱窗，刷底油一遍	樘/m²	12/36.72
010801006001	门锁安装	普通门锁	个	12

3.10.3　金属门、金属卷帘（阀）门工程

1. 工程量清单项目设置及工程量计算规则

金属门、金属卷帘门工程量清单项目设置及工程量计算规则，应按

表 3-47 和表 3-48 的规定执行。

金属门工程（编码：010802） 表 3-47

项目编码	项目名称	项目特征	计量单位	工程量计算规则	工程内容
010802001	金属（塑钢）门	1. 门代号及洞口尺寸 2. 门框或扇外围尺寸 3. 门框、扇材质 4. 玻璃品种、厚度	1. 樘 2. m²	1. 以樘计量，按设计图示数量计算。 2. 以平方米计量，按设计图示洞口尺寸以面积计算	1. 门安装 2. 五金安装 3. 玻璃安装
010802002	彩板门	1. 门代号及洞口尺寸 2. 门框或扇外围尺寸			
010802003	钢质防火门	1. 门代号及洞口尺寸 2. 门框或扇外围尺寸 3. 门框、扇材质			
010802004	防盗门	1. 门代号及洞口尺寸 2. 门框或扇外围尺寸 3. 门框、扇材质			1. 门安装 2. 五金安装

金属卷帘（闸）门工程（编码：010803） 表 3-48

项目编码	项目名称	项目特征	计量单位	工程量计算规则	工程内容
010803001	金属卷闸（阀）门	1. 门代号及洞口尺寸 2. 门材质 3. 启动装置品种、规格	1. 樘 2. m²	1. 以樘计量，按设计图示数量计算。 2. 以平方米计量，按设计图示洞口尺寸以面积计算	1. 门运输、安装 2. 启动装置、活动小门、五金安装
010803002	防火卷帘（阀）门				

2. 清单项目有关说明

（1）金属门应区分金属平开门、金属推拉门、金属地弹门、全玻门（带金属扇框）、金属半玻门（带扇框）等项目，分别编码列项。

（2）铝合金门五金应包括：地弹簧、门锁、拉手、门插、门铰、螺丝等。

（3）其他金属门五金包括 L 形执手插锁（双舌）、执手锁（单舌）、门轨头、地锁、防盗门机、门眼（猫眼）、门碰珠、电子锁（磁卡锁）、闭门器、装饰拉手等。

（4）以樘计量的项目，项目特征必须描述洞口尺寸，没有洞口尺寸必须描述门框或扇外围尺寸；以平方米计量的项目，项目特征可不描述洞口尺寸及框、扇的外围尺寸。

（5）金属门以平方米计量，无设计图示洞口尺寸，按门框、扇外围以面积计算。

（6）金属卷帘（阀）门以樘计量的项目，项目特征必须描述洞口尺寸；以平方米计量的项目，项目特征可不描述洞口尺寸。

3. 工程量计算实例

【例 3-20】 某计算机室，安装尺寸为 1000mm×2700mm 的钢防盗门 2 樘，计算钢防盗门工程量。

133

【解】　防盗门工程量＝设计图示数量（或洞口面积）

＝2 樘（或 1×2.7×2＝5.40m²）

工程量清单表

项目编码	项目名称	项目特征描述	计量单位	工程量
010702004001	防盗门	钢防盗门 1000mm×2700mm	樘/m²	2/5.40

3.10.4　厂库房大门、特种门工程

1. 工程量清单项目设置及工程量计算规则

厂库房大门、特种门工程量清单项目设置及工程量计算规则，应按表 3-49 的规定执行。

厂库房大门、特种门（编码：010804） 表 3-49

项目编码	项目名称	项目特征	计量单位	工程量计算规则	工程内容
010804001	木板大门	1. 门代号及洞口尺寸 2. 门框或扇外围尺寸 3. 门框、扇材质 4. 五金种类、规格 5. 防护材料种类	1. 樘 2. m²	1. 以樘计量，按设计图示数量计算 2. 以平方米计量，按设计图示洞口尺寸以面积计算	1. 门（骨架）制作、运输 2. 门、五金配件安装 3. 刷防护材料
010804002	钢木大门				
010804003	全钢板大门				
010804004	防护铁丝门			1. 以樘计量，按设计图示数量计算 2. 以平方米计量，按设计图示门框或扇以面积计算	
010804005	金属格栅门	1. 门代号及洞口尺寸 2. 门框或扇外围尺寸 3. 门框、扇材质 4. 启动装置的品种、规格		1. 以樘计量，按设计图示数量计算 2. 以平方米计量，按设计图示洞口尺寸以面积计算	1. 门安装 2. 启动装置、五金配件安装
010804006	钢质花饰大门	1. 门代号及洞口尺寸 2. 门框或扇外围尺寸 3. 门框、扇材质	1. 樘 2. m²	1. 以樘计量，按设计图示数量计算 2. 以平方米计量，按设计图示门框或扇以面积计算	1. 门安装 2. 五金配件安装
010804007	特种门		1. 樘 2. m²	1. 以樘计量，按设计图示数量计算 2. 以平方米计量，按设计图示洞口尺寸以面积计算	1. 门安装 2. 五金配件安装

2. 清单项目有关说明

（1）"木板大门"项目适用于厂库房的平开、推拉、带观察窗、不带观察窗等各种类型的木板大门。应注意需描述每樘门所含门扇数和有框或无框的特征。

（2）"钢木大门"项目适用于厂库房的平开、推拉、单面铺木板、双面铺木板、防风型、保暖型等各种类型的钢木大门。应注意：

1）钢骨架的制作安装应包括在报价内；

2）防风型钢木门应描述防风材料或保暖材料。

（3）"全钢板门"项目适用于厂库房的平开、推拉、折叠、单面铺钢板、双面铺钢板等各种类型的全钢板门。

（4）"特种门"应区分冷藏门、冷冻间门、保温门、变电室门、隔声门、防射电门、人防门、金库门等项目，分别编码列项。

3.10.5　其他门工程

1. 工程量清单项目设置及工程量计算规则

其他门工程量清单项目设置及工程量计算规则，应按表 3-50 的规定执行。

其他门工程（编码：010805）　　　　　　表 3-50

项目编码	项目名称	项目特征	计量单位	工程量计算规则	工程内容
010805001	平开电子感应门	1. 门代号及洞口尺寸 2. 门框或扇外围尺寸 3. 门框、扇材质 4. 玻璃品种、厚度 5. 启动装置的品种、规格 6. 电子配件品种、规格	1. 樘 2. m²	1. 以樘计量，按设计图示数量计算 2. 以平方米计量，按设计图示洞口尺寸以面积计算	1. 门安装 2. 启动装置、五金、电子配件安装
010805002	旋转门				
010805003	电子对讲门	1. 门代号及洞口尺寸 2. 门框或扇外围尺寸 3. 门材质 4. 玻璃品种、厚度 5. 启动装置的品种、规格 6. 电子配件品种、规格		1. 以樘计量，按设计图示数量计算 2. 以平方米计量，按设计图示洞口尺寸以面积计算	1. 门安装 2. 启动装置、五金、电子配件安装
010805004	电动伸缩门				
010805005	全玻自由门	1. 门代号及洞口尺寸 2. 门框或扇外围尺寸 3. 框材质 4. 玻璃品种、厚度	1. 樘 2. m²		1. 门安装 2. 五金安装
010805006	镜面不锈钢饰面门	1. 门代号及洞口尺寸 2. 门框或扇外围尺寸 3. 框、扇材质 4. 玻璃品种、厚度			

2. 清单项目有关说明

1）其他门五金应包括 L 形执手插销（双舌）、球形执手锁（单舌）、门轧头、地锁、防盗门扣、门眼（猫眼）、门碰珠、电子销（磁卡销）、闭门器、装饰拉手等。

2）转门项目适用于电子感应和人力推动转门。

3）以樘计量的项目，项目特征必须描述洞口尺寸，没有洞口尺寸必须描述门框或扇外围尺寸；以平方米计量的项目，项目特征可不描述洞口尺寸及框、扇的外围尺寸。

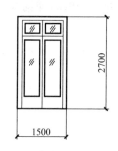

图3-53 全玻璃自由门

4）以平方米计量的项目，如无设计图示洞口尺寸，应按门框、扇外围以面积计算。

3. 工程量计算实例

【例3-21】 某底层商店采用全玻璃自由门，不带纱扇，如图3-53所示，木材为水曲柳，不刷底油，共10樘，计算全玻璃自由门的工程量。

【解】 全玻璃自由门工程量

＝设计图示数量（或洞口面积）

＝10樘（或 $1.5 \times 2.7 \times 10 = 40.50 \mathrm{m}^2$）

工程量清单表

项目编码	项目名称	项目特征描述	计量单位	工程量
010805005001	全玻自由门	全玻璃自由门，不带纱扇，木材为水曲柳，不刷底油，洞口尺寸1500mm×2700mm	樘/m²	10/40.50

3.10.6 木窗、金属窗工程

1. 工程量清单项目设置及工程量计算规则

木窗、金属窗工程量清单项目设置及工程量计算规则，应按表3-51和表3-52的规定执行。

木窗工程（编码：010806）　　　　　　　　　　表3-51

项目编码	项目名称	项目特征	计量单位	工程量计算规则	工程内容
010806001	木质窗	1. 窗代号及洞口尺寸 3. 玻璃品种、厚度 4. 防护材料种类	1. 樘 2. m²	1. 以樘计量，按设计图示数量计算 2. 以平方米计量，按设计图示洞口尺寸以面积计算	1. 窗制作、运输、安装 2. 五金、玻璃安装 3. 刷防护材料
010806002	木橱窗	1. 窗代号 2. 框截面及外围展开面积 3. 玻璃品种、厚度 4. 防护材料种类		1. 以樘计量，按设计图示数量计算 2. 以平方米计量，按设计图示尺寸以框外围展开面积计算	
010806003	木飘（凸）窗				
010806004	木质成品窗	1. 窗代号及洞口尺寸 2. 玻璃品种、厚度		1. 以樘计量，按设计图示数量计算 2. 以平方米计量，按设计图示洞口尺寸以面积计算	1. 窗安装 2. 五金、玻璃安装

项目编码	项目名称	项目特征	计量单位	工程量计算规则	工程内容
010807001	金属（塑钢、断桥）窗	1. 窗代号及洞口尺寸 2. 框、扇材质 3. 玻璃品种、厚度	1. 樘 2. m²	1. 以樘计量，按设计图示数量计算 2. 以平方米计量，按设计图示洞口尺寸以面积计算	1. 窗安装 2. 五金、玻璃安装
010807002	金属防火窗				
010807003	金属百叶窗				
010807004	金属纱窗	1. 窗代号及洞口尺寸 2. 框材质 3. 窗纱材料品种、规格			1. 窗安装 2. 五金安装
010807005	金属格栅窗	1. 窗代号及洞口尺寸 2. 框外围尺寸 3. 框、扇材质			
010807006	金属（塑钢、断桥）橱窗	1. 窗代号 2. 框外围展开面积 3. 框、扇材质 4. 玻璃品种、厚度 5. 防护材料种类		1. 以樘计量，按设计图示数量计算 2. 以平方米计量，按设计图示尺寸以框外围展开面积计算	1. 窗制作、运输、安装 2. 五金、玻璃安装 3. 刷防护材料
010807007	金属（塑钢、断桥）飘（凸）窗	1. 窗代号 2. 框外围展开面积 3. 框、扇材质 4. 玻璃品种、厚度			1. 窗安装 2. 五金、玻璃安装
010807008	彩板窗	1. 窗代号及洞口尺寸 2. 框外围尺寸 3. 框、扇材质 4. 玻璃品种、厚度		1. 以樘计量，按设计图示数量计算 2. 以平方米计量，按设计图示洞口尺寸或框外围以面积计算	

2. 清单项目有关说明

（1）木质窗应区分木百叶窗、木组合窗、木天窗、木固定窗、木装饰空花窗等项目，分别编码列项。

（2）木橱窗、木飘（凸）窗以樘计量，项目特征必须描述框截面及外围展开面积。

（3）木窗五金应包括：折页、插销、风钩、木螺栓、滑轮滑轨（推拉窗用）等。

（4）金属窗应区分金属组合窗、防盗窗等项目，分别编码列项。

（5）金属橱窗、飘（凸）窗以樘计量，项目特征必须描述框外围展开面积。

（6）铝合金窗五金应包括：卡锁、滑轮、铰链、执手、拉把、拉手、风撑、角码、牛角制等。

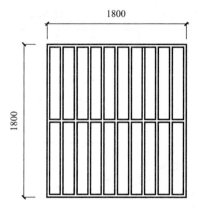

图 3-54　某办公用房铁窗栅

（7）其他金属窗五金包括：折页、螺栓、执手、卡锁、风撑、滑轮滑轨（推拉窗用）等。

3. 工程计算实例

【例 3-22】　某办公用房底层需安装如图 3-54 所示铁窗栅，共 22 樘，刷防锈漆，计算铁窗栅工程量。

【解】　金属格栅窗工程量
　　　＝设计图示数量（或洞口面积）
　　　＝22 樘（或 1.8×1.8×22
　　　＝71.28m²）

工程量清单表

项目编码	项目名称	项目特征描述	计量单位	工程量
010807005001	金属格栅窗	铁窗栅刷防锈漆	樘/m²	22/71.28

3.10.7　门窗套、窗台板、窗帘、窗帘盒、窗帘轨工程

1. 工程量清单项目设置及工程量计算规则

门窗套、窗台板、窗帘、窗帘盒、窗帘轨工程量清单项目设置及工程量计算规则，应按表 3-53～表 3-55 的规定执行。

门窗套工程（编码：010808）　　　　表 3-53

项目编码	项目名称	项目特征	计量单位	工程量计算规则	工程内容
010808001	木门窗套	1. 窗代号及洞口尺寸 2. 门窗套展开宽度 3. 基层材料种类 4. 面层材料品种、规格 5. 线条品种、规格 6. 防护材料种类	1. 樘 2. m² 3. m	1. 以樘计量，按设计图示数量计算 2. 以平方米计量，按设计图示尺寸以展开面积计算 3. 以米计量，按设计图示中心以延长米计算	1. 清理基层 2. 立筋制作、安装 3. 基层板安装 4. 面层铺贴 5. 线条安装 6. 刷防护材料
010808002	木筒子板	1. 筒子板宽度 2. 基层材料种类 3. 面层材料品种、规格 4. 线条品种、规格 5. 防护材料种类			
010808003	饰面夹板筒子板	1. 筒子板宽度 2. 基层材料种类 3. 面层材料品种、规格 4. 线条品种、规格 5. 防护材料种类			

项目编码	项目名称	项目特征	计量单位	工程量计算规则	工程内容
010808004	金属门窗套	1. 窗代号及洞口尺寸 2. 门窗套展开宽度 3. 基层材料种类 4. 面层材料品种、规格 5. 防护材料种类	1. 樘 2. m² 3. m	1. 以樘计量，按设计图示数量计算 2. 以平方米计量，按设计图示尺寸以展开面积计算 3. 以米计量，按设计图示中心以延长米计算	1. 清理基层 2. 立筋制作、安装 3. 基层板安装 4. 面层制作、安装 5. 刷防护材料
010808005	石材门窗套	1. 窗代号及洞口尺寸 2. 门窗套展开宽度 3. 底层及粘结层厚度、砂浆配合比 4. 面层材料品种、规格、颜色 5. 线条品种、规格			1. 清理基层 2. 立筋制作、安装 3. 基层抹灰 4. 面层制作、安装 5. 线条安装
010808006	门窗木贴脸	1. 门窗代号及洞口尺寸 2. 贴脸板宽度 3. 防护材料种类	1. 樘 2. m	1. 以樘计量，按设计图示数量计算 2. 以米计量，按设计图示尺寸以延长米计算	贴脸板安装
010808007	成品木门窗套	1. 窗代号及洞口尺寸 2. 门窗套展开宽度 3. 门窗套材料品种、规格	1. 樘 2. m² 3. m	1. 以樘计量，按设计图示数量计算 2. 以平方米计量，按设计图示尺寸以展开面积计算 3. 以米计量，按设计图示中心以延长米计算	1. 清理基层 2. 立筋制作、安装 3. 板安装

窗台板工程（编码：010809）　　　　　　　　　　表 3-54

项目编码	项目名称	项目特征	计量单位	工程量计算规则	工程内容
010809001	木窗台板	1. 基层材料种类 2. 窗台面板材质、规格、颜色 3. 防护材料种类	m²	按设计图示尺寸以展开面积计算	1. 基层清理 2. 基层制作、安装 3. 窗台板制作、安装 4. 刷防护材料
010809002	铝塑窗台板				
010809003	金属窗台板				
010809004	石材窗台板	1. 粘结层厚度、砂浆配合比 2. 窗台板材质、规格、颜色			1. 基层清理 2. 抹找平层 3. 窗台板制作、安装

窗帘、窗帘盒、窗帘轨工程（编码：010810）　　　　表 3-55

项目编码	项目名称	项目特征	计量单位	工程量计算规则	工程内容
010810001	窗帘（杆）	1. 窗帘材质 2. 窗帘高度、宽度 3. 窗帘层数 4. 带幔要求	1. m 2. m²	1. 以米计量，按设计图示尺寸以长度计算 2. 以平方米计量，按图示尺寸以展开面积计算	1. 制作、运输 2. 安装

续表

项目编码	项目名称	项目特征	计量单位	工程量计算规则	工程内容
010810002	木窗帘盒		m	按设计图示尺寸以长度计算	1. 制作、运输、安装 2. 刷防护材料
010810003	饰面夹板、塑料窗帘盒	1. 窗帘轨材质、规格 2. 防护材料种类			
010810004	铝合金窗帘盒				
010810005	窗帘轨	1. 窗帘轨材质、规格 2. 防护材料种类			

2. 清单项目有关说明

门窗套、贴脸板、筒子板和窗台板项目，应包括底层抹灰，如底层抹灰已包括在墙、柱面底层抹灰内，应在工程量清单中进行说明。

窗帘若是双层，项目特征必须描述每层材质；窗帘如以米计量，项目特征必须描述窗帘高度及宽度。

3.11 屋面及防水工程量计算

3.11.1 屋面及防水工程量计算的内容和范围

屋面及防水工程包括瓦、型材及其他屋面、屋面防水及其他、墙面防水、防潮、楼（地）面防水、防潮等的工程量计算。适用于建筑物屋面及其他部位的防水、防潮工程。

3.11.2 工程量计算

1. 工程量清单项目设置及工程量计算规则

屋面及防水工程工程量清单项目设置及工程量计算规则，应按表 3-56 中的相关规定执行。

屋面及防水工程（编码：010901～010904） 表 3-56

表 A 瓦、型材及其他屋面（编码：010901）

项目编码	项目名称	项目特征	计量单位	工程量计算规则	工程内容
010901001	瓦屋面	1. 瓦品种、规格 2. 粘结层砂浆的配合比	m²	按设计图示尺寸以斜面积计算。 不扣除房上烟囱、风帽底座、风道、小气窗、斜沟等所占面积。小气窗的出檐部分不增加面积	1. 砂浆制作、运输、摊铺、养护 2. 安装瓦、制作瓦脊
010901002	型材屋面	1. 型材品种、规格 2. 金属檩条材料品种、规格 3. 接缝、嵌缝材料种类			1. 檩条制作、运输、安装 2. 屋面型材安装 3. 接缝、嵌缝

表A 瓦、型材及其他屋面（编码：010901）

项目编码	项目名称	项目特征	计量单位	工程量计算规则	工程内容
010901003	阳光板屋面	1. 阳光板品种、规格 2. 骨架材料品种、规格 3. 接缝、嵌缝材料种类 4. 油漆品种、刷漆遍数	m²	按设计图示尺寸以斜面积计算	1. 骨架制作、运输、安装、刷防护材料、油漆 2. 阳光板安装 3. 接缝、嵌缝
010901004	玻璃钢屋面	1. 玻璃钢品种、规格 2. 骨架材料品种、规格 3. 玻璃钢固定方式 4. 接缝、嵌缝材料种类 5. 油漆品种、刷漆遍数		不扣除屋上面积≤0.3m²的孔洞所占面积	1. 骨架制作、运输、安装、刷防护材料、油漆 2. 玻璃钢制作、安装 3. 接缝、嵌缝
010901005	膜结构屋面	1. 膜布品种、规格 2. 支柱（网架）钢材品种、规格 3. 钢丝绳品种、规格 4. 锚固基座做法 5. 油漆品种、刷漆遍数	m²	按设计图示尺寸以需要覆盖的水平投影面积计算	1. 膜布热压胶接 2. 支柱（网架）制作、安装 3. 膜布安装 4. 穿钢丝绳、锚头锚固 5. 锚固基座挖土、回填 6. 刷防护材料，油漆

表B 屋面防水及其他（编码：010902）

项目编码	项目名称	项目特征	计量单位	工程量计算规则	工程内容
010902001	屋面卷材防水	1. 卷材品种、规格、厚度 2. 防水层数 3. 防水层做法		按设计图示尺寸以面积计算	1. 基层处理 2. 刷底油 3. 铺防水卷材、接缝
010902002	屋面涂膜防水	1. 防水膜品种 2. 涂膜厚度、遍数 3. 增强材料种类	m²		1. 基层处理 2. 刷基层处理剂 3. 铺布、喷涂防水层
010902003	屋面刚性基层	1. 刚性层厚度 2. 混凝土强度等级 3. 嵌缝材料种类 4. 钢筋规格、型号		按设计图示尺寸以面积计算。不扣除房上烟囱、风帽底座、风道等所占面积	1. 基层处理 2. 混凝土制作、运输、浇筑、养护 3. 钢筋制作、安装
010902004	屋面排水管	1. 排水管品种、规格 2. 雨水斗、山墙出水口品种、规格 3. 接缝、嵌缝材料种类 4. 油漆品种、刷漆遍数	m	按设计图示尺寸以长度计算。如设计未标注尺寸，以檐口底至设计室外散水上表面垂直距离计算	1. 排水管及配件安装、固定 2. 雨水斗、山墙出水口、雨水箄子安装 3. 接缝、嵌缝 4. 刷漆

表 B　屋面防水及其他（编码：010902）

项目编码	项目名称	项目特征	计量单位	工程量计算规则	工程内容
010902005	屋面（透）气管	1. 排（透）气管品种、规格 2. 接缝、嵌缝材料种类 3. 油漆品种、刷漆遍数	m	按设计图示尺寸以长度计算	1. 排（透）气管及配件安装、固定 2. 铁件制作、安装 3. 接缝、嵌缝 4. 刷漆
010902006	屋面（廊、阳台）吐水管	1. 吐水管品种、规格 2. 接缝、嵌缝材料种类 3. 吐水管长度 4. 油漆品种、刷漆遍数	根（个）	按设计图示数量计算	1. 吐水管及配件安装、固定 2. 接缝、嵌缝 3. 刷漆
010902007	屋面沟、檐沟	1. 材料品种、规格 2. 接缝、嵌缝材料种类	m²	按设计图示尺寸以展开面积计算	1. 天沟材料铺设 2. 天沟配件安装 3. 接缝、嵌缝 4. 刷防护材料
010902008	屋面变形缝	1. 嵌缝材料种类 2. 止水带材料种类 3. 盖缝材料 4. 防护材料种类	m	按设计图示尺寸以长度计算	1. 清缝 2. 填塞防水材料 3. 止水带安装 4. 盖缝制作、安装 5. 刷防护材料

表 C　墙面防水、防潮（编码：010903）

项目编码	项目名称	项目特征	计量单位	工程量计算规则	工程内容
010903001	墙面卷材防水	1. 卷材品种、规格、厚度 2. 防水层数 3. 防水层做法	m²	按设计图示尺寸以面积计算	1. 基层处理 2. 刷胶粘剂 3. 铺防水卷材 4. 接缝、嵌缝
010903002	墙面涂膜防水	1. 防水膜品种 2. 涂膜厚度、遍数 3. 增强材料种类			1. 基层处理 2. 刷基层处理剂 3. 铺布、铺涂膜防水层
010903003	墙面砂浆防水（防潮）	1. 防水层做法 2. 砂浆厚度、配合比 3. 钢丝网规格			1. 基层处理 2. 挂钢丝网片 3. 设置分格缝 4. 砂浆制作、运输、摊铺、养护
010903004	墙面变形缝	1. 嵌缝材料种类 2. 止水带材料种类 3. 盖缝材料 4. 防护材料种类	m	按设计图示以长度计算	1. 清缝 2. 填塞防水材料 3. 止水带安装 4. 盖板制作、安装 5. 刷防护材料

表D 楼（地）面防水、防潮（编码：010904）

项目编码	项目名称	项目特征	计量单位	工程量计算规则	工程内容
010904001	楼（地）面卷材防水	1. 卷材品种、规格、厚度 2. 防水层数 3. 防水层做法	m²	按设计图示尺寸以面积计算	1. 基层处理 2. 刷胶粘剂 3. 铺防水卷材 4. 接缝、嵌缝
010904002	楼（地）面涂膜防水	1. 防水膜品种 2. 涂膜厚度、遍数 3. 增强材料种类			1. 基层处理 2. 刷基层处理剂 3. 铺布、喷涂防水层
010904003	楼（地）面砂浆防水（防潮）	1. 防水层做法 2. 砂浆厚度、配合比			1. 基层处理 2. 砂浆制作、运输、摊铺、养护
010904004	楼（地）面变形缝	1. 嵌缝材料种类 2. 止水带材料种类 3. 盖缝材料 4. 防护材料种类	m	按设计图示以长度计算	1. 清缝 2. 填塞防水材料 3. 止水带安装 4. 盖缝制作、安装 5. 刷防护材料

2. 工程量计算相关说明

（1）斜屋顶（不包括平屋顶找坡）按斜面积计算，平屋顶按水平投影面积计算。

（2）不扣除房上烟囱、风帽底座、风道、屋面小气窗和斜沟等所占面积，如图 3-55 所示。

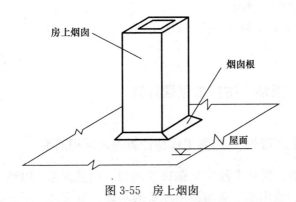

图 3-55 房上烟囱

（3）屋面的女儿墙、伸缩缝和天窗等处的弯起部分，并入屋面工程量内。

（4）地面防水：按主墙间净空面积计算，扣除凸出地面的构筑物、设备基础等所占面积，不扣除墙及单个面积在 0.3m² 以内的柱、垛、烟囱及孔洞所占面积。

（5）楼（地）面防水反边高度≤300mm 算作地面防水，反边高度＞300mm 算作墙面防水。

143

3. 清单项目有关说明

（1）"瓦屋面"项目适用于小青瓦、平瓦、筒瓦、石棉水泥瓦、玻璃钢波形瓦等。

（2）"型材屋面"项目适用于压型钢板，金属压型夹心板、阳光板、玻璃钢等。

（3）"膜结构屋面"项目适用于膜布屋面。

（4）"屋面卷材防水"项目适用于利用胶结材料粘贴卷材进行防水的屋面。

（5）"屋面涂膜防水"项目适用于厚质涂料、薄质涂料和有无加增强材料的涂膜防水屋面。

（6）"屋面刚性层"项目适用于细石混凝土、补偿收缩混凝土、块体混凝土、预应力混凝土和钢纤维混凝土刚性防水屋面。刚性防水屋面的分格缝、泛水、变形缝部位的防水卷材、密封材料、背衬材料、沥青麻丝包括在报价内。

（7）"屋面排水管"项目适用于各种排水管材（PVC 管、玻璃钢管、铸铁管等）。

（8）雨水斗、雨水箅子包含在"屋面排水管"项目内，报价时计算。

（9）"屋面天沟、檐沟"项目适用于水泥砂浆天沟、细石混凝土天沟、预制混凝土天沟板、卷材天沟、玻璃钢天沟、镀锌铁皮天沟以及塑料檐沟、镀锌铁皮檐沟、玻璃钢檐沟等。

（10）"砂浆防水（潮）"项目中的防水、防潮层的外加剂应包括在报价内。

（11）"变形缝"项目适用于基础、墙体、屋面等部位的抗震缝、温度缝（伸缩缝）、沉降缝。若做双面，工程量乘以系数 2。应注意止水带安装、盖板制作、安装包括在报价内。

（12）防水卷材铺贴的搭接及附加层用量不计入工程量内，在综合单价中考虑。

3.12　保温、隔热、防腐工程量计算

3.12.1　保温、隔热、防腐工程量计算的内容和范围

保温、隔热、防腐工程共 3 节 16 个项目，包括保温、隔热、防腐面层和其他防腐工程。适用于工业与民用建筑的基础、地面、墙面防腐工程以及楼地面、墙体、屋盖的保温隔热工程。

3.12.2　保温、隔热工程

1. 工程量清单项目设置及工程量计算规则

保温、隔热工程量清单项目设置及工程量计算规则，应按表 3-57 的规定执行。

项目编码	项目名称	项目特征	计量单位	工程量计算规则	工程内容
011001001	保温隔热屋面	1. 保温隔热材料品种、规格、厚度 2. 隔气层材料品种、厚度 3. 粘结材料种类、做法 4. 防护材料种类、做法		按设计图示尺寸以面积计算。扣除面积＞0.3m² 孔洞及层面构筑物的占位面积	1. 基层清理 2. 刷粘结材料 3. 铺粘保温层 4. 铺、刷（喷）防护材料
011001002	保温隔热天棚	1. 保温隔热面层材料品种、规格、性能 2. 保温隔热材料品种、规格及厚度 3. 粘结材料种类及做法 4. 防护材料种类及做法		按设计图示尺寸以面积计算。扣除面积＞0.3m² 的柱、垛、孔洞所占面积	
011001003	保温隔热墙面	1. 保温隔热部位 2. 保温隔热方式 3. 踢脚线、勒脚线保温做法 4. 龙骨材料品种、规格 5. 保温隔热面层材料品种、规格、性能 6. 保温隔热材料品种、规格及厚度 7. 增强网及抗裂防水砂浆种类 8. 粘结材料种类及做法 9. 防护材料种类及做法	m²	按设计图示尺寸以面积计算。扣除门窗洞口以及面积＞0.3m² 梁、孔洞所占面积；门窗洞口侧壁需作保温时，并入保温墙体工程量内计算	1. 基层清理 2. 刷界面剂 3. 安装龙骨 4. 填贴保温材料 5. 保温板安装 6. 粘贴面层 7. 铺设增强网、抹抗裂、防水砂浆面层 8. 嵌缝 9. 铺、刷（喷）防护材料
011001004	保温柱、梁			按设计图示尺寸以面积计算	
011001005	保温隔热楼地面	1. 保温隔热部位 2. 保温隔热材料品种、规格、厚度 3. 隔气层材料品种、厚度 4. 粘结材料种类、做法 5. 防护材料种类、做法		按设计图示尺寸以面积计算。扣除面积＞0.3m² 柱、垛、孔洞所占面积	1. 基层清理 2. 铺设粘贴材料 3. 铺贴保温层 4. 刷防护材料
011001006	其他保温隔热	1. 保温隔热部位 2. 保温隔热方式 3. 隔气层材料品种、厚度 4. 保温隔热面层材料品种、规格、性能 5. 保温隔热材料品种、规格及厚度 6. 粘结材料种类及做法 7. 增强网及抗裂防水砂浆种类 8. 防护材料种类及做法	m²	按设计图示尺寸以展开面积计算。扣除面积＞0.3m² 孔洞及其他占位面积	1. 基层清理 2. 刷界面剂 3. 安装龙骨 4. 填贴保温材料 5. 保温板安装 6. 粘贴面层 7. 铺设增强网、抹抗裂防水砂浆面层 8. 嵌缝 9. 铺、刷（喷）防护材料

145

2. 工程量计算相关说明

（1）保温隔热层应区别不同保温隔热材料，除另有规定外，均按设计图示尺寸以面积计算。

（2）保温隔热层的厚度按隔热材料（不包括胶结材料）净厚度计算。

（3）地面隔热层按围护结构墙体间净面积计算，不扣除柱、垛所占的体积。

（4）墙体隔热层：外墙按隔热层中心线，内墙按隔热层净长乘以图示尺寸的高度以面积计算，应扣除冷藏门洞口和管道穿墙洞口所占的面积。

（5）池槽隔热层按图示池槽保温隔热层的长、宽度以面积计算。其中池壁按墙面计算，池底按地面计算。

（6）门洞侧壁周围的隔热部分，按图示隔热层尺寸以面积计算，并入墙面的保温隔热工程量内计算。

（7）柱帽保温隔热层按图示保温隔热层面积并入天棚保温隔热层工程量内。

（8）柱保温层按设计图示柱断面保温层中心线展开长度乘保温层高度以面积计算，扣除面积＞0.3m^{2}梁所占面积。

（9）梁保温层按设计图示梁断面保温层中心线展开长度乘保温层宽度以面积计算。

3. 清单项目有关说明

（1）"保温隔热屋面"项目适用于各种材料的屋面保温隔热。

（2）"保温隔热天棚"项目适用于各种材料的下贴式或吊顶上搁置式的保温隔热天棚。

（3）"保温隔热墙"项目适用于工业与民用建筑物外墙、内墙保温隔热工程。

3.12.3 防腐工程

1. 工程量清单项目设置及工程量计算规则

防腐面层及其他防腐工程工程量清单项目设置及工程量计算规则，应按表 3-58 及表 3-59 的规定执行。

防腐面层工程（编码：011002）　　　　　　　　　　表 3-58

项目编码	项目名称	项目特征	计量单位	工程量计算规则	工程内容
011002001	防腐混凝土面层	1. 防腐部位 2. 面层厚度 3. 砂浆、胶泥种类、配合比	m^2	按设计图示尺寸以面积计算	1. 基层清理 2. 基层刷稀胶泥 3. 砂浆制作、运输、摊铺、养护
011002002	防腐砂浆面层	1. 防腐部位 2. 面层厚度 3. 胶泥种类、配合比			1. 基层清理 2. 胶泥调制、摊铺

项目编码	项目名称	项目特征	计量单位	工程量计算规则	工程内容
011002003	防腐胶泥面层	1. 防腐部位 2. 面层厚度 3. 胶泥种类、配合比	m²	按设计图示尺寸以面积计算	1. 基层清理 2. 胶泥调制、摊铺
011002004	玻璃钢防腐面层	1. 防腐部位 2. 玻璃钢种类 3. 贴布材料的种类、层数 4. 面层材料品种			1. 基层清理 2. 刷底漆、刮腻子 3. 胶浆配制、涂刷 4. 粘布、涂刷面层
011002005	聚氯乙烯板面层	1. 防腐部位 2. 面层材料品种 3. 粘结材料种类			1. 基层清理 2. 配料、涂胶 3. 聚氯乙烯板铺设
011002006	块料防腐面层	1. 防腐部位 2. 块料品种、规格 3. 粘结材料种类 4. 勾缝材料种类			1. 基层清理 2. 铺贴块料 3. 胶泥调制、勾缝
011002007	池、槽块料防腐面层	1. 防腐池、槽名称、代号 2. 块料品种、规格 3. 粘结材料种类 4. 勾缝材料种类	m²		1. 基层清理 2. 铺贴块料 3. 胶泥调制、勾缝

其他防腐工程（编码：011003） 表 3-59

项目编码	项目名称	项目特征	计量单位	工程量计算规则	工程内容
011003001	隔离层	1. 隔离层部位 2. 隔离层材料品种 3. 隔离层做法 4. 粘贴材料种类	m²	按设计图示尺寸以面积计算	1. 基层清理、刷油 2. 熔化沥青 3. 胶泥调制 4. 隔离层铺设
011003002	砌筑沥青浸渍砖	1. 砌筑部位 2. 浸渍砖规格 3. 浸渍砖砌法	m³	按设计图示尺寸以体积计算	1. 基层清理 2. 胶泥调制 3. 浸渍砖铺砌
011003003	防腐涂料	1. 涂刷部位 2. 基层材料类型 3. 刮腻子的种类、遍数 4. 涂料品种、刷涂遍数	m²	按设计图示尺寸以面积计算	1. 基层清理 2. 刮腻子 3. 刷涂料

2. 工程量计算相关说明

（1）防腐工程项目应区别不同防腐材料种类及其厚度，按设计实铺面积以平方米计算。

1）平面防腐：扣除凸出地面的构筑物、设备基础等以及面积＞0.3m² 孔洞、柱、垛所占面积；

2）立面防腐：扣除门、窗、洞口以及面积＞0.3m² 孔洞、梁所占面积，门、窗、洞口侧壁、垛突出部分按展开面积并入墙面积内。

（2）平面砌筑双层耐酸块料时，按单层面层面积乘以系数 2 计算工程量。

（3）防腐面层按设计图示尺寸以面积计算。

（4）其他防腐按设计图示以面积计算。

（5）防腐卷材接缝、附加层、收头等人工、材料不再另行计算，都列入报价内。

（6）踢脚板防腐按实铺长度乘以高度以平方米计算，应扣除门洞所占面积并相应增加侧壁展开面积。

（7）"砌筑沥青浸渍砖"工程量以体积计算，立砌按厚度 115mm 计算；平砌以 53mm 计算。

3. 清单项目有关说明

（1）"防腐混凝土面层"、"防腐砂浆面层"、"防腐胶泥面层"项目适用于平面或立面的水玻璃混凝土、水玻璃砂浆、水玻璃胶泥、沥青混凝土、沥青砂浆、沥青胶泥、树脂砂浆、树脂胶泥以及聚合物水泥砂浆等的防腐工程。

（2）"玻璃钢防腐面层"项目适用于树脂胶料与增强材料（如：玻璃纤维丝、布、玻璃纤维表面毡、玻璃纤维短切毡或涤纶布、涤纶毡、丙纶布、丙纶毡等）复合塑制而成的玻璃钢防腐。

（3）"聚氯乙烯板面层"项目适用于地面、墙面的软、硬聚氯乙烯板防腐工程。聚氯乙烯板的粘结工料应包括在报价内。

（4）"块料防腐面层"项目适用于地面、沟槽、基础的各类块料防腐工程。

（5）"隔离层"项目适用于楼地面的沥青类、树脂玻璃钢类防腐工程隔离层。

（6）"砌筑沥青浸渍砖"项目适用于浸渍标准砖。

（7）"防腐涂料"项目适用于建筑物、构筑物以及钢结构的防腐。

3.13　楼地面装饰工程量计算

3.13.1　楼地面装饰工程量计算的内容和范围

楼地面工程共有 8 节 43 个项目，包括楼地面抹灰工程、块料面层、橡塑面层、其他材料面层、踢脚线、楼梯面层、台阶面层、零星楼地面装饰等项目。适用于楼地面、楼梯、台阶等面层装饰工程。

（1）楼地面的构成包括基层（楼板、夯实土基）、垫层（承受地面荷载并均匀传递给基层的构造层）、填充层（在建筑楼地面上起隔声、保温、找坡或敷设暗管、暗线等作用的构造层）、隔离层（起防水、防潮作用的构造层）、找平层（在垫层、楼板上或填充层上起找平、找坡或加强作用的构造层）、结合层（面层与下层相结合的中间层）、面层（直接承受各种荷载作用的表面层）等。

1）垫层：包括混凝土垫层、人工级配砂石垫层、天然级配砂石垫层、灰土垫层、碎石碎砖垫层、三合土垫层、炉渣垫层等各种材料垫层。

2）填充层：包括轻质松散材料（炉渣、膨胀蛭石、膨胀珍珠岩等）、块体材料（加气混凝土、泡沫混凝土、泡沫塑料、矿棉、膨胀珍珠岩、膨胀蛭石块和板材等）以及整体材料（沥青膨胀珍珠岩、沥青膨胀蛭石、水泥膨胀珍珠岩、膨胀蛭石等）铺设的填充层。

3）隔离层：包括卷材、防水砂浆、沥青砂浆或防水涂料等隔离层。

4）找平层：主要是水泥砂浆找平层，有特殊要求的可采用细石混凝土、沥青砂浆、沥青混凝土等找平层材料铺设。

5）面层：包括整体面层（水泥砂浆、现浇水磨石、细石混凝土、菱苦土等）和块料面层（石材、陶瓷地砖、橡胶、塑料、竹、木地板）等。

（2）楼地面面层中其他组成材料包括：

1）防护材料：指耐酸、耐碱、耐臭氧、耐老化、防火、防油渗等材料。

2）嵌条材料：用于水磨石的分格、图案等的嵌条，如玻璃嵌条、铜嵌条、铝合金嵌条、不锈钢嵌条等。

3）压线条：指地毯、橡胶板、橡胶卷材铺设的压线条，如铝合金、不锈钢、铜压线条等。

4）颜料：用于水磨石地面、踢脚线、楼梯、台阶和块料面层的勾缝，配制石子浆或砂浆内加添的颜料，一般是耐碱的矿物颜料。

5）防滑条：用于楼梯、台阶踏步的防滑设施，如水泥玻璃屑、水泥钢屑、铜、铁防滑条等。

6）地毯固定配件：用于固定地毯的压棍脚和压棍。

7）扶手固定配件：用于楼梯、台阶的栏杆柱、栏杆、栏板与扶手相连接的固定件或靠墙扶手与墙相连接的固定件。

8）酸洗、打蜡、磨光：水磨石、花岗石、陶瓷块料等，均可用草酸清洗油渍、污渍，然后打蜡（蜡渍、松香水、鱼油、煤油等按设计要求配比）和磨光。

3.13.2 楼地面抹灰工程

1. 工程量清单项目设置及工程量计算规则

楼地面抹灰工程工程量清单项目设置及工程量计算规则，应按表 3-60 的规定执行。

楼地面抹灰工程（编码：011101）　　　　　　　　　　表 3-60

项目编码	项目名称	项目特征	计量单位	工程量计算规则	工程内容
011101001	水泥砂浆楼地面	1. 垫层材料种类、厚度 2. 找平层厚度、砂浆配合比 3. 素水泥浆遍数 4. 面层厚度、砂浆配合比 5. 面层做法要求	m²	按设计图示尺寸以面积计算	1. 基层清理 2. 垫层铺设 3. 抹找平层 4. 抹面层 5. 材料运输

149

项目编码	项目名称	项目特征	计量单位	工程量计算规则	工程内容
011101002	现浇水磨石楼地面	1. 垫层材料种类、厚度 2. 找平层厚度、砂浆配合比 3. 面层厚度、水泥石子浆配合比 4. 嵌条材料种类、规格 5. 石子种类、规格、颜色 6. 颜料种类、颜色 7. 图案要求 8. 磨光、酸洗、打蜡要求	m²	同水泥砂浆楼地面	1. 基层清理 2. 垫层铺设 3. 抹找平层 4. 面层铺设 5. 嵌缝条安装 6. 磨光、酸洗、打蜡 7. 材料运输
011101003	细石混凝土楼地面	1. 垫层材料种类、厚度 2. 找平层厚度、砂浆配合比 3. 面层厚度、混凝土强度等级	m²	同水泥砂浆楼地面	1. 基层清理 2. 垫层铺设 3. 抹找平层 4. 面层铺设 5. 材料运输
011101004	菱苦土楼地面	1. 垫层材料种类、厚度 2. 找平层厚度、砂浆配合比 3. 面层厚度 4. 打蜡要求	m²	同水泥砂浆楼地面	1. 基层清理 2. 垫层铺设 3. 抹找平层 4. 面层铺设 5. 打蜡 6. 材料运输
011101005	自流平楼地面	1. 找平层砂浆配合比、厚度 2. 界面剂材料种类 3. 中层漆材料种类、厚度 4. 面漆材料种类、厚度 5. 面层材料种类	m²	按设计图示尺寸以面积计算	1. 基层处理 2. 抹找平层 3. 涂界面剂 4. 涂刷中层漆 5. 打磨、吸尘 6. 镘自流平面漆（浆） 7. 拌合自流平浆料 8. 铺面层
011101006	平面砂浆找平层	1. 垫层材料种类、厚度 2. 找平层厚度、砂浆配合比			1. 基层清理 2. 垫层铺设 3. 抹找平层 4. 材料运输

2. 工程量计算相关说明

楼地面抹灰工程量计算时，应按主墙之间的净面积计算，需扣除凸出地面构筑物、设备基础、室内管道、地沟等所占面积，不扣除间壁墙及≤0.3m² 柱、垛、附墙烟囱及孔洞所占面积，门洞、空圈、暖气包槽、壁龛的开口部分不增加面积。

3. 清单项目有关说明

（1）楼地面抹灰的水泥砂浆、混凝土、细石混凝土楼地面，清单工作内容中均包括一次抹光的工料费用。

（2）水泥砂浆面层处理是拉毛还是提浆压光应在面层做法要求中描述。

（3）平面砂浆找平层只适用于仅做找平层的平面抹灰。

（4）向壁墙是指墙厚≤120mm的室内隔墙。

4. 工程量计算实例

【例 3-23】 计算图 3-56 中某办公楼二层房间（不包括卫生间及走廊）地面整体面层的工程量（面层做法：1：2.5 水泥砂浆，厚 25mm）。

【解】 水泥砂浆楼地面工程量＝2×(3－2×0.12)×(6－2×0.12)

$$+2×(6－2×0.12)×(4.5－2×0.12)+2×(3－2×0.12)$$

$$×(4.5－2×0.12)＝31.80＋48.08＋23.51＝103.39m^2$$

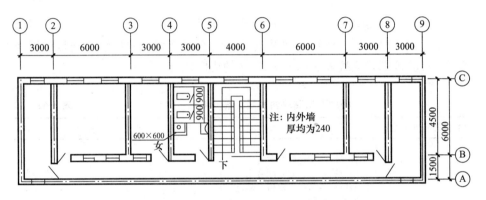

图 3-56　某办公楼二层平面示意图

工程量清单表

项目编码	项目名称	项目特征描述	计量单位	工程量
011101001001	水泥砂浆楼地面	1：2.5 水泥砂浆面层，厚 25mm	m²	103.39

【例 3-24】 某建筑平面如图 3-57 所示，地面整体面层为 1：2.5 白水泥色石子水磨石面层 20mm 厚。计算地面面层工程量。

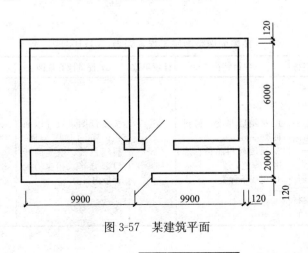

图 3-57　某建筑平面

【解】　现浇水磨石楼地面工程量＝主墙间净长度×主墙间净宽度

$-$构筑物等所占面积$=(9.9-0.24)\times(6-0.24)\times2$

$+(9.9\times2-0.24)\times(2-0.24)=145.71\text{m}^2$

工程量清单表

项目编码	项目名称	项目特征描述	计量单位	工程量
011101002001	现浇水磨石楼地面	1∶2.5 白水泥色石子水磨石面层，20mm 厚	m²	145.71

3.13.3　楼地面块料面层、橡塑面层及其他材料面层工程

1. 工程量清单项目设置及工程量计算规则

楼地面块料面层、橡塑面层及其他材料面层工程工程量清单项目设置及工程量计算规则，应按表 3-61～表 3-63 的规定执行。

楼地面镶贴块料面层工程（编码：011102）　　　　表 3-61

项目编码	项目名称	项目特征	计量单位	工程量计算规则	工程内容
011102001	石材楼地面	1. 找平层厚度、砂浆配合比 2. 结合层厚度、砂浆配合比 3. 面层材料品种、规格、颜色 4. 嵌缝材料种类 5. 防护层材料种类 6. 酸洗、打蜡要求	m²	按设计图示尺寸以面积计算。门洞、空圈、暖气包槽、壁龛的开口部分并入相应的工程量内计算	1. 基层清理、抹找平层 2 面层铺设 3. 嵌缝 4. 刷防护材料 5. 酸洗、打蜡 6. 材料运输
011102002	碎石材楼地面				
011102003	块料楼地面	1. 垫层材料种类、厚度 2. 找平层厚度、砂浆配合比 3. 结合层厚度、砂浆配合比 4. 面层材料品种、规格、颜色 5. 嵌缝材料种类 6. 防护层材料种类 7. 酸洗、打蜡要求			

楼地面橡塑面层工程（编码：011103）　　　　表 3-62

项目编码	项目名称	项目特征	计量单位	工程量计算规则	工程内容
011103001	橡胶板楼地面	1. 粘结层厚度、材料种类 2. 面层材料品种、规格、颜色 3. 压线条种类	m²	按设计图示尺寸以面积计算。门洞、空圈、暖气包槽、壁龛的开口部分并入相应的工程量内计算	1. 基层清理、抹找平层 2. 面层铺设 3. 压缝条装钉 4. 材料运输
011103002	橡胶板卷材楼地面				
011103003	塑料板楼地面				
011103004	塑料卷材楼地面				

项目编码	项目名称	项目特征	计量单位	工程量计算规则	工程内容
011104001	地毯楼地面	1. 面层材料品种、规格、颜色 2. 防护材料种类 3. 粘结材料种类 4. 压线条种类	m²	按设计图示尺寸以面积计算。门洞、空圈、暖气包槽、壁龛的开口部分并入相应的工程量内计算	1. 基层清理 2. 铺贴面层 3. 刷防护材料 4. 装钉压条 5. 材料运输
011104002	竹木地板	1. 龙骨材料种类、规格、铺设间距 2. 基层材料种类、规格 3. 面层材料品种、规格、颜色 4. 防护材料种类	m²		1. 基层清理 2. 龙骨铺设 3. 基层铺设 4. 面层铺贴 5. 刷防护材料 6. 材料运输
011104003	金属复合地板	1. 龙骨材料种类、规格、铺设间距 2. 基层材料种类、规格 3. 面层材料品种、规格、颜色 4. 防护材料种类	m²		
011104004	防静电活动地板	1. 支架高度、材料种类 2. 面层材料品种、规格、颜色 3. 防护材料种类	m²		1. 基层清理 2. 固定支架安装 3. 活动面层安装 4. 刷防护材料 5. 材料运输

2. 工程量计算相关说明

（1）楼地面抹灰与块料面层的工程量计算都按设计图示尺寸以主墙间净面积计算，都应扣除凸出地面构筑物、设备基础、室内管道、地沟等所占面积，不扣除间壁墙及≤0.3m² 柱、垛、附墙烟囱及孔洞所占面积。但楼地面抹灰工程对门洞、空圈、暖气包槽、壁龛的开口部分不增加面积；而块料面层工程量计算规则中将门洞、空圈、暖气包槽、壁龛的开口部分并入相应的工程量内计算。

（2）块料面层的工程内容都包括找平层、填充层、结合层和面层，具体材料可在项目特征中给予说明。

3. 工程量计算实例

【例 3-25】 某建筑平面如图 3-58 所示，附墙垛为 240mm×240mm，门洞宽 1000mm，地面用水泥砂浆粘贴花岗岩石板，单一颜色，边界到门扇下面，计算地面面层工程量。

【解】 石材楼地面工程量＝主墙间净长度×主墙间净宽度

　　　　－构筑物等所占面积＋门洞开口部分面积＝(3.6×3－0.24×2)

　　　　×(6－0.24)＋0.24×1＋0.12×1×2＝59.92m²

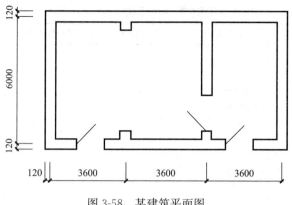

图 3-58　某建筑平面图

工程量清单表

项目编码	项目名称	项目特征描述	计量单位	工程量
011102001001	石材楼地面	水泥砂浆粘贴单—颜色花岗岩石板	m²	59.92

【例 3-26】　某展示厅，地面用 1：2.5 水泥砂浆铺抛光地砖，地砖规格为 1000mm×1000mm，地面实铺长度为 40m，实铺宽度为 30m，展览厅内有 6 个 600mm×600mm 的方柱，计算地面抛光地砖的工程量。

【解】　块料楼地面工程量＝主墙间净长度×主墙间净宽度

$$-每个 0.3m^2 以上柱所占面积＝40×30-0.6×0.6$$
$$×6＝1197.84m^2$$

工程量清单表

项目编码	项目名称	项目特征描述	计量单位	工程量
011102003001	块料楼地面	1：2.5 水泥砂浆铺 1000mm×1000mm 抛光地砖	m²	1197.84

【例 3-27】　某体操练功房，地面铺木地板，其做法是：30mm×40mm 木龙骨中距（双向）450mm×450mm；20mm×80mm 松木毛地板 45°斜铺，板间留 2mm 缝宽；上铺 50mm×20mm 企口地板，房间面积为 30m×50m，门洞开口部分 1.5m×0.12m 两处，计算地面木地板工程量。

【解】　木地板工程量＝主墙间净长度×主墙间净宽度

$$＋门窗洞口、壁龛开口部分面积＝30×50＋1.5×0.12$$
$$×2＝1500.36m^2$$

工程量清单表

项目编码	项目名称	项目特征描述	计量单位	工程量
011104002001	竹木地板	30mm×40mm 木龙骨中距（双向）450mm×450mm；20mm×80mm 松木毛地板 45°斜铺，板间留 2mm 缝宽；上铺 50mm×20mm 企口地板	m²	1500.36

3.13.4 踢脚线工程

1. 工程量清单项目设置及工程量计算规则

踢脚线工程量清单项目设置及工程量计算规则，应按表3-64的规定执行。

踢脚线工程（编码：011105） 表3-64

项目编码	项目名称	项目特征	计量单位	工程量计算规则	工程内容
011105001	水泥砂浆踢脚线	1. 踢脚线高度 2. 底层厚度、砂浆配合比 3. 面层厚度、砂浆配合比	1. m² 2. m	1. 按设计图示长度乘高度以面积计算 2. 按延长米计算	1. 基层清理 2. 底层和面层抹灰 3. 材料运输
011105002	石材踢脚线	1. 踢脚线高度 2. 粘贴层厚度、材料种类 3. 面层材料品种、规格、颜色 4. 防护材料种类			1. 基层清理 2. 底层抹灰 3. 面层铺贴、磨边 4. 擦缝 5. 磨光、酸洗、打蜡 6. 刷防护材料 7. 材料运输
011105003	块料踢脚线				
011105004	塑料板踢脚线	1. 踢脚线高度 2. 粘结层厚度、材料种类 3. 面层材料种类、规格、颜色			1. 基层清理 2. 基层铺贴 3. 面层铺贴 4. 材料运输
011105005	木质踢脚线	1. 踢脚线高度 2. 基层材料种类、规格 3. 面层材料品种、规格、颜色			
011105006	金属踢脚线				
011105007	防静电踢脚线				

2. 工程量计算有关说明

抹灰面层踢脚线按设计图示室内净长乘以高度以面积计算，不扣除门洞、空圈所占面积，侧壁部分也不增加；块料面层踢脚线应扣除门洞、空圈所占面积，侧壁部分增加工程量并入工程量内计算。

3. 工程量计算实例

【例3-28】 计算图3-56所示某办公楼二层房间（不包括卫生间及走廊）地面整体面层踢脚线的工程量（踢脚线做法：水泥砂浆，高度150mm）。

【解】 水泥砂浆踢脚线工程量 $=0.15\times[2\times2\times(3-2\times0.12+6$
$-2\times0.12)+2\times2\times(6-2\times0.12+4.5-2\times0.12)+2\times2$
$\times(3-2\times0.12+4.5-2\times0.12)]=0.15\times102.24=15.34\text{m}^2$

工程量清单表

项目编码	项目名称	项目特征描述	计量单位	工程量
011105001001	水泥砂浆踢脚线	水泥砂浆踢脚线，高度 150mm	m²	15.34

【例 3-29】 某建筑平面如图 3-59 所示，室内用水泥砂浆粘贴 200mm 高石材踢脚板，计算踢脚线工程量。

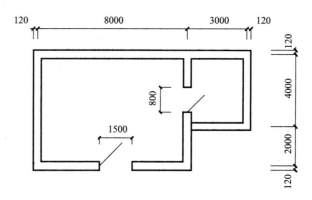

图 3-59 某房屋平面

【解】 石材踢脚线工程量＝高度×踢脚线净长度

$$=0.20×[(8.00-0.24+6.00-0.24)×2+(4.00-0.24+3.00$$
$$-0.24)×2-1.50-0.80×2+0.12×6]=7.54m²$$

工程量清单表

项目编码	项目名称	项目特征描述	计量单位	工程量
011105002001	石材踢脚线	水泥砂浆粘贴 200mm 高石材踢脚板	m²	7.54

3.13.5 楼梯面层工程

1. 工程量清单项目设置及工程量计算规则

楼梯面装饰工程量清单项目设置及工程量计算规则，应按表 3-65 的规定执行。

楼梯面层工程（编码：011106） 表 3-65

项目编码	项目名称	项目特征	计量单位	工程量计算规则	工程内容
011106001	石材楼梯面层	1. 找平层厚度、砂浆配合比 2. 粘结层厚度、材料种类 3. 面层材料品种、规格、颜色 4. 防滑条材料种类、规格 5. 勾缝材料种类 6. 防护层材料种类 7. 酸洗、打蜡要求	m²	按设计图示尺寸以楼梯（包括踏步、休息平台及500mm以内的楼梯井）水平投影面积计算	1. 基层清理 2. 抹找平层 3. 面层铺贴、磨边 4. 贴嵌防滑条 5. 勾缝 6. 刷防护材料 7. 酸洗、打蜡 8. 材料运输
011106002	块料楼梯面层				
011106003	拼碎块料面层				

项目编码	项目名称	项目特征	计量单位	工程量计算规则	工程内容
011106004	水泥砂浆楼梯面层	1. 找平层厚度、砂浆配合比 2. 面层厚度、砂浆配合比 3. 防滑条材料种类、规格	m²	同石材楼梯面层工程量计算	1. 基层清理 2. 抹找平层 3. 抹面层 4. 抹防滑条 5. 材料运输
011106005	现浇水磨石楼梯面层	1. 找平层厚度、砂浆配合比 2. 面层厚度、水泥石子浆配合比 3. 防滑条材料种类、规格 4. 石子种类、规格、颜色 5. 颜料种类、颜色 6. 磨光、酸洗、打蜡要求	m²	同石材楼梯面层工程量计算	1. 基层清理 2. 抹找平层 3. 抹面层 4. 贴嵌防滑条 5. 磨光、酸洗、打蜡 6. 材料运输
011106006	地毯楼梯面层	1. 基层种类 2. 面层材料品种、规格、颜色 3. 防护材料种类 4. 粘结材料种类 5. 固定配件材料种类、规格	m²	同石材楼梯面层工程量计算	1. 基层清理 2. 铺贴面层 3. 固定配件安装 4. 刷防护材料 5. 材料运输
011106007	木板楼梯面层	1. 基层材料种类、规格 2. 面层材料品种、规格、颜色 3. 粘结材料种类 4. 防护材料种类	m²	同石材楼梯面层工程量计算	1. 基层清理 2. 基层铺贴 3. 面层铺贴 4. 刷防护材料、油漆 5. 材料运输
011106008	橡胶板楼梯面层	1. 粘结层厚度、材料种类 2. 面层材料品种、规格、颜色 3. 压线条种类	m²		1. 基层清理 2. 面层铺贴 3. 压缝条装钉 4. 材料运输
011106009	塑料板楼梯面层				

2. 工程量计算相关说明

（1）楼梯饰面工程量按水平投影面积计算，包括踏步、休息平台及≤500mm的楼梯井所占面积。

（2）楼梯与楼地面相连时，楼梯算至梯口梁内侧边沿，即梯口梁算入楼梯工程量内，梯口梁向外算入楼板工程量内；无梯口梁者，算至最上一层踏步边沿加300mm。

3. 清单项目有关说明

楼梯面层装饰工程量清单中，包括了踏步、休息平台和楼梯踢脚线内容，但不包括楼梯底面抹灰。水泥面楼梯还包括金刚砂防滑条。

3.13.6 台阶面装饰、零星楼地面装饰工程

1. 工程量清单项目设置及工程量计算规则

台阶面装饰、零星楼地面装饰工程量清单项目设置及工程量计算规则，应按表 3-66 及表 3-67 的规定执行。

台阶面装饰工程（编码：011107）　　　　　　　　表 3-66

项目编码	项目名称	项目特征	计量单位	工程量计算规则	工程内容
011107001	石材台阶面	1. 找平层厚度、砂浆配合比 2. 粘结层材料种类 3. 面层材料品种、规格、颜色 4. 勾缝材料种类 5. 防滑条材料种类、规格 6. 防护材料种类	m²	按设计图示尺寸以台阶（包括最上层踏步边沿加300mm）水平投影面积计算	1. 基层清理 2. 抹找平层 3. 面层铺贴 4. 贴嵌防滑条 5. 勾缝 6. 刷防护材料 7. 材料运输
011107002	块料台阶面				
011107003	拼碎块料台阶面				
011107004	水泥砂浆台阶面	1. 垫层材料种类、厚度 2. 找平层厚度、砂浆配合比 3. 面层厚度、砂浆配合比 4. 防滑条材料种类			1. 基层清理 2. 铺设垫层 3. 抹找平层 4. 抹面层 5. 抹防滑条 6. 材料运输
011107005	现浇水磨石台阶面	1. 垫层材料种类、厚度 2. 找平层厚度、砂浆配合比 3. 面层厚度、水泥石子浆配合比 4. 防滑条材料种类、规格 5. 石子种类、规格、颜色 6. 颜料种类、颜色 7. 磨光、酸洗、打蜡要求			1. 清理基层 2. 铺设垫层 3. 抹找平层 4. 抹面层 5. 贴嵌防滑条 6. 打磨、酸洗、打蜡 7. 材料运输
01110706	剁假石台阶面	1. 垫层材料种类、厚度 2. 找平层厚度、砂浆配合比 3. 面层厚度、砂浆配合比 4. 剁假石要求	m²		1. 清理基层 2. 铺设垫层 3. 抹找平层 4. 抹面层 5. 剁假石 6. 材料运输

零星楼地面装饰工程（编码：011108）　　　　　　　　表 3-67

项目编码	项目名称	项目特征	计量单位	工程量计算规则	工程内容
011108001	石材零星项目	1. 工程部位 2. 找平层厚度、砂浆配合比 3. 贴结合层厚度、材料种类 4. 面层材料品种、规格、颜色 5. 勾缝材料种类 6. 防护材料种类 7. 酸洗、打蜡要求	m²	按设计图示尺寸以面积计算	1. 清理基层 2. 抹找平层 3. 面层铺贴、磨边 4. 勾缝 5. 刷防护材料 6. 酸洗、打蜡 7. 材料运输
011108002	拼碎石材零星项目				
011108003	块料零星项目				

项目编码	项目名称	项目特征	计量单位	工程量计算规则	工程内容
011108004	水泥砂浆零星项目	1. 工程部位 2. 找平层厚度、砂浆配合比 3. 面层厚度、砂浆厚度	m²	按设计图示尺寸以面积计算	1. 清理基层 2. 抹找平层 3. 抹面层 4. 材料运输

2. 工程量计算相关说明

台阶面层装饰按水平投影面积计算，台阶与平台相连时，分界线为最高踏步向内300mm。

3. 清单项目有关说明

（1）零星装饰工程项目适用于小便池、蹲位、池槽等零星部位。

（2）楼梯、台阶牵边、梯带（见图3-60）和侧面镶贴块料面层，单个面积≤0.5m² 的少量分散的楼地面镶贴块料面层，应按表3-67中的零星楼地面装饰项目列项。

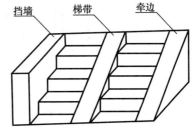

图3-60　台阶牵边、梯带示意图

4. 工程量计算实例

【例3-30】　某工程花岗岩台阶，尺寸如图3-61所示，台阶及翼墙采用1∶2.5水泥砂浆粘贴花岗岩石板（翼墙外侧不贴），计算贴花岗石面层工程量。

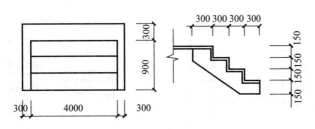

图3-61　花岗岩台阶

【解】　石材台阶面层工程量＝台阶水平投影面积

$$=4.00 \times (0.9+0.3)=4.80 \text{m}^2$$

其他部位贴石材零星项目工程量 ＝粘贴面积

$$=0.3 \times (0.9+0.3+0.15 \times 4)$$
$$\times 2+(0.3 \times 3) \times (0.15 \times 4)=1.62 \text{m}^2$$

工程量清单表

项目编码	项目名称	项目特征描述	计量单位	工程量
011107001001	石材台阶面	1∶2.5水泥砂浆粘贴花岗岩石板	m²	4.80
011108001001	石材零星项目	1∶2.5水泥砂浆粘贴花岗岩石板	m²	1.62

注：台阶平台部分可按地面项目编码列项，但工程量计算要扣除最上一层踏步（宽300mm）。

【例3-31】　计算图3-62和图3-63所示台阶、散水和坡道的面层工程量。

【解】　台阶工程量$=1.7\times(0.3+0.3)=1.02\text{m}^2$

散水工程量$=[(2\times6.24-2.6)+(2\times3.84-1.7)]$
$$\times0.8+4\times0.8\times0.8=15.25\text{m}^2$$

坡道工程量$=2.6\times1=2.6\text{m}^2$

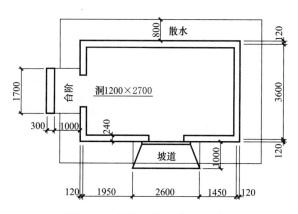

图3-62　台阶、散水平面示意图

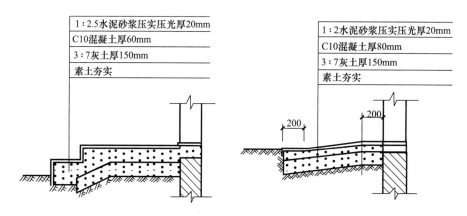

图3-63　混凝土台阶和坡道

工程量清单表

项目编码	项目名称	项目特征描述	计量单位	工程量
011107004001	水泥砂浆台阶面	1：2.5水泥砂浆压实压光厚20mm，C10混凝土厚60mm，3：7灰土厚150mm，素土夯实	m²	1.02
010507001001	散水	1：2.5水泥砂浆压实压光厚20mm，C10混凝土厚60mm，3：7灰土厚150mm，素土夯实	m²	15.25
010507001002	坡道	1：2水泥砂浆压实压光厚20mm，C10混凝土厚80mm，3：7灰土厚150mm，素土夯实	m²	2.60

3.14 墙、柱面装饰与隔断、幕墙工程量计算

3.14.1 墙、柱面装饰与隔断、幕墙工程量计算的内容和范围

墙柱面装饰工程共有 10 节 33 个项目，包括墙面抹灰、柱（梁）面抹灰、零星抹灰、墙面块料面层、柱（梁）面镶贴块料、镶贴零星块料、墙饰面、柱（梁）饰面、幕墙工程、隔断工程等。适用于一般墙柱面抹灰装饰及中高级饰面工程。

3.14.2 墙面、柱（梁）面、零星抹灰工程

1. 工程量清单项目设置及工程量计算规则

墙面、柱（梁）面、零星抹灰工程量清单项目设置及工程量计算规则，应按表 3-68～表 3-70 的规定执行。

墙面抹灰工程（编码：011201） 表 3-68

项目编码	项目名称	项目特征	计量单位	工程量计算规则	工程内容
011201001	墙面一般抹灰	1. 墙体类型 2. 底层厚度、砂浆配合比 3. 面层厚度、砂浆配合比 4. 装饰抹灰材料种类 5. 分格缝宽度、材料种类	m²	按设计图示尺寸以面积计算。扣除墙裙、门窗洞口及单个 0.3m² 以外的孔洞面积，不扣除踢脚线、挂镜线和墙与构件交接处的面积，门窗洞口和孔洞的侧壁及顶面不增加面积。附墙柱、梁、垛、烟囱侧壁并入相应的墙面面积内	1. 基层清理 2. 砂浆制作、运输 3. 底层抹灰 4. 抹面层 5. 抹装饰面层 6. 勾分格缝
011201002	墙面装饰抹灰				
011201003	墙面勾缝	1. 墙体类型 2. 勾缝类型 3. 勾缝材料种类			1. 基层清理 2. 砂浆制作、运输 3. 勾缝
011201004	立面砂浆找平层	1. 墙体类型 2. 找平的砂浆厚度、配合比	m²		1. 基层清理 2. 砂浆制作、运输 3. 抹灰找平

柱、梁面抹灰工程（编码：011202） 表 3-69

项目编码	项目名称	项目特征	计量单位	工程量计算规则	工程内容
011202001	柱、梁面一般抹灰	1. 柱、梁断面类型 2. 底层厚度、砂浆配合比 3. 面层厚度、砂浆配合比 4. 装饰面层材料种类 5. 分格缝宽度、材料种类	m²	1. 柱面抹灰：按设计图示柱断面周长乘高度以面积计算。 2. 梁面抹灰：按设计图示梁断面周长乘长度以面积计算	1. 基层清理 2. 砂浆制作、运输 3. 底层抹灰 4. 抹面层 5. 勾分格缝
011202002	柱、梁面装饰抹灰				

续表

项目编码	项目名称	项目特征	计量单位	工程量计算规则	工程内容
011202003	柱、梁面砂浆找平	1. 柱、梁断面类型 2. 找平的砂浆厚度、配合比	m²	1. 柱面抹灰：按设计图示柱断面周长乘高度以面积计算 2. 梁面抹灰：按设计图示梁断面周长乘长度以面积计算	1. 基层清理 2. 砂浆制作、运输 3. 抹灰找平
011202004	柱、梁面勾缝	1. 柱、梁断面类型 2. 勾缝类型 3. 勾缝材料种类		按设计图示柱、梁断面周长乘高度、长度以面积计算	1. 基层清理 2. 砂浆制作、运输 3. 勾缝

零星抹灰工程（编码：011203）　　　　　　表 3-70

项目编码	项目名称	项目特征	计量单位	工程量计算规则	工程内容
011203001	零星项目一般抹灰	1. 零星项目类型 2. 底层厚度、砂浆配合比 3. 面层厚度、砂浆配合比 4. 装饰面层材料种类 5. 分格缝宽度、材料种类	m²	按设计图示尺寸以面积计算	1. 基层清理 2. 砂浆制作、运输 3. 底层抹灰 4. 抹面层 5. 抹装饰面层 6. 勾分格缝
011203002	零星项目装饰抹灰				
011203003	零星项目砂浆找平	1. 基层类型 2. 找平的砂浆厚度、配合比			1. 基层清理 2. 砂浆制作、运输 3. 抹灰找平

2. 工程量计算相关说明

（1）外墙面抹灰工程量按外墙垂直投影面积计算。

（2）外墙裙抹灰工程量按墙裙长度乘高度计算。

（3）内墙面抹灰工程量按主墙间的净长乘高度计算。内墙面高度的计算规定：

1）无墙裙的，高度按室内楼地面至天棚底面计算；

2）有墙裙的，高度按墙裙顶至天棚底面计算。

（4）内墙裙抹灰工程量按内墙净长乘高度计算。

（5）柱面一般抹灰、装饰抹灰和勾缝工程量＝柱结构断面周长×设计柱抹灰（勾缝）高度。

3. 清单项目有关说明

（1）清单项目特征中的墙体类型是指砖墙、石墙、混凝土墙、砌块墙以及内墙、外墙等。

（2）抹灰面底层、面层的厚度应根据设计规定确定，可参照标准设计图集。

（3）立面砂浆找平项目适用于仅做找平层的立面抹灰。

（4）抹石灰砂浆、水泥砂浆、混合砂浆、聚合物水泥砂浆、麻刀石灰浆、石膏灰浆等按墙面一般抹灰列项，水刷石、斩假石、干粘石、假面砖等按墙面装饰抹灰列项。

（5）飘窗等凸出外墙面增加的抹灰不计算工程量，在投标报价的综合单价中考虑。

（6）清单项目特征中的勾缝类型是指清水砖墙、砖柱的加浆勾缝（平缝或凹缝）和石墙、石柱的勾缝（如平缝、平凹缝、平凸缝、半圆凹缝、半圆凸缝和三角凸缝等）。

（7）砂浆找平项目适用于仅做找平层的柱（梁）面抹灰。

（8）装饰抹灰包括水刷石、水磨石、斩假石（剁斧石）、干粘石，假面砖、拉条灰、拉毛灰、甩毛灰、扒拉石、喷毛灰、喷涂、喷砂、滚涂、弹涂等。

（9）柱面抹灰项目、石材柱面项目、块料柱面项目适用于矩形柱、异形柱、圆形柱、半圆形柱等。

（10）"抹面层"是指一般抹灰的普通抹灰（一层底层和一层面层或不分层一遍成活）、中级抹灰（一层底层，一层中层和一层面层或一层底层、一层面层）、高级抹灰（一层底层、数层中层和一层面层）的面层。

（11）"抹装饰面层"是指装饰抹灰（抹底灰、涂刷 108 胶溶液、刮或刷水泥浆液、抹中层、抹装饰面层）的面层。

（12）零星项目抹灰适用于各种壁柜、碗柜、池槽、阳台栏板（杆）、雨篷线、天沟、扶手、花台、梯带侧面及遮阳板凸出墙宽度在 500mm 内的挑板、展开宽度在 300mm 以上的线条及单个面积在 1m² 以内的抹灰。

4. 工程量计算实例

【例 3-32】 某建筑平面和剖面如图 3-64 所示，内墙面抹灰采用 1∶2 水泥砂浆底，1∶3 石灰砂浆找平层，麻刀石灰浆面层，共 20mm 厚。内墙裙采用 1∶3 水泥砂浆打底（19mm 厚），1∶2.5 水泥砂浆面层（6mm 厚），计算内墙面一般抹灰和内墙裙抹灰工程量。

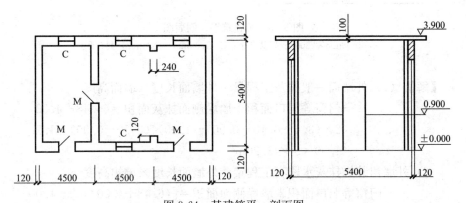

图 3-64 某建筑平、剖面图

（M：1000mm×2700mm，共 3 个；C：1500mm×1800mm，共 4 个）

【解】 （1）内墙面抹灰工程量＝主墙间净长度×墙面高度

$$-门窗等洞口面积+墙垛侧面的抹灰面积=[(4.50×3$$
$$-0.24×2+0.12×2)×2+(5.40-0.24)×4]$$
$$×(3.90-0.10-0.90)-1.00×(2.70-0.90)×4$$
$$-1.50×1.80×4=118.76m^2$$

（2）内墙裙抹灰工程量＝主墙间净长度×墙裙高度－门洞所占面积
　　　　　　＋墙垛侧面抹灰面积＝[(4.50×3-0.24×2+0.12×2)
　　　　　　×2+(5.40-0.24)×4-1.00×4]×0.90=38.84m²

工程量清单表

项目编码	项目名称	项目特征描述	计量单位	工程量
011201001001	墙面一般抹灰	内墙面抹1:2水泥砂浆底，1:3石灰砂浆找平层，麻刀石灰浆面层，共20mm厚	m²	118.76
011201001002	墙面一般抹灰	内墙裙1:3水泥砂浆打底（19mm厚），1:2.5水泥砂浆面层（6mm厚）	m²	38.84

【例3-33】 某建筑如图3-65所示，外墙面抹水泥砂浆，底层为1:3水泥砂浆14mm厚，面层为1:2水泥砂浆6mm厚；外墙裙水刷石，1:3水泥砂浆打底12mm厚，素水泥浆两遍，1:2.5水泥白石子10mm厚；挑檐水刷石，厚度与配合比均与外墙裙相同，计算外墙面一般抹灰和外墙裙、挑檐装饰抹灰工程量。

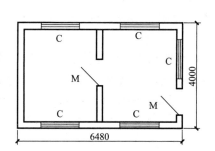 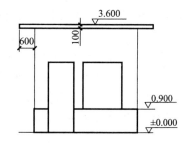

图3-65　某建筑平、剖面图

（M：1000mm×2500mm，共2个；C：1200mm×1500mm，共5个）

【解】 （1）外墙面一般抹灰工程量＝外墙面长度×墙面高度
　　　　　　－门窗等洞口面积＋墙垛侧面抹灰面积＝(6.48+4.00)
　　　　　　×2×(3.6-0.10-0.90)-1.00×(2.50-0.90)-1.20
　　　　　　×1.50×5=43.90m²

（2）外墙裙装饰抹灰水刷石工程量＝外墙面长度×墙裙高度
　　　　　　－门窗等洞口面积＋墙垛侧面面积＝[(6.48+4.00)×2-1.00]
　　　　　　×0.90=17.96m²

（3）挑檐零星装饰抹灰水刷石工程量＝按设计图示尺寸展开面积计算
　　　　　　＝[(6.48+4.00)×2+0.60×8]×(0.10+0.04)=3.61m²

工程量清单表

项目编码	项目名称	项目特征描述	计量单位	工程量
011201001003	墙面一般抹灰	外墙面抹水泥砂浆，底层为1：3水泥砂浆14mm厚，面层为1：2水泥砂浆6mm厚	m²	43.90
011201002001	墙面装饰抹灰	外墙裙水刷石，1：3水泥砂浆打底12mm厚，素水泥浆两遍，1：2.5水泥白石子10mm厚	m²	17.96
011203002001	零星项目装饰抹灰	挑檐水刷石	m²	3.61

3.14.3 墙面、柱（梁）面、零星镶贴块料工程

1. 工程量清单项目设置及工程量计算规则

墙面、柱（梁）面、零星镶贴块料工程量清单项目设置及工程量计算规则，应按表3-71～表3-73的规定执行。

墙面块料面层工程（编码：011204）　　　　表3-71

项目编码	项目名称	项目特征	计量单位	工程量计算规则	工程内容
011204001	石材墙面	1. 墙体材料 2. 安装方式 3. 面层材料品种、规格、颜色 4. 缝宽、嵌缝材料种类 5. 防护材料种类 6. 磨光、酸洗、打蜡要求	m²	按镶贴表面积计算	1. 基层清理 2. 砂浆制作、运输 3. 粘结层铺贴 4. 面层安装 5. 嵌缝 6. 刷防护材料 7. 磨光、酸洗、打蜡
011204002	拼碎石材墙面				
011204003	块料墙面				
011204004	干挂石材钢骨架	1. 骨架种类、规格 2. 防锈漆品种、遍数	t	按设计图示以质量计算	1. 骨架制作、运输、安装 2. 刷漆

柱（梁）面镶贴块料工程（编码：011205）　　　　表3-72

项目编码	项目名称	项目特征	计量单位	工程量计算规则	工程内容
011205001	石材柱面	1. 柱截面类型、尺寸 2. 安装方式 3. 面层材料品种、规格、颜色 4. 缝宽、嵌缝材料种类 5. 防护材料种类 6. 磨光、酸洗、打蜡要求	m²	按镶贴表面积计算	1. 基层清理 2. 砂浆制作、运输 3. 粘结层铺贴 4. 面层安装 5. 嵌缝 6. 刷防护材料 7. 磨光、酸洗、打蜡
011205002	块料柱面				
011205003	拼碎块料柱、梁面				
011205004	石材梁面	1. 安装方式 2. 面层材料品种、规格、颜色 3. 缝宽、嵌缝材料种类 4. 防护材料种类 5. 磨光、酸洗、打蜡要求	m²	按镶贴表面积计算	1. 基层清理 2. 砂浆制作、运输 3. 粘结层铺贴 4. 面层安装 5. 嵌缝 6. 刷防护材料 7. 磨光、酸洗、打蜡
011205005	块料梁面				

镶贴零星块料工程（编码：011206） 表 3-73

项目编码	项目名称	项目特征	计量单位	工程量计算规则	工程内容
011206001	石材零星项目	1. 安装方式 2. 面层材料品种、规格、颜色 3. 缝宽、嵌缝材料种类 4. 防护材料种类 5. 磨光、酸洗、打蜡要求	m²	按镶贴表面积计算	1. 基层清理 2. 砂浆制作、运输 3. 面层安装 4. 嵌缝 5. 刷防护材料 6. 磨光、酸洗、打蜡
011206002	块料零星项目				
011206003	拼碎块零星项目				

2. 工程量计算相关说明

（1）墙柱面、石材铺贴按设计图示尺寸以面积计算，需注意计算时包括基层骨架及石材本身的厚度，不应以结构外围尺寸计算，应以饰面层外围面积尺寸计算。

（2）柱面贴块料面层工程量＝柱设计图示外围周长×饰面高度。

3. 清单项目有关说明

（1）镶贴块料面层中的块料饰面板是指石材饰面板（天然花岗岩、大理石、人造花岗岩、人造大理石、预制水磨石饰面板等）、陶瓷面砖（内墙彩釉面砖、外墙面砖、陶瓷锦砖、大型陶瓷锦面板等）、玻璃面砖（玻璃锦砖、玻璃面砖等）、金属饰面板（彩色涂色钢板、镜面不锈钢饰面板、铝合金板、复合铝板、铝塑板等）、塑料饰面板（聚氯乙烯塑料饰面板、玻璃钢饰面板、塑料贴面饰面板、聚酯装饰板、复塑中密度纤维板等）、木质饰面板（胶合板、硬质纤维板、细木工板、刨花板、建筑纸面草板、水泥木屑板、灰板条等）。

（2）项目特征中的挂贴方式，是对大规格的石材（大理石、花岗岩、青石等）以先挂后灌浆的方式固定于墙、柱面。

（3）项目特征中的干挂方式，包括直接干挂法：即通过不锈钢膨胀螺栓、不锈钢挂件、不锈钢连接件、不锈钢钢针等，将外墙饰面板连接在外墙墙面；间接干挂法：即通过固定在墙、柱、梁上的龙骨，用各种挂件固定外墙饰面板。

（4）项目特征中的嵌缝材料，指嵌缝砂浆、嵌缝油膏、密封胶材料等。

（5）项目特征中的防护材料，指石材等防碱背涂处理剂和面层防酸涂剂等。

（6）镶贴块料面层中的零星项目适用于挑檐线、腰线、空调板、窗台线、雨篷线、门套线、天沟、挡水线、压顶、扶手、花台、阳台栏板（杆）和遮阳板凸出墙宽度在 500mm 内的挑板以及单个面积 1m² 内的项目。

4. 工程量计算实例

【例 3-34】某工程外墙裙贴蘑菇石板，实际铺贴尺寸如图 3-66 所示，高度 1200mm，门宽洞口 1000mm，计算外墙裙工程量。

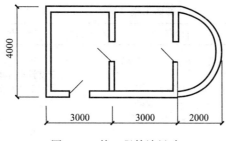

图 3-66　某工程外墙尺寸

【解】　石材墙面工程量＝图示长度×装饰高度

(1) 平直墙面工程量＝(6×2+4−1.0)×1.2＝18.00m²

(2) 圆弧形墙面工程量＝2×3.14×1.2＝7.54m²

工程量清单表

项目编码	项目名称	项目特征描述	计量单位	工程量
011204001001	石材墙面	外墙裙贴蘑菇石板	m²	18.00
011204001002	圆弧形石材墙面	圆弧形外墙裙贴蘑菇石板	m²	7.54

【例 3-35】　某单位大门砖柱 4 根,砖柱块料面层设计尺寸如图 3-67 所示,面层水泥砂浆贴玻璃马赛克,计算柱面贴块料面层工程量。

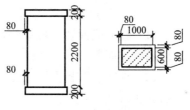

【解】　(1) 柱面贴块料面层工程量

$\quad$＝柱设计图示外围周长

$\qquad$×饰面高度

$\quad$＝(0.6+1.0)×2×2.2×4

$\quad$＝28.16m²

图 3-67　砖柱块料面层尺寸图

(2) 压顶及柱脚块料零星项目工程量＝按设计图示尺寸展开面积

$\quad$＝[(0.76+1.16)×2×0.2+(0.68+1.08)

$\qquad$×2×0.08]×2×4＝8.40m²

工程量清单表

项目编码	项目名称	项目特征描述	计量单位	工程量
011205002001	块料柱面	柱面水泥砂浆贴玻璃马赛克	m²	28.16
011206002001	块料零星项目	压顶及柱脚水泥砂浆贴玻璃马赛克	m²	8.40

3.14.4　墙饰面、柱（梁）饰面工程

1. 工程量清单项目设置及工程量计算规则

墙饰面、柱（梁）饰面工程量清单项目设置及工程量计算规则,应按表 3-74 和表 3-75 的规定执行。

167

墙饰面工程（编码：011207）　　表 3-74

项目编码	项目名称	项目特征	计量单位	工程量计算规则	工程内容
011207001	墙面装饰板	1. 龙骨材料种类、规格、中距 2. 隔离层材料种类、规格 3. 基层材料种类、规格 4. 面层材料品种、规格、颜色 5. 压条材料种类、规格	m²	按设计图示墙净长乘净高以面积计算。扣除门窗洞口及单个 0.3m² 以上的孔洞所占面积	1. 基层清理 2. 龙骨制作、运输、安装 3. 钉隔离层 4. 基层铺钉 5. 面层铺贴

柱（梁）饰面工程（编码：011208）　　表 3-75

项目编码	项目名称	项目特征	计量单位	工程量计算规则	工程内容
011208001	柱（梁）面装饰	1. 龙骨材料种类、规格、中距 2. 隔离层材料种类 3. 基层材料种类、规格 4. 面层材料品种、规格、颜色 5. 压条材料种类、规格	m²	按设计图示饰面外围尺寸以面积计算。柱帽、柱墩并入相应柱饰面工程量内计算	1. 清理基层 2. 龙骨制作、运输、安装 3. 钉隔离层 4. 基层铺钉 5. 面层铺贴

2. 工程量计算相关说明

（1）柱、梁面装饰应以饰面外围尺寸计算，包括龙骨基层等所增加厚度对应的增加面积。

（2）柱面装饰板面层工程量＝柱饰面外围周长×装饰高度＋柱帽、柱墩饰面面积。

3. 清单项目有关说明

墙面、柱（梁）面装饰中的基层材料，指面层内的底板材料。如木墙裙、木护墙、木板隔墙等，需在龙骨上粘贴或铺钉一层加强面层的底板作为基层。

3.14.5　幕墙、隔断工程

工程量清单项目设置及工程量计算规则

幕墙、隔断工程量清单项目设置及工程量计算规则，应按表 3-76 和表 3-77 的规定执行。

幕墙工程（编码：011209）　　表 3-76

项目编码	项目名称	项目特征	计量单位	工程量计算规则	工程内容
011209001	带骨架幕墙	1. 骨架材料种类、规格、中距 2. 面层材料品种、规格、颜色 3. 面层固定方式 4. 隔离带、框边封闭材料品种、规格 5. 嵌缝、塞口材料种类	m²	按设计图示框外围尺寸以面积计算。不扣除与幕墙同种材质的窗所占面积	1. 骨架制作、运输、安装 2. 面层安装 3. 隔离带、框边封闭 4. 嵌缝、塞口 5. 清洗

项目编码	项目名称	项目特征	计量单位	工程量计算规则	工程内容
011209002	全玻（无框玻璃）幕墙	1. 玻璃品种、规格、颜色 2. 粘结、塞口材料种类 3. 固定方式	m^2	按设计图示尺寸以面积计算。带肋全玻幕墙按展开面积计算	1. 幕墙安装 2. 嵌缝、塞口 3. 清洗

隔断工程（编码：011210）　　　　　　　　表 3-77

项目编码	项目名称	项目特征	计量单位	工程量计算规则	工程内容
011210001	木隔断	1. 骨架、边框材料种类、规格 2. 隔板材料品种、规格、颜色 3. 嵌缝、塞口材料品种 4. 压条材料种类	m^2	按设计图示框外围尺寸以面积计算。不扣除单个≤0.3m²的孔洞所占面积；浴厕门的材质与隔断相同时，门的面积并入隔断面积内计算	1. 骨架及边框制作、运输、安装 2. 隔板制作、运输、安装 3. 嵌缝、塞口 4. 装钉压条
011210002	金属隔断	1. 骨架、边框材料种类、规格 2. 隔板材料品种、规格、颜色 3. 嵌缝、塞口材料品种			
011210003	玻璃隔断	1. 边框材料种类、规格 2. 玻璃品种、规格、颜色 3. 嵌缝、塞口材料品种		按设计图示框外围尺寸以面积计算。不扣除单个≤0.3m²的孔洞所占面积	1. 边框制作、运输、安装 2. 玻璃制作、运输、安装 3. 嵌缝、塞口
011210004	塑料隔断	1. 边框材料种类、规格 2. 隔板材料品种、规格、颜色 3. 嵌缝、塞口材料品种			1. 骨架及边框制作、运输、安装 2. 隔板制作、运输、安装 3. 嵌缝、塞口
011210005	成品隔断	1. 隔断材料品种、规格、颜色 2. 配件品种、规格。	1. m^2 2. 间	1. 按设计图示框外围尺寸以面积计算 2. 按设计数量以间计算	1. 隔断运输、安装 2. 嵌缝、塞口
011210006	其他隔断	1. 骨架、边框材料种类、规格 2. 隔板材料品种、规格、颜色 3. 嵌缝、塞口材料品种	m^2	按设计图示框外围尺寸以面积计算。不扣除单个≤0.3m²的孔洞所占面积	1. 骨架及边框安装 2. 隔板安装 3. 嵌缝、塞口

3.15　天棚装饰工程量计算

3.15.1　天棚装饰工程量计算的内容和范围

天棚装饰工程共有 4 节 10 个项目，包括天棚抹灰、天棚吊顶、采光天棚工程、天棚其他装饰等。适用于天棚吊顶装饰工程。

3.15.2 天棚抹灰工程

1. 工程量清单项目设置及工程量计算规则

天棚抹灰工程量清单项目设置及工程量计算工程规则，应按表 3-78 的规定执行。

天棚抹灰（编码：020301）　　表 3-78

项目编码	项目名称	项目特征	计量单位	工程量计算规则	工程内容
011301001	天棚抹灰	1. 基层类型 2. 抹灰厚度、材料种类 3. 砂浆配合比	m²	按设计图示尺寸以天棚水平投影面积计算	1. 基层清理 2. 底层抹灰 3. 抹面层

2. 工程量计算相关说明

（1）天棚抹灰工程量计算不扣除间壁墙、垛、柱、附墙烟囱、检查口和管道所占的面积。不扣除≤0.3m² 的洞口所占面积。

（2）对带梁天棚，梁两侧抹灰面积并入天棚工程量内计算。

（3）板式楼梯底面抹灰按斜面积计算。

（4）锯齿形楼梯底板抹灰按展开面积计算。

3. 清单项目有关说明

天棚抹灰项目特征中的基层类型，是指现浇混凝土板、预制混凝土板、木板条等。

4. 工程量计算实例

【例 3-36】　计算图 3-68 和图 3-69 中天棚抹灰工程量。

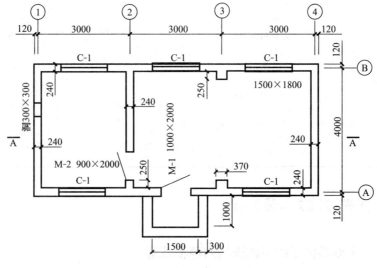

图 3-68　某建筑平面图

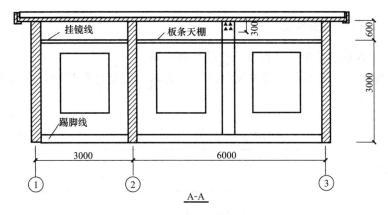

图 3-69　某建筑剖面图

【解】　天棚抹灰工程量＝天棚水平投影面积＋梁侧面抹灰面积

$$=(3-0.24)\times(4-0.24)+(6-0.24)\times(4-0.24)=32.04m^2$$

工程量清单表

项目编码	项目名称	项目特征描述	计量单位	工程量
011301001001	天棚抹灰	板条天棚抹灰	m^2	32.04

【例 3-37】　计算图 3-70 所示井字梁天棚抹灰工程量。

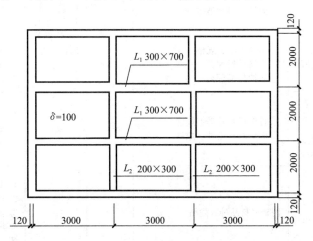

图 3-70　井字梁天棚示意图（板厚 100mm）

【解】　天棚抹灰工程量＝天棚水平投影面积＋梁侧面抹灰面积

天棚水平投影面积＝$(9-2\times0.12)\times(6-0.24)=50.46m^2$

L_1 梁侧面抹灰面积＝$0.6\times(9-0.24)\times4-0.2\times0.2\times8=20.70m^2$

L_2 梁侧面抹灰面积＝$0.2\times(6-0.24-0.3\times2)\times4=4.13m^2$

天棚抹灰工程量＝$50.46+20.70+4.13=75.29m^2$

工程量清单表

项目编码	项目名称	项目特征描述	计量单位	工程量
011301001002	天棚抹灰	钢筋混凝土井字梁板天棚抹灰	m^2	75.29

3.15.3 天棚吊顶装饰工程

1. 工程量清单项目设置及工程量计算规则

天棚吊顶装饰工程量清单项目设置及装饰工程量计算规则，应按表 3-79 的规定执行。

天棚吊顶装饰工程（编码：011302） 表 3-79

项目编码	项目名称	项目特征	计量单位	工程量计算规则	工程内容
011302001	天棚吊顶	1. 吊顶形式、吊杆规格、高度 2. 龙骨材料种类、规格、中距 3. 基层材料种类、规格 4. 面层材料品种、规格 5. 压条材料种类、规格 6. 嵌缝材料种类 7. 防护材料种类	m²	按设计图示尺寸以水平投影面积计算	1. 基层清理、吊杆安装 2. 龙骨安装 3. 基层板铺贴 4. 面层铺贴 5. 嵌缝 6. 刷防护材料
011302002	格栅吊顶	1. 龙骨材料种类、规格、中距 2. 基层材料种类、规格 3. 面层材料品种、规格 4. 防护材料种类			1. 基层清理 2. 安装龙骨 3. 基层板铺贴 4. 面层铺贴 5. 刷防护材料
011302003	吊筒吊顶	1. 吊筒形状、规格 2. 吊筒材料种类 3. 防护材料种类			1. 基层清理 2. 吊筒制作安装 3. 刷防护材料
011302004	藤条造型悬挂吊顶	1. 骨架材料种类、规格 2. 面层材料品种、规格			1. 基层清理 2. 龙骨安装 3. 铺贴面层
011302005	织物软雕吊顶				
011302006	网架（装饰）吊顶	网架材料品种、规格			1. 基层清理 2. 底面抹灰 3. 面层安装 4. 刷防护材料、油漆

2. 工程量计算相关说明

（1）天棚吊顶装饰工程量按水平投影面积计算，不扣除间壁墙、检查洞、附墙烟囱、柱垛和管道所占面积。也不扣除单个面积≤0.3m² 的孔洞所占面积。

（2）工程量计算应扣除单个 0.3m² 以外的孔洞、独立柱及与天棚相连的窗帘盒所占的面积。

（3）天棚面中的灯槽、跌级、锯齿形、吊挂式、藻井式展开增加的面积不另计算，应在综合单价中考虑。

3. 清单项目有关说明

（1）天棚吊顶装饰工程项目特征中的龙骨类型，是指上人或不上人，以及平面、跌级、锯齿形、阶梯形、吊挂式、藻井式及矩形、圆弧形、拱形等类型。

（2）天棚吊顶装饰工程项目特征中的基层材料，是指底板或面层背后的加强材料。

（3）天棚吊顶装饰工程项目特征中的龙骨中距，是指相邻龙骨中线之间的距离。

（4）天棚吊顶面层适用于石膏板（包括装饰石膏板、纸面石膏板、吸声穿孔石膏板、嵌装式装饰石膏等）、埃特板、装饰吸声罩面板（包括矿棉装饰吸声板、贴塑矿棉吸声板、膨胀珍珠岩装饰吸声制品、玻璃棉装饰吸声板等）、塑料装饰罩面板（钙塑泡沫装饰吸声板、聚苯乙烯泡沫塑料装饰吸声板、聚氯乙烯塑料天花板等）、纤维水泥加压板（包括穿孔吸声石棉水泥板、轻质硅酸钙吊顶板等）、金属装饰板（包括铝合金罩面板、金属微孔吸声板、铝合金单体构件等）、木质饰板（胶合板、薄板、板条、水泥木丝板、刨花板等）和玻璃饰面（包括镜面玻璃、镭射玻璃等）。

（5）格栅吊顶面层适用于木格栅、金属格栅、塑料格栅等。

（6）吊筒吊顶适用于木（竹）质吊筒、金属吊筒、塑料吊筒等；吊筒形状为圆形、矩形、扁钟形等。

4. 工程量计算实例

【例3-38】 预制钢筋混凝土板底吊不上人型装配式 U 形轻钢龙骨，间距 450mm×450mm，龙骨上铺钉中密度板，面层粘贴 6mm 厚铝塑板，建筑平面如图 3-71 所示，计算天棚吊顶工程量。

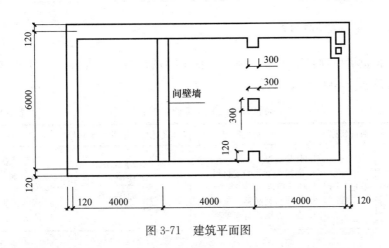

图 3-71 建筑平面图

【解】 天棚吊顶工程量=主墙间的净长度×主墙间的净宽度
　　　　　　　-（＞0.3m² 的）独立柱及相连窗帘盒等所占面积
　　　　　　=(12-0.24×2)×(6-0.24)=66.36m²

注：本题独立柱面积为 0.30×0.30=0.09m²＜0.3m²，故不扣除。

工程量清单表

项目编码	项目名称	项目特征描述	计量单位	工程量
011302001001	天棚吊顶	预制钢筋混凝土板底吊不上人型装配式 U 形轻钢龙骨，间距 450mm×450mm，龙骨上铺钉中密度板，面层粘贴 6mm 厚铝塑板	m²	66.36

【例 3-39】 现浇钢筋混凝土板下金属格栅面层吊顶，天棚尺寸为 30m×30m，计算吊顶工程量。

【解】 格栅吊顶工程量＝主墙间的净长度×主墙间的净宽度＝30×30＝900.00m²

工程量清单表

项目编码	项目名称	项目特征描述	计量单位	工程量
011302002001	格栅吊顶	现浇钢筋混凝土板金属格栅面层吊顶	m²	900.00

【例 3-40】 某宾馆卫生间吊顶采用 T 形铝合金龙骨，双向（300mm×300mm）不上人型，面层为 18mm 厚矿棉板，每间 6m²，共 35 间，计算天棚吊顶工程量。

【解】 天棚吊顶工程量＝主墙间的净长度×主墙间的净宽度

－（＞0.3m² 的）独立柱及相连窗帘盒等所占面积

＝6×35＝210.00m²

工程量清单表

项目编码	项目名称	项目特征描述	计量单位	工程量
011302001002	天棚吊顶	T 形铝合金龙骨，双向（300mm×300mm）不上人型，面层为 18 厚矿棉板	m²	210.00

3.15.4　采光天棚工程

工程量清单项目的设置、项目特征描述的内容、计量单位、工程量计算规则应按表 3-80 的规定执行。

采光天棚工程（编码：011303）　　　　　　　　　表 3-80

项目编码	项目名称	项目特征	计量单位	工程量计算规则	工程内容
011303001	采光天棚	1. 骨架类型 2. 固定类型、固定材料品种、规格 3. 面层材料品种、规格 4. 嵌缝、塞口材料种类	m²	按框外围展开面积计算	1. 清理基层 2. 面层制作、安装 3. 嵌缝、塞口 4. 清洗

3.15.5　天棚其他装饰工程

1. 工程量清单项目设置及工程量计算规则

天棚其他装饰工程量清单项目设置及工程量计算规则，应按表 3-81 的规定执行。

项目编码	项目名称	项目特征	计量单位	工程量计算规则	工程内容
011304001	灯带（槽）	1. 灯带形式、尺寸 2. 格栅片材料品种、规格 3. 安装固定方式	m²	按设计图示尺寸以框外围面积计算	安装、固定
011304002	送风口、回风口	1. 风口材料品种、规格 2. 安装固定方式 3. 防护材料种类	个	按设计图示数量计算	1. 安装、固定 2. 刷防护材料

2. 清单项目有关说明

（1）灯带项目特征中的格栅有不锈钢格栅、铝合金格栅、玻璃类格栅等。

（2）送风口、回风口项目适用于金属、塑料、木质等材料的风口。

3.16 油漆、涂料、裱糊工程量计算

3.16.1 油漆、涂料、裱糊工程量计算的内容和范围

油漆、涂料、裱糊工程共有8节36个项目，包括门油漆、窗油漆、木扶手及其他板条、线条油漆、木材面油漆、金属面油漆、抹灰面油漆、喷刷涂料、裱糊等。适用于门窗油漆、金属面、木材面、抹灰面油漆以及贴墙纸工程。

3.16.2 门、窗油漆工程

1. 工程量清单项目设置及工程量计算规则

门、窗油漆工程工程量清单项目设置及工程量计算规则，应按表3-82和表3-83的规定执行。

门油漆工程（编码：011401） 表3-82

项目编码	项目名称	项目特征	计量单位	工程量计算规则	工程内容
011401001	木门油漆	1. 门类型 2. 门代号及洞口尺寸 3. 腻子种类 4. 刮腻子要求 5. 防护材料种类 6. 油漆品种、刷漆遍数	1. 樘 2. m²	1. 以樘计量，按设计图示数量计量 2. 以平方米计量，按设计图示洞口尺寸以面积计算	1. 基层清理 2. 刮腻子 3. 刷防护材料、油漆
011401002	金属门油漆				1. 除锈、基层清理 2. 刮腻子 3. 刷防护材料、油漆

窗油漆工程（编码：011402） 表 3-83

项目编码	项目名称	项目特征	计量单位	工程量计算规则	工程内容
011402001	木窗油漆	1. 窗类型 2. 窗代号及洞口尺寸 3. 腻子种类 4. 刮腻子要求 5. 防护材料种类 6. 油漆品种、刷漆遍数	1. 樘 2. m²	1. 以樘计量，按设计图示数量计量。 2. 以平方米计量，按设计图示洞口尺寸以面积计算	1. 基层清理 2. 刮腻子 3. 刷防护材料、油漆
011402002	金属窗油漆				1. 除锈、基层清理 2. 刮腻子 3. 刷防护材料、油漆

2. 清单项目有关说明

（1）木门油漆应区分木大门、单层木门、双层（一玻一纱）木门、双层（单裁口）木门、全玻自由门、半玻自由门、装饰门及有框门或无框门等，分别编码列项。

（2）金属门油漆应区分平开门、推拉门、钢制防火门列项。

（3）木窗油漆应区分单层木门、双层（一玻一纱）木窗、双层框扇（单裁口）木窗、双层框三层（二玻一纱）木窗、单层组合窗、双层组合窗、木百叶窗、木推拉窗等，分别编码列项。

（4）金属窗油漆应区分平开窗、推拉窗、固定窗、组合窗、金属隔栅窗分别列项。

（5）腻子种类分石膏油腻子（熟桐油、石膏粉、适量水）、胶腻子（大白粉、色粉、羧甲基纤维素）、漆片腻子（漆片、酒精、石膏粉、适量色粉）、油腻子（矾石粉、桐油、脂肪酸、松香）等。

（6）刮腻子要求，区分刮腻子遍数（道数），满刮腻子或找补腻子等。

3. 工程量计算实例

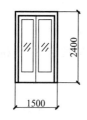

图 3-72 全玻璃门

【例 3-41】 全玻璃门，尺寸如图 3-72 所示，油漆为底油一遍，调合漆三遍，共 20 樘，计算门油漆工程量。

【解】 门油漆工程量
＝设计图示数量（或单面洞口面积）
＝20 樘（或 1.5×2.4×20＝72.00m²）

注意：凡门窗项目包括油漆，不再重复列项。

工程量清单表

项目编码	项目名称	项目特征描述	计量单位	工程量
011401001001	木玻璃门油漆	底油一遍，调合漆三遍	樘/m²	20/72.00

3.16.3 木扶手及其他板条、线条油漆工程

1. 工程量清单项目设置及工程量计算规则

木扶手及其他板条、线条油漆工程工程量清单项目设置及工程量计算规

则，应按表 3-84 的规定执行。

木扶手及其他板条、线条油漆（编码：011403）　　表 3-84

项目编码	项目名称	项目特征	计量单位	工程量计算规则	工程内容
011403001	木扶手油漆	1. 断面尺寸 2. 腻子种类 3. 刮腻子遍数 4. 防护材料种类 5. 油漆品种、刷漆遍数	m	按设计图示长度计算	1. 基层清理 2. 刮腻子 3. 刷防护材料、油漆
011403002	窗帘盒油漆				
011403003	封檐板、顺水板油漆				
011403004	挂衣板、黑板框油漆				
011403005	挂镜线、窗帘棍、单独木线条油漆				

2. 清单项目有关说明

木扶手应区分带托板与不带托板，分别编码列项。若是木栏杆带扶手，木扶手不应单独列项，应包含在木栏杆油漆中。

3.16.4　木材面油漆工程

木材面油漆工程工程量清单项目设置及工程量计算规则，应按表 3-85 的规定执行。

木材面油漆工程（编码：011404）　　表 3-85

项目编码	项目名称	项目特征	计量单位	工程量计算规则	工程内容
011404001	木板、纤维板、胶合板油漆	1. 腻子种类 2. 刮腻子要求 3. 防护材料种类 4. 油漆品种、刷漆遍数	m²	按设计图示尺寸以面积计算	1. 基层清理 2. 刮腻子 3. 刷防护材料、油漆
011404002	木护墙、木墙裙油漆				
011404003	窗台板、筒子板、盖板、门窗套、踢脚线油漆				
011404004	清水板条天棚、檐口油漆				
011404005	木方格吊顶天棚油漆				
011404006	吸声板墙面、天棚面油漆				
011404007	暖气罩油漆				
011404008	木间壁、木隔断油漆			按设计图示尺寸以单面外围面积计算	
011404009	玻璃间壁露明墙筋油漆				
011404010	木栅栏、木栏杆（带扶手）油漆				
011404011	衣柜、壁柜油漆			按设计图示尺寸以油漆部分展开面积计算	
011404012	梁柱饰面油漆				
011404013	零星木装修油漆				
011404014	木地板油漆			按设计图示尺寸以面积计算。空洞、空圈、暖气包槽、壁龛的开口部分并入相应的工程量内计算	
011404015	木地板烫硬蜡面	1. 硬蜡品种 2. 面层处理要求			1. 基层清理 2. 烫蜡

3.16.5　金属面、抹灰面油漆工程

金属面、抹灰面油漆工程工程量清单项目设置及工程量计算规则，应按表 3-86 和表 3-87 的规定执行。

金属面油漆工程（编码：011405）　　　　　　表 3-86

项目编码	项目名称	项目特征	计量单位	工程量计算规则	工程内容
011405001	金属面油漆	1. 构件名称 2. 腻子种类 3. 刮腻子要求 4. 防护材料种类 5. 油漆品种、刷漆遍数	1. t 2. m²	1. 以吨计量，按设计图示尺寸以质量计算 2. 以平方米计量，按设计图示展开面积计算	1. 基层清理 2. 刮腻子 3. 刷防护材料、油漆

抹灰面油漆工程（编码：011406）　　　　　　表 3-87

项目编码	项目名称	项目特征	计量单位	工程量计算规则	工程内容
011406001	抹灰面油漆	1. 基层类型 2. 线条宽度 3. 腻子种类 4. 刮腻子要求 5. 防护材料种类 6. 油漆品种、刷漆遍数	m²	按设计图示尺寸以面积计算	1. 基层清理 2. 刮腻子 3. 刷防护材料、油漆
011406002	抹灰线条油漆	1. 线条宽度、道数 2. 腻子种类 3. 刮腻子遍数 4. 防护材料种类 5. 油漆品种、刷漆遍数	m	按设计图示尺寸以长度计算	
011406003	满刮腻子	1. 基层类型 2. 腻子种类 3. 刮腻子遍数	m²	按设计图示尺寸以面积计算	1. 基层清理 2. 刮腻子

3.16.6　喷刷涂料及裱糊工程

1. 工程量清单项目设置及工程量计算规则

喷刷涂料及裱糊工程工程量清单项目设置及工程量计算规则，应按表 3-88 和表 3-89 的规定执行。

喷刷涂料工程（编码：011407）　　　　　　表 3-88

项目编码	项目名称	项目特征	计量单位	工程量计算规则	工程内容
011407001	墙面喷刷涂料	1. 基层类型 2. 喷刷涂料部位 3. 腻子种类 4. 刮腻子要求 5. 涂料品种、喷刷遍数	m²	按设计图示尺寸以面积计算	1. 基层清理 2. 刮腻子 3. 涂料刷、喷
011407002	天棚喷刷涂料				

项目编码	项目名称	项目特征	计量单位	工程量计算规则	工程内容
011407003	空花格、栏杆喷刷涂料	1. 腻子种类 2. 刮腻子遍数 3. 涂料品种、喷刷遍数	m²	按设计图示尺寸以单面外围面积计算	1. 基层清理 2. 刮腻子 3. 涂料刷、喷
011407004	线条喷刷涂料	1. 基层类型 2. 线条宽度 3. 刮腻子遍数 4. 涂料品种、喷刷遍数	m	按设计图示尺寸以长度计算	
01140705	金属构件喷刷防火涂料	1. 喷刷防火涂料构件名称 2. 防火等级要求 3. 涂料品种、喷刷遍数	1. m² 2. t	1. 以吨计量,按设计图示尺寸以质量计算 2. 以平方米计量,按设计图示展开面积计算	1. 基层清理 2. 刷防护材料 3. 喷刷防火涂料
011407006	木材构件喷刷防火涂料		1. m² 2. m³	1. 以平方米计量,按设计图示尺寸以面积计算 2. 以立方米计量,按设计结构尺寸以体积计算	1. 基层清理 2. 喷刷防火材料

裱糊工程(编码:011408) 表 3-89

项目编码	项目名称	项目特征	计量单位	工程量计算规则	工程内容
011408001	墙纸裱糊	1. 基层类型 2. 裱糊部位 3. 腻子种类 4. 刮腻子遍数 5. 粘结材料种类 6. 防护材料种类 7. 面层材料品种、规格、颜色	m²	按设计图示尺寸以面积计算	1. 基层清理 2. 刮腻子 3. 面层铺粘 4. 刷防护材料
011408002	织锦缎裱糊				

2. 工程量计算实例

【例 3-42】 建筑平面如图 3-73 所示,三合板木墙裙上润油粉,刷硝基清漆六遍、墙面、顶棚刷乳胶漆三遍(光面),门洞宽 1000mm,高 2700mm,窗洞宽 1500mm,高 1800mm,计算油漆工程量。

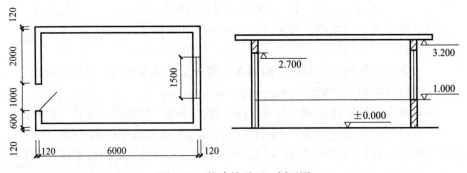

图 3-73 某建筑平面、剖面图

【解】 （1）木墙裙油漆工程量＝室内净长×设计高度＝[(6－0.24)
　　　　×2＋(3.6－0.24)×2＋0.12×2－1]×1＝17.48m²

（2）室内墙面刷涂料工程量＝设计图示尺寸面积＝(5.76＋3.36)×2
　　　×2.20－1.00×(2.70－1.00)－1.50×1.80＋(1.8×2＋1.5
　　　＋1.7×2＋1.0)×0.12＝36.87m²

（3）天棚刷涂料工程量＝主墙间净长度×主墙间净宽度
　　　＋梁侧面面积＝5.76×3.36＝19.35m²

工程量清单表

项目编码	项目名称	项目特征描述	计量单位	工程量
011404002001	木墙裙油漆	三合板木墙裙上润油粉，刷硝基清漆六遍	m²	17.48
011407001001	墙面喷刷涂料	墙面刷乳胶漆三遍（光面）	m²	36.87
011407002001	天棚喷刷涂料	天棚抹灰面刷乳胶漆三遍（光面）	m²	19.35

【例 3-43】 某建筑平面、剖面如图 3-74 所示，内墙抹灰面满刮腻子两遍，贴对花墙纸；挂镜线刷底油一遍，调合漆两遍；挂镜线以上及顶棚刷仿瓷涂料两遍，计算油漆、涂料、裱糊工程量。 （注：门洞口尺寸，1200mm×2500mm；窗洞口尺寸，2000mm×1500mm）

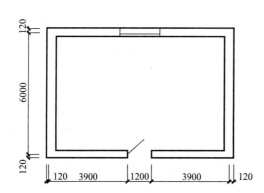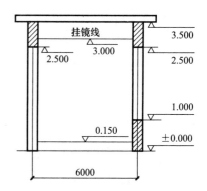

图 3-74　某建筑平面、剖面图

【解】 （1）挂镜线油漆工程量＝设计图示长度
　　　＝(9.00－0.24＋6.00－0.24)×2＝29.03m

（2）室内墙面刷涂料工程量＝设计图示尺寸面积
　　　＝(9.00－0.24＋6.00－0.24)×2×0.50＝14.52m²

（3）天棚刷涂料工程量＝主墙间净长度×主墙间净宽度＋梁侧面面积
　　　＝(9－0.24)×(6－0.24)＝50.46m²

（4）墙壁面贴对花墙纸工程量＝净长度×净高－门窗洞＋垛及门窗侧面
　　　＝(9.00－0.24＋6.00－0.24)×2×(3.00－0.15)－1.20×(2.50
　　　－0.15)－2.00×1.50＋[1.20＋(2.50－0.15)×2＋(2.00＋1.50)
　　　×2]×0.12＝78.49m²

工程量清单表

项目编码	项目名称	项目特征描述	计量单位	工程量
011403005001	挂镜线油漆	底油一遍，调合漆两遍	m	29.03
011407001002	墙面喷刷涂料	内墙抹灰面仿瓷涂料两遍	m²	14.52
011407002002	天棚喷刷涂料	天棚抹灰面仿瓷涂料两遍	m²	50.46
011408001001	墙纸裱糊	内墙抹灰面满刮腻子两遍，贴对花墙纸	m²	78.49

3.17 其他装饰工程量计算

3.17.1 其他装饰工程量计算的内容和范围

其他装饰工程共有 8 节 59 个项目，包括柜类、货架、压条、装饰线、扶手、栏杆、栏板装饰、暖气罩、浴厕配件、雨篷、旗杆、招牌、灯箱、美术字等项目。适用于装饰物件的制作、安装工程。

3.17.2 柜类、货架工程

1. 工程量清单项目设置及工程量计算规则

柜类、货架工程工程量清单项目设置及工程量计算规则，应按表 3-90 的规定执行。

柜类、货架工程（编码：011501）　　　　表 3-90

项目编码	项目名称	项目特征	计量单位	工程量计算规则	工程内容
011501001	柜台				
011501002	酒柜				
011501003	衣柜				
011501004	存包柜				
011501005	鞋柜				
011501006	书柜			1. 以个计量，按设计图示数量计量	1. 台柜制作、运输、安装（安放）
011501007	厨房壁柜	1. 台柜规格	1. 个	2. 以米计量，按设计图示尺寸以延长米计算	
011501008	木壁柜	2. 材料种类、规格	2. m	3. 按立方米计算：按设计图示外形体积（不包括支架）计算	2. 刷防护材料、油漆
011501009	厨房低柜	3. 五金种类、规格	3. m³		3. 五金件安装
011501010	厨房吊柜	4. 防护材料种类			
011501011	矮柜	5. 油漆品种、刷漆遍数			
011501012	吧台背柜				
011501013	酒吧台				
011501014	酒吧吊柜				
011501015	展台				
011501016	收银台				
011501017	试衣间				
011501018	货架				
011501019	书架				
011501020	服务台				

181

182

2. 清单项目有关说明

台柜的规格以能分离的成品单体长、宽、高来表示，如一个组合书柜，分为上下两部分，下部为独立的矮柜、上部为敞开式的书柜，可以上下两部分分别标注尺寸。

3. 工程量计算实例

【例 3-44】 某厨房制作安装一吊柜，尺寸如图 3-75 所示，木骨架，背面、上面及侧面为三合板，底板与隔板为细木工板，外围及框的正面贴榉木板面层，玻璃推拉门，金属滑轨，计算吊柜工程量。

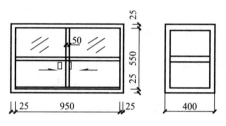

图 3-75　厨房吊柜

【解】 厨房吊柜工程量＝设计图示数量＝1 个

工程量清单表

项目编码	项目名称	项目特征描述	计量单位	工程量
011501010001	厨房吊柜	木骨架厨房吊柜，背面、上面及侧面为三合板，底板与隔板为细木工板，外围及框的正面贴榉木板面层，玻璃推拉门，金属滑轨。 吊柜尺寸：长×宽×高＝1m×0.4m×0.6m	个	1

3.17.3　压条、装饰线工程

1. 工程量清单项目设置及工程量计算规则

压条、装饰线工程量清单项目设置及工程量计算规则，应按表 3-91 的规定执行。

装饰线工程（编码：011502）　　　　　　　　　　表 3-91

项目编码	项目名称	项目特征	计量单位	工程量计算规则	工程内容
011502001	金属装饰线	1. 基层类型 2. 线条材料品种、规格、颜色 3. 防护材料种类	m	按设计图示尺寸以长度计算	1. 线条制作、安装 2. 刷防护材料
011502002	木质装饰线				
011502003	石材装饰线				
011502004	石膏装饰线				
011502005	镜面玻璃线				
011502006	铝塑装饰线				
011502007	塑料装饰线				

2. 清单项目有关说明

装饰线和美术字的基层类型，是指装饰线、美术字依托体的材料，如砖墙、木墙、石墙、混凝土墙、抹灰墙面、钢支架等。

3. 工程计算实例

【例3-45】 家庭装修贴石膏阴角线，50mm宽，60m长，计算石膏装饰线工程量。

【解】 石膏装饰线工程量＝设计图示长度＝60.00m

工程量清单表

项目编码	项目名称	项目特征描述	计量单位	工程量
011502004001	石膏装饰线	石膏阴角线，50mm宽	m	60.00

3.17.4 扶手、栏杆、栏板装饰工程

扶手、栏杆、栏板装饰工程量清单项目设置及工程量计算规则，应按表3-92的规定执行。

扶手、栏杆、栏板装饰工程（编码：011503） 表3-92

项目编码	项目名称	项目特征	计量单位	工程量计算规则	工程内容
011503001	金属扶手、栏杆、栏板	1. 扶手材料种类、规格、颜色 2. 栏杆材料种类、规格、颜色 3. 栏板材料种类、规格、颜色 4. 固定配件种类 5. 防护材料种类	m	按设计图示以扶手中心线长度（包括弯头长度）计算	1. 制作 2. 运输 3. 安装 4. 刷防护材料
011503002	硬木扶手、栏杆、栏板				
011503003	塑料扶手、栏杆、栏板				
011503004	金属靠墙扶手	1. 扶手材料种类、规格、颜色 2. 固定配件种类 3. 防护材料种类			
011503005	硬木靠墙扶手				
011503006	塑料靠墙扶手				
011503007	玻璃栏板	1. 栏杆玻璃的种类、规格、颜色 2. 固定方式 3. 固定配件种类		按设计图示以扶手中心线长度（包括弯头长度）计算	1. 制作 2. 运输 3. 安装 4. 刷防护材料

3.17.5 暖气罩、浴厕配件工程

1. 工程量清单项目设置及工程量计算规则

暖气罩、浴厕配件工程工程量清单项目设置及工程量计算规则，应按表3-93和表3-94的规定执行。

暖气罩工程（编码：011504） 表3-93

项目编码	项目名称	项目特征	计量单位	工程量计算规则	工程内容
011504001	饰面板暖气罩	1. 暖气罩材质 2. 防护材料种类	m²	按设计图示尺寸以垂直投影面积（不展开）计算	1. 暖气罩制作、运输、安装 2. 刷防护材料、油漆
011504002	塑料板暖气罩				
011504003	金属暖气罩				

浴厕配件工程（编码：011505）　　　　　　表 3-94

项目编码	项目名称	项目特征	计量单位	工程量计算规则	工程内容
011505001	洗漱台	1. 材料品种、规格、品牌、颜色 2. 支架、配件品种、规格、品牌	1. m² 2. 个	1. 按设计图示尺寸以台面外接矩形面积计算。不扣除孔洞、挖弯、削角所占面积，挡板、吊沿板面积并入台面面积内计算 2. 按设计图示数量计算	1. 台面及支架、运输、安装 2. 杆、环、盒、配件安装 3. 刷油漆
011505002	晒衣架		个	按设计图示数量计算	
011505003	帘子杆				
011505004	浴缸拉手				
011505005	卫生间扶手				
011505006	毛巾杆（架）		套	按设计图示数量计算	1. 台面及支架制作、运输、安装 2. 杆、环、盒、配件安装 3. 刷油漆
011505007	毛巾环		副		
011505008	卫生纸盒		个		
011505009	肥皂盒				
011505010	镜面玻璃	1. 镜面玻璃品种、规格 2. 框材质、断面尺寸 3. 基层材料种类 4. 防护材料种类	m²	按设计图示尺寸以边框外围面积计算	1. 基层安装 2. 玻璃及框制作、运输、安装
011505011	镜箱	1. 镜箱材质、规格 2. 玻璃品种、规格 3. 基层材料种类 4. 防护材料种类 5. 油漆品种、刷漆遍数	个	按设计图示数量计算	1. 基层安装 2. 箱体制作、运输、安装 3. 玻璃安装 4. 刷防护材料、油漆

2. 清单项目有关说明

镜面玻璃和灯箱等的基层材料，是指玻璃背后的衬垫材料，如胶合板、油毡等。

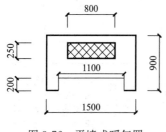

图 3-76　平墙式暖气罩

3. 工程量计算实例

【例 3-46】 平墙式暖气罩，尺寸如图 3-76 所示，五合板基层，榉木板面层，机制木花格散热口，共 18 个，计算暖气罩工程量。

【解】 饰面板暖气罩工程量计算＝垂直投影面积＝（1.5×0.9－1.10 ×0.20）×18＝20.34m²

工程量清单表

项目编码	项目名称	项目特征描述	计量单位	工程量
011504001001	饰面板暖气罩	平墙式暖气罩，五合板基层，榉木板面层，机制木花格散热口	m²	20.34

3.17.6 雨篷、旗杆工程

1. 工程量清单项目设置及工程量计算规则

雨篷、旗杆工程工程量清单项目设置及工程量计算规则，应按表3-95的规定执行。

雨篷、旗杆工程（编码：011506）　　　　表3-95

项目编码	项目名称	项目特征	计量单位	工程量计算规则	工程内容
011506001	雨篷吊挂饰面	1. 基层类型 2. 龙骨材料种类、规格、中距 3. 面层材料品种、规格、品牌 4. 吊顶（天棚）材料品种、规格、品牌 5. 嵌缝材料种类 6. 防护材料种类	m²	按设计图示尺寸以水平投影面积计算	1. 底层抹灰 2. 龙骨基层安装 3. 面层安装 4. 刷防护材料、油漆
011506002	金属旗杆	1. 旗杆材质、种类、规格 2. 旗杆高度 3. 基础材料种类 4. 基座材料种类 5. 基座面层材料、种类、规格	根	按设计图示数量计算	1. 土石方挖、填、运 2. 基础混凝土浇筑 3. 旗杆制作、安装 4. 旗杆台座制作、饰面
011506003	玻璃雨篷	1. 玻璃雨篷固定方式 2. 龙骨材料种类、规格、中距 3. 玻璃材料品种、规格、品牌 4. 嵌缝材料种类 5. 防护材料种类	m²	按设计图示尺寸以水平投影面积计算	1. 龙骨基层安装 2. 面层安装 3. 刷防护材料、油漆

2. 工程量计算说明

旗杆高度为旗杆台座上表面至杆顶的高度。

3.17.7 招牌、灯箱、美术字工程

1. 工程量清单项目设置及工程量计算规则

招牌、灯箱、美术字工程量清单项目设置及工程量计算规则，应按表3-96和表3-97的规定执行。

招牌、灯箱工程（编码：011507）　　　　　**表 3-96**

项目编码	项目名称	项目特征	计量单位	工程量计算规则	工程内容
011507001	平面、箱式招牌	1. 箱体规格 2. 基层材料种类 3. 面层材料种类 4. 防护材料种类	m²	按设计图示尺寸以正立面边框外围面积计算。复杂形的凹凸造型部分不增加面积	1. 基层安装 2. 箱体及支架制作、运输、安装 3. 面层制作、安装 4. 刷防护材料、油漆
011507002	竖式标箱		个	按设计图示数量计算	
011507003	灯箱				

美术字工程（编码：011508）　　　　　**表 3-97**

项目编码	项目名称	项目特征	计量单位	工程量计算规则	工程内容
011508001	泡沫塑料字	1. 基层类型 2. 镶字材料品种、颜色 3. 字体规格 4. 固定方式 5. 油漆品种、油漆遍数	个	按设计图示数量计算	1. 字体制作、运输、安装 2. 刷油漆
011508002	有机玻璃字				
011508003	木质字				
011508004	金属字				
011508005	吸塑字				

2. 清单项目有关说明

美术字的字体规格，以字的外接矩形长、宽和字的厚度表示。固定方式指粘贴、焊接以及铁钉、螺栓、铆钉固定等方式。

3. 工程计算实例

【例 3-47】　某建筑檐口上方设招牌，长 28m，高 1.5m，钢结构龙骨，九夹板基层，塑铝板面层，上面分别嵌有 8 个 1000mm×1000mm 泡沫塑料和有机玻璃面大字，计算招牌、美术字工程量。

【解】　（1）平面招牌工程量＝设计净长度×设计净宽度
$$=28×1.5=42.00m^2$$

（2）泡沫塑料字工程量＝设计图示数量＝8 个

（3）有机玻璃字工程量＝设计图示数量＝8 个

工程量清单表

项目编码	项目名称	项目特征描述	计量单位	工程量
011507001001	平面招牌	平面招牌，长 28m，高 1.5m，钢结构龙骨，九夹板基层，塑铝板面层	m²	42
011508001001	泡沫塑料字	1000mm×1000mm 泡沫塑料大字	个	8
011508002001	有机玻璃字	1000mm×1000mm 有机玻璃面大字	个	8

3.18　拆除工程量计算

3.18.1　拆除工程量计算的内容和范围

拆除工程共有 15 节 37 个项目，包括砖砌体拆除、混凝土及钢筋混凝土构件拆除、木构件拆除、抹灰层拆除、块料面层拆除、龙骨及饰面拆除、屋面拆除、铲除油漆涂料裱糊面、栏杆栏板、轻质隔断隔墙拆除、门窗拆除、金属构件拆除、管道及卫生洁具拆除、灯具、玻璃拆除、其他构件拆除及开孔（打洞）等项目。适用于建筑物的拆除工程。

3.18.2 砖砌体、混凝土及钢筋混凝土构件、木构件拆除

1. 工程量清单项目设置及工程量计算规则

砖砌体拆除、混凝土及钢筋混凝土构件拆除、木构件拆除工程工程量清单项目设置及工程量计算规则，应按表3-98～表3-100的规定执行。

砖砌体拆除（编码：011601） 表3-98

项目编码	项目名称	项目特征	计量单位	工程量计算规则	工程内容
011601001	砖砌体拆除	1. 砌体名称 2. 砌体材质 3. 拆除高度 4. 拆除砌体的截面尺寸 5. 砌体表面的附着物种类	1. m³ 2. m	1. 以立方米计量，按拆除的砌体体积计算 2. 以米计量，按拆除的延长米计算	1. 拆除 2. 控制扬尘 3. 清理 4. 拆除建筑渣土的场内、外运输

混凝土及钢筋混凝土构件拆除（编码：011602） 表3-99

项目编码	项目名称	项目特征	计量单位	工程量计算规则	工程内容
011602001	混凝土构件拆除	1. 构件名称 2. 拆除构件的厚度或规格尺寸 3. 构件表面的附着物种类	1. m³ 2. m² 3. m	1. 以立方米计量，按拆除构件的混凝土体积计算 2. 以平方米计量，按拆除部位的面积计算 3. 以米计量，按拆除部位的延长米计算	1. 拆除 2. 控制扬尘 3. 清理 4. 拆除建筑渣土的场内、外运输
011602002	钢筋混凝土构件拆除				

木构件拆除（编码：011603） 表3-100

项目编码	项目名称	项目特征	计量单位	工程量计算规则	工程内容
011603001	木构件拆除	1. 构件名称 2. 拆除构件的厚度或规格尺寸 3. 构件表面的附着物种类	1. m³ 2. m² 3. m	1. 以立方米计量，按拆除构件的体积计算 2. 以平方米计量，按拆除面积计算 3. 以米计量，按拆除延长米计算	1. 拆除 2. 控制扬尘 3. 清理 4. 拆除建筑渣土的建渣场内、外运输

2. 工程量计算说明

（1）砖砌体拆除以米计量，如砖地沟、砖明沟等，必须描述拆除部位的截面尺寸；如以立方米计量，则不必描述截面尺寸。

（2）混凝土及钢筋混凝土构件拆除以立方米作为计量单位时，可不描述

构件的规格尺寸；以平方米作为计量单位时，则应描述构件的厚度；以米作为计量单位时，则必须描述构件的规格尺寸。

（3）木构件拆除以立方米作为计量单位时，可不描述构件的规格尺寸；以平方米作为计量单位时，则应描述构件的厚度；以米作为计量单位时，则必须描述构件的规格尺寸。

3. 清单项目有关说明

（1）砌体名称指墙、柱、水池等。

（2）砌体、构件表面的附着物种类指抹灰层、块料层、龙骨及装饰面层等。

（3）拆除木构件应按木梁、木柱、木楼梯、木屋架、承重木楼板等分别在构件名称中描述。

3.18.3　抹灰层、块料面层、龙骨及饰面、屋面拆除

1. 工程量清单项目设置及工程量计算规则

抹灰层、块料面层、龙骨及饰面、屋面拆除工程工程量清单项目设置及工程量计算规则，应按表 3-101～表 3-104 的规定执行。

抹灰面拆除（编码：011604）　　表 3-101

项目编码	项目名称	项目特征	计量单位	工程量计算规则	工程内容
0110604001	平面抹灰层拆除	1. 拆除部位 2. 抹灰层种类	m²	按拆除部位的面积计算	1. 拆除 2. 控制扬尘 3. 清理 4. 拆除建筑渣土的场内、外运输
0110604002	立面抹灰层拆除				
0110604003	天棚抹灰层拆除				

块料面层拆除（编码：011605）　　表 3-102

项目编码	项目名称	项目特征	计量单位	工程量计算规则	工程内容
011605001	平面块料拆除	1. 拆除的基层类型 2. 饰面材料种类	m²	按拆除面积计算	1. 拆除 2. 控制扬尘 3. 清理 4. 拆除建筑渣土的场内、外运输
011605002	立面块料拆除				

龙骨及饰面拆除（编码：011606）　　表 3-103

项目编码	项目名称	项目特征	计量单位	工程量计算规则	工程内容
011605001	楼地面龙骨及饰面拆除	1. 拆除的基层类型 2. 龙骨及饰面种类	m²	按拆除面积计算	1. 拆除 2. 控制扬尘 3. 清理 4. 拆除建筑渣土的场内、外运输
011605002	墙柱面龙骨及饰面拆除				
011605003	天棚面龙骨及饰面拆除				

项目编码	项目名称	项目特征	计量单位	工程量计算规则	工程内容
011607001	刚性层拆除	刚性层厚度	m²	按铲除部位的面积计算	1. 铲除 2. 控制扬尘 3. 清理 4. 拆除建筑渣土的场内、外运输
011607002	防水层拆除	防水层种类			

2. 清单项目计算说明

（1）抹灰层种类可描述为一般抹灰或装饰抹灰。

（2）拆除基层类型的描述指砂浆层、防水层、干挂或挂贴所采用的钢骨架层等。

3.18.4 铲除油漆涂料裱糊面，栏杆、轻质隔断隔墙、门窗、金属构件拆除工程

1. 工程量清单项目设置及工程量计算规则

铲除油漆涂料裱糊面，栏杆、轻质隔断隔墙、门窗、金属构件拆除工程工程量清单项目设置及工程量计算规则，应按表 3-105～表 3-108 的规定执行。

铲除油漆涂料裱糊面工程（编码：011608）　表 3-105

项目编码	项目名称	项目特征	计量单位	工程量计算规则	工程内容
011608001	铲除油漆面	1. 铲除部位名称 2. 铲除部位的截面尺寸	1. m² 2. m	1. 以平方米计算，按铲除部位的面积计算 2. 以米计算，按铲除部位的延长米计算	1. 铲除 2. 控制扬尘 3. 清理 4. 拆除建筑渣土的场内、外运输
011608002	铲除涂料面				
011608003	铲除裱糊面				

栏杆、轻质隔断隔墙拆除工程（编码：011609）　表 3-106

项目编码	项目名称	项目特征	计量单位	工程量计算规则	工程内容
011609001	栏杆、栏板拆除	1. 栏杆（板）的高度 2. 栏杆、栏板种类	1. m² 2. m	1. 以平方米计量，按拆除部位的面积计算 2. 以米计量，按拆除的延长米计算	1. 拆除 2. 控制扬尘 3. 清理 4. 拆除建筑渣土的场内、外运输
011609002	隔断隔墙拆除	1. 拆除隔墙的骨架种类 2. 拆除隔墙的饰面种类	m²	按拆除部位的面积计算	

门窗拆除工程（编码：011610）　表 3-107

项目编码	项目名称	项目特征	计量单位	工程量计算规则	工程内容
011610001	木门窗拆除	1. 室内高度 2. 门窗洞口尺寸	1. m² 2. 樘	1. 以平方米计量，按拆除面积计算 2. 以樘计量，按拆除樘数计算	1. 拆除 2. 控制扬尘 3. 清理 4. 拆除建筑渣土的场内、外运输
011610002	金属门窗拆除				

189

金属构件拆除工程（编码：011611） 表 3-108

项目编码	项目名称	项目特征	计量单位	工程量计算规则	工程内容
011611001	钢梁拆除	1. 构件名称 2. 拆除构件的规格尺寸	1. t 2. m	1. 以吨计算，按拆除构件的质量计算 2. 以米计算，按拆除延长米计算	1. 拆除 2. 控制扬尘 3. 清理 4. 拆除建筑渣土的场内、外运输
011611002	钢柱拆除		1. t 2. m	1. 以吨计算，按拆除构件的质量计算 2. 以米计算，按拆除延长米计算	
011611003	钢网架拆除		t	按拆除构件的质量计算	
011611004	钢支撑、钢墙架拆除		1. t 2. m	1. 以吨计算，按拆除构件的质量计算 2. 以米计算，按拆除延长米计算	
011611005	其他金属构件拆除		1. t 2. m		

2. 工程量计算说明

铲除油漆涂料裱糊面按米计量工程量时，必须描述铲除部位的截面尺寸；以平方米计算工程量时，则不用描述铲除部位的截面尺寸。

3. 清单项目有关说明

（1）铲除部位名称的描述指墙面、柱面、天棚、门窗等。

（2）门窗拆除项目特征中的室内高度指室内楼地面至门窗的上边框的距离。

（3）"延长米"用于不规则的工程计量时，是指设计图示尺寸的展开长度。

3.18.5 管道及卫生洁具、灯具、玻璃、其他构件拆除工程

1. 工程量清单项目设置及工程量计算规则

管道及卫生洁具、灯具、玻璃、其他构件拆除工程工程量清单项目设置及工程量计算规则，应按表 3-109～表 3-111 的规定执行。

管道及卫生洁具拆除工程（编码：011612） 表 3-109

项目编码	项目名称	项目特征	计量单位	工程量计算规则	工程内容
011612001	管道拆除	1. 管道种类、材质 2. 管道上的附着物种类	m	按拆除管道的延长米计算	1. 拆除 2. 控制扬尘 3. 清理 4. 拆除建筑渣土的场内、外运输
011612002	卫生洁具拆除	卫生洁具种类	1. 套 2. 个	按拆除的数量计算	

灯具、玻璃拆除工程（编码：011613） 表 3-110

项目编码	项目名称	项目特征	计量单位	工程量计算规则	工程内容
011613001	灯具拆除	1. 拆除灯具高度 2. 灯具种类	套	按拆除的数量计算	1. 拆除 2. 控制扬尘 3. 清理 4. 拆除建筑渣土的场内、外运输
011613002	玻璃拆除	1. 玻璃厚度 2. 拆除部位	m²	按拆除的面积计算	

项目编码	项目名称	项目特征	计量单位	工程量计算规则	工程内容
011614001	暖气罩拆除	暖气罩材质	1. 个 2. m	1. 以个为单位计量，按拆除个数计算 2. 以米为单位计量，按拆除延长米计算	1. 拆除 2. 控制扬尘 3. 清理 4. 拆除建筑渣土的场内、外运输
011614002	柜体拆除	1. 柜体材质 2. 柜体尺寸：长、宽、高			
011614003	窗台板拆除	窗台板平面尺寸	1. 块 2. m	1. 以块计量，按拆除数量计算 2. 以米计量，按拆除的延长米计算	
011614004	筒子板拆除	筒子板的平面尺寸			
011614005	窗帘盒拆除	窗帘盒的平面尺寸	m	按拆除的延长米计算	
011614006	窗帘轨拆除	窗帘轨的材质			

2. 工程量计算说明

窗帘轨拆除与窗帘箱拆除分别列项计算工程量；双轨窗帘轨拆除按双轨长度分别计算工程量。

3.18.6　开孔（打洞）工程

1. 工程量清单项目设置及工程量计算规则

开孔（打洞）工程工程量清单项目设置及工程量计算规则，应按表 3-112 的规定执行。

开孔（打洞）工程（编码：011615）　　表 3-112

项目编码	项目名称	项目特征	计量单位	工程量计算规则	工程内容
011615001	开孔（打洞）	1. 部位 2. 打洞部位材质 3. 洞尺寸	个	按数量计算	1. 拆除 2. 控制扬尘 3. 清理 4. 打孔产生建筑渣土的场内、外运输

2. 清单项目有关说明

打洞部位材质可描述为页岩砖或空心砖或钢筋混凝土等。

思考题与习题

一、思考题

3-1　工程量计算的一般原则有哪些？

3-2　统筹算量法中的"四线"、"二面"、"一册"，分别是指什么？有何作用？

3-3　常用的分项工程工程量计算顺序有哪些？

3-4　建筑面积在工程计价中的作用是什么？建筑面积由哪几个部分组成？

3-5　不计算建筑面积的范围有哪些？

191

3-6 电梯井、管道井和垃圾管道的建筑面积是如何计算的？

3-7 土方工程中的平整场地、挖沟槽土方、挖基坑土方和挖一般土方分别适用于哪类土方开挖？

3-8 常用的混凝土桩分为哪几类？分别怎样计算工程量？

3-9 砖墙身与基础相连时，计算砖基础与砖墙身的工程量时，它们的分界线定在何处？

3-10 墙身的高度如何确定，内墙高度的计算与外墙高度的计算有何不同？

3-11 现浇混凝土主、次梁的计算长度如何确定？

3-12 金属结构工程包括哪些项目？主要的工程量计算规则是什么？

3-13 楼地面装饰工程包括哪些项目？

3-14 镶贴块料装饰面层中的零星项目适用于哪些部位？

3-15 天棚吊顶工程有哪些项目？

3-16 常用的木门窗五金包括哪些？

3-17 油漆、涂料、裱糊装饰工程包括哪些项目？

3-18 货架、吊柜的工程量如何计算，项目特征包括哪些内容？

3-19 拆除工程包括哪些项目？分别如何工程量？

二、计算题

3-1 计算图 3-77、图 3-78 所示基础的下列项目工程量，并编制工程量清单表。(1) 平整场地；(2) 挖沟槽土方；(3) 室内回填土（地面混凝土垫层及面层厚度 200mm）；(4) 基础回填土；(5) 砖基础；(6) 现浇混凝土带形基础。

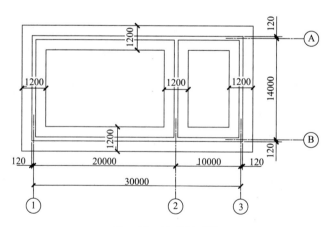

图 3-77 基础平面图

3-2 某工程基础平面和剖面如图 3-79、图 3-80 所示，其中砖基础等高放脚两层（增加面积 0.047m²）。

试计算以下分项工程工程量，并编制工程量清单表：

(1) 平整场地；(2) 挖带形基础土方；(3) 带形基础回填土；(4) 砖基础；(5) 钢筋混凝土独立基础；(6) 钢筋混凝土带形基础。

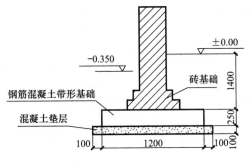

图 3-78 基础剖面图

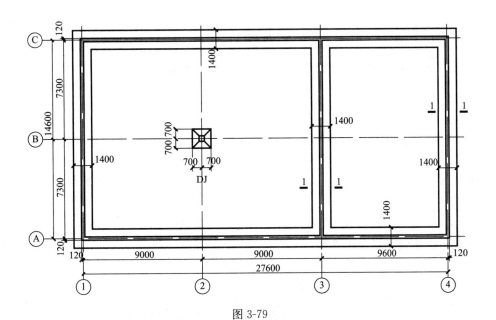

图 3-79

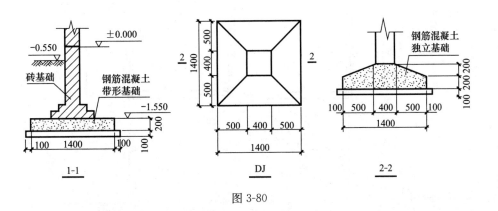

图 3-80

3-3 某单层建筑物如图 3-81 所示,墙身为 M2.5 混合砂浆砌筑标准黏土砖,内外墙厚均为 370mm,混水砖墙。GZ 为 370mm×370mm 从基础到板顶,女儿墙处 GZ 为 240mm×240mm 到压顶顶,门窗洞口上全部采用砖平璇过梁。M_1 为 1500mm×2700mm,M_2 为 1000mm×2700mm,C_1 为 1800mm×

1800mm。计算砖墙工程量，并编制工程量清单表。

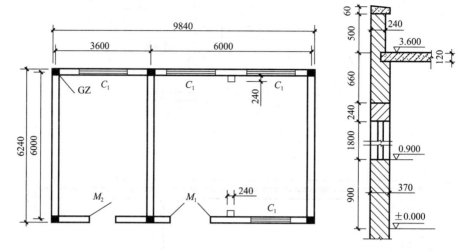

图 3-81 单层建筑物平、剖面图

3-4 已知某现浇结构结构平面图如 3-82 所示，其中②～③轴有现浇楼板，板厚 100mm，板面标高＋3.57m。①～②轴无现浇板。已知各框架柱断面均为 300mm×400mm，柱高度自－0.6m 起算，柱混凝土强度等级为 C25，四周梁外边与柱外边重合，②轴梁与柱中心重叠，梁板混凝土强度等级为 C20，混凝土采用非泵送商品混凝土。试计算现浇钢筋混凝土柱、梁和板的工程量，并编制工程量清单表。

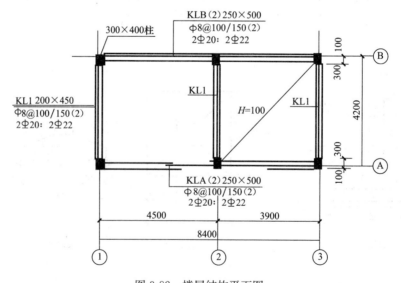

图 3-82 楼层结构平面图

3-5 如图 3-83、图 3-84 所示，预制钢筋混凝土梁 150 根，计算该预制梁的钢筋用量。

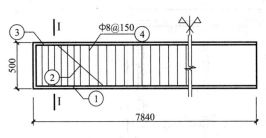

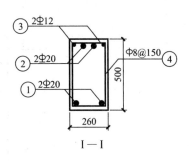

图 3-83　预制梁平面图　　　　　　　　图 3-84　剖面图

3-6　某工程平屋面见图 3-85，防水卷材上翻到女儿墙的平均高度 600mm，试计算屋面卷材防水工程量，并编制工程量清单。

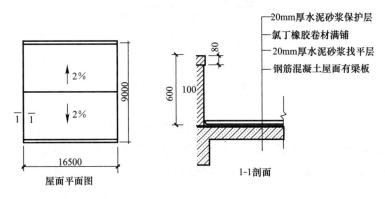

图 3-85

3-7　某单层砖混结构宿舍楼，平面图如图 3-86 所示。已知内外墙厚度均为 240mm，屋面板板面标高＋3.000m，屋面板厚度为 120mm，女儿墙高 0.9m，室外地坪为－0.500m，内墙墙裙高度从室内地坪±0.000～＋0.900m。门窗尺寸表如下（窗底标高在内墙裙以上）：

门窗洞口尺寸表（窗底标高在内墙裙以上）

门窗代号	尺寸
C1	1800×1800
C2	1750×1800
C3	1200×1200
M1	1000×1960
M2	1800×2400

计算以下分项工程工程量，编制工程量清单表：（1）室内地面：20mm 厚 1：3 水泥砂浆找平层；20mm 厚 1：2.5 水泥砂浆面层；（2）室内 150mm 高水泥砂浆踢脚线；（3）内墙面抹灰，采用 1：2 水泥砂浆底，1：3 石灰砂浆找平层，麻刀石灰浆面层，共 20mm 厚；（4）内墙裙，采用 1：3 水泥砂浆打底（19mm 厚），1：2.5 水泥砂浆面层（6mm 厚）；（5）外墙面水刷石装饰；（6）花岗岩混凝土台阶装饰；（7）混凝土散水。

195

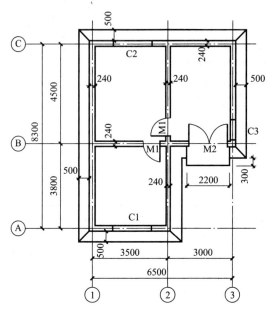

图 3-86 宿舍楼平面图

3-8 建筑平面图及门窗洞口尺寸同计算题 7，楼板和屋面板均为混凝土现浇板，厚度为 130mm。求：（1）水泥砂浆外墙面抹灰工程量；（2）水泥砂浆内墙面抹灰工程量，（3）水泥砂浆内墙裙抹灰工程量，并编制工程量清单表。

3-9 如图 3-87 所示的单层木窗，中间部分为框上装玻璃，框断面为 55cm²，共 16 樘。计算单层木窗的工程量，并编制工程量清单表。

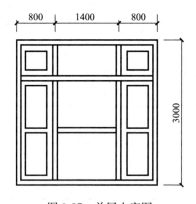

图 3-87 单层木窗图

3-10 某建筑平面、剖面如图 3-88、图 3-89 所示尺寸，其中木门 M：1000mm×2700mm，铝合金窗 C：1500mm×1800mm。三合板木墙裙上润油粉，刷硝基清漆六遍，墙面、顶棚光面刷乳胶漆三遍，计算油漆工程工程量，并编制工程量清单表。

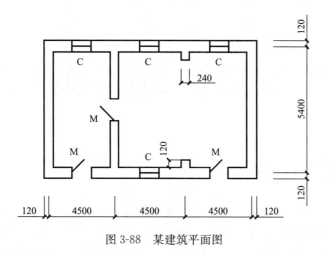

图 3-88 某建筑平面图

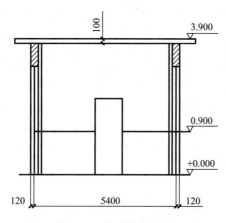

图 3-89 某建筑剖面图

3-11 某大理石洗漱台如图 3-90 所示，台面、挡板、吊沿均采用金花米黄大理石，用钢架固定，计算大理石洗漱台工程量，并编制工程量清单表。

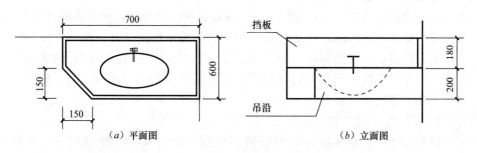

（a）平面图　　　　　　　　　　（b）立面图

图 3-90 大理石洗漱台

第4章

建筑工程设计概算编制及审查

本章知识点

本章主要介绍建筑工程设计概算的编制原理和方法，内容包括设计概算的含义和组成，设计概算的编制和审查方法，并通过实例说明设计概算编制方法的应用。目的是使学生对工程造价文件之一的设计概算有个完整的认识。通过本章学习需要了解和掌握的知识点有：

◆ 了解设计概算的含义和组成；

◆ 熟悉设计概算的编制和审查方法；

◆ 熟悉设计概算编制案例。

4.1 设计概算简述

4.1.1 设计概算的基本概念

1. 设计概算的含义

建设项目设计概算是初步设计文件的重要组成部分，它是在投资估算的控制下由设计单位根据初步设计或扩大初步设计的图纸及说明，利用国家或地区颁布的概算指标、概算定额或综合预算定额、设备材料预算价格等资料，按照设计要求，概略地计算建筑物或构筑物工程造价的文件。其特点是编制工作相对简略，无须达到施工图预算的准确程度。采用两阶段设计的建设项目，初步设计阶段必须编制设计概算；采用三阶段设计的建设项目，技术设计阶段必须编制修正概算。

2. 设计概算的作用

（1）设计概算是编制建设项目投资计划、确定和控制建设项目投资的依据。

国家规定，编制年度固定资产投资计划，确定计划投资总额及其构成数额，要以批准的初步设计概算为依据，没有批准的初步设计文件及其概算，建设工程就不能列入年度固定资产投资计划。

设计概算一经批准，将作为控制建设项目投资的最高限额。竣工结算不能突破施工图预算，施工图预算不能突破设计概算。如果由于设计变更等原因致使建设投资超过概算，必须重新审查批准。

（2）设计概算是签订建设工程合同和贷款合同的依据。

《合同法》中明确规定，建设工程合同价款是以设计概、预算造价为依据，且总承包合同不得超过设计总概算的投资额。银行贷款或工程拨款总额不能超过设计概算，如果项目投资计划所列支的投资额与贷款额突破设计概算时，必须查明原因，之后由建设单位报请上级主管部门调整或追加设计概算总投资，凡未批准之前，银行对其超支部分不予拨付。

（3）设计概算是控制施工图设计和施工图预算的依据。

设计单位必须按照批准的初步设计和总概算进行施工图设计，施工图预算不得突破设计概算，如确需突破总概算时，应按规定程序报批。

（4）设计概算是衡量设计方案技术经济合理性和选择最佳设计方案的依据。

设计部门在初步设计阶段要选择最佳设计方案，设计概算是从经济角度衡量设计方案经济合理性的重要依据。

（5）设计概算是考核建设项目投资效果的依据。

通过设计概算与竣工决算对比，可以分析和考核投资效果的好坏，同时还可以验证设计概算的准确性，有利于加强设计概算管理和建设项目的造价管理工作。

3. 设计概算的内容

设计概算可分单位工程概算、单项工程综合概算和建设项目总概算三级。若干个单位工程概算汇总后成为单项工程概算，若干个单项工程概算和工程建设其他费用、预备费、建设期利息等概算文件汇总成为建设项目总概算。单项工程概算和建设项目总概算仅是一种归纳、汇总性文件，因此，最基本的是单位工程概算书。建设项目内若只有一个独立单项工程，则建设项目总概算书与单项工程综合概算书可合并编制。各级概算之间的相互关系如图 4-1 所示。

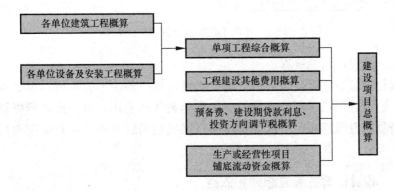

图 4-1　三级设计概算的关系

（1）单位工程概算

单位工程是指具有单独设计文件、能够独立组织施工的工程对象。单位工程概算是确定各单位工程建设费用的文件，是编制单项工程综合概算的依据，分为单位建筑工程概算和单位设备及安装工程概算两大类。建筑工程概算包括土建工程概算，给水排水、采暖工程概算，通风、空调工程概算，电气照明工程概算，弱电工程概算，特殊构筑物工程概算等；设备及安装工程概算包括机械设备及安装工程概算，电气设备及安装工程概算，热力设备及安装工程概算，工具、器具及生产家具购置费概算等。

（2）单项工程概算

单项工程是指在一个建设项目中，具有独立的设计文件，建成后可以独立发挥生产能力或效益的项目。它是建设项目的组成部分，如生产车间、办公楼、食堂、图书馆、学生宿舍、住宅楼等。单项工程概算是确定一个单项工程所需建设费用的文件，它由单项工程中各单位工程概算汇总编制而成，是建设项目总概算的组成部分。单项工程综合概算的组成内容如图 4-2 所示。

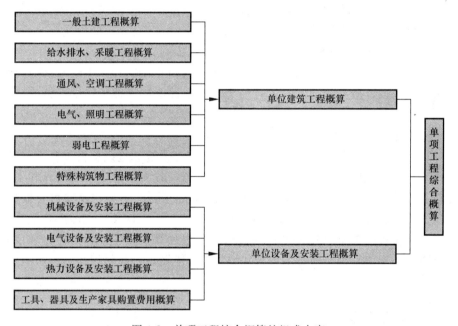

图 4-2　单项工程综合概算的组成内容

（3）建设项目总概算

建设项目总概算是确定整个建设项目从筹建到竣工验收所需全部费用的文件，它由各单项工程综合概算、工程建设其他费用概算、预备费概算、建设期贷款利息概算和生产或经营性项目铺底流动资金概算汇总编制而成，如图 4-3 所示。

4.1.2　设计概算的编制原则和依据

1. 设计概算的编制原则

（1）严格执行国家的建设方针和经济政策的原则。

（2）要完整、准确地反映设计内容的原则。编制设计概算时，要认真了

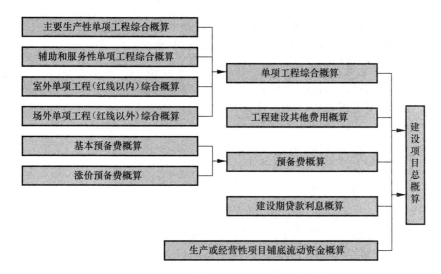

图 4-3　建设项目总概算的组成内容

解设计意图，根据设计文件、图纸准确计算工程量，避免重复计算或漏算。设计修改后，要及时修正概算。

（3）要坚持结合拟建工程的实际，反映工程所在地当时价格水平的原则。为提高设计概算的准确性，要求实事求是地对工程所在地的建设条件、可能影响造价的各种因素进行认真的调查研究，在此基础上正确使用定额、指标、费率和价格等各项编制依据，按照现行工程造价的构成，根据有关部门发布的价格信息及价格调整指数，考虑建设期的价格变化因素，使概算尽可能地反映设计内容、施工条件和实际价格。

2. 设计概算的编制依据

（1）国家、行业和地方政府有关建设和造价管理的法律、法规、规定。

（2）批准的建设项目设计任务书（或批准的可行性研究文件）和主管部门的有关规定。

（3）初步设计项目一览表。

（4）各专业设计图纸、文字说明和主要设备表，其中包括：

1）土建工程中建筑专业提交的建筑平、立、剖面图和初步设计文字说明（应说明或注明装修标准、门窗尺寸）；结构专业提交的结构平面布置图、构件截面尺寸、特殊构件配筋率。

2）给水排水、电气、采暖通风、空气调节、动力等专业的平面布置图或文字说明和主要设备表。

3）室外工程各专业提交的平面布置图；总图专业提交的建设场地地形图和场地设计标高及道路、排水沟、挡土墙、围墙等构筑物的断面尺寸。

（5）常规的施工组织设计和施工方案。

（6）现行建筑工程和安装工程的概算定额（预算定额、综合预算定额）、概算指标、单位估价表、材料及构配件预算价格、工程费用定额和有关取费规定的文件等资料。

201

(7) 现行有关设备原价及运杂费率的计算资料。

(8) 现行有关其他费用计算的定额、指标和价格。

(9) 资金筹措方式。

(10) 建设场地的自然条件和施工条件。

(11) 类似工程的概、预算及技术经济指标。

(12) 建设单位提供的有关工程造价的其他资料。

(13) 工程相关合同、协议等其他资料。

4.2 设计概算的编制

建设项目设计概算的编制，一般首先编制单位工程的设计概算，然后再逐级汇总，形成单项工程综合概算及建设项目总概算。因此，下面分别介绍单位工程设计概算、单项工程综合概算和建设项目总概算的编制方法。

1. 单位工程概算的编制方法

单位工程概算书是计算独立建筑物或构筑物中每个专业工程所需工程费用的文件，分为建筑工程概算书和设备及安装工程概算书两类。单位建筑工程概算的编制方法有：概算定额法、概算指标法、类似工程预算法等；单位设备及安装工程概算的编制方法有：预算单价法、扩大单价法、设备价值百分比法和综合吨位指标法等。单位工程概算费用由直接费（包括人工费、材料费、机械使用费和措施项目费）、间接费（包括规费和企业管理费）、利润和税金（包括营业税、城市维护建设费、教育费附加和地方教育费附加）组成。单位工程概算文件应包括：建筑（安装）工程直接工程费计算表，建筑（安装）工程人工、材料，机械台班价差表，建筑（安装）工程费用构成表。

(1) 单位建筑工程概算的编制

1) 概算定额法

概算定额法又叫扩大单价法或扩大结构定额法，它是采用概算定额编制建筑工程概算的方法。编制时，首先根据初步设计图纸资料和概算定额的项目划分计算出工程量，然后套用概算定额单价（基价）、计算汇总后，再计取各项费用，便可得出单位工程概算造价。

概算定额法要求初步设计达到一定深度，建筑结构比较明确，能按照初步设计的平面、立面、剖面图纸计算出基础、楼地面、墙身、门窗和屋面等分部工程（或扩大结构件）项目的工程量时，才可采用。概算定额法编制设计概算的主要步骤如下：

① 收集基础资料、熟悉设计图纸，并了解施工条件和施工方法。

② 根据概算定额列出单位工程中各分项工程或扩大分项工程的项目名称，并计算其工程量。

③ 确定各分部分项工程项目的概算定额单价。

④ 计算分部分项工程的直接工程费，合计得到单位工程直接工程费总和。

⑤ 按照有关规定标准计算措施费，合计得到单位工程直接费。

⑥ 按照式（4-1）～式（4-3）和取费标准的规定计算间接费和利润、税金。

$$间接费 = 直接费 \times 间接费费率(\%) \tag{4-1}$$

$$利润 = (直接费 + 间接费) \times 利润率(\%) \tag{4-2}$$

$$税金 = (直接费 + 间接费 + 利润) \times 综合税率(\%) \tag{4-3}$$

⑦ 计算单位工程概算造价。

⑧ 计算单位建筑工程概算经济技术指标。

【例4-1】 某市拟建一座 7500m² 教学楼，请根据已知的扩大单价和工程量（表4-1）以直接费为计算基础编制出该教学楼土建工程设计概算造价和平方米造价。按有关规定标准计算得到措施费为 438000 元，各项费率分别为：间接费费率为 5%，利润率为 7%，综合税率为 3.48%。

某教学楼土建工程量和扩大单价　　　　表 4-1

分部工程名称	单　位	工程量	扩大单价（元）
基础工程	10m³	160	4000
混凝土及钢筋混凝土	10m³	150	9000
砌筑工程	10m³	280	4500
地面工程	100m²	40	1500
楼面工程	100m²	90	3000
卷材屋面	100m²	40	6000
门窗工程	100m²	35	7000

【解】 根据已知条件和表4-1数据及扩大单价，求得该教学楼土建工程概算造价见表4-2。

某教学楼土建工程概算造价计算表　　　　表 4-2

序　号	分部工程或费用名称	单　位	工程量	单价（元）	合价（元）
1	基础工程	10m³	160	4000	640000
2	混凝土及钢筋混凝土	10m³	150	9000	1350000
3	砌筑工程	10m³	280	4500	1260000
4	地面工程	100m²	40	1500	60000
5	楼面工程	100m²	90	3000	270000
6	卷材屋面	100m²	40	6000	240000
7	门窗工程	100m²	35	7000	245000
A	直接工程费小计	以上 7 项之和			4065000
B	措施费				435000
C	直接费小计	A+B			4500000
D	间接费	C×5%			225000
E	利润	(C+D)×7%			330750
F	税金	(C+D+E)×3.48%			175940
	概算造价（元）	C+D+E+F			5231690
	平方米造价（元/m²）	5231690/7500			697.56

2）概算指标法

概算指标法是用拟建工程的建筑面积（或体积）乘以技术条件相同或基本相同工程的概算指标，得出直接工程费，然后按规定计算措施费、间接费、利润和税金等，并以此汇总编制出单位工程概算的方法。

当初步设计深度不够，不能准确地计算出工程量，而工程设计技术比较成熟而又有类似工程概算指标可以利用时，可采用概算指标法编制单位建筑工程概算。具体适用情况包括：

① 在方案设计中，由于设计无详图而只有概念性设计时，或初步设计深度不够，不能准确地计算出工程量，但采用的技术比较成熟时可以选定与该工程相似的概算指标编制概算。

② 设计方案急需造价估算而又有类似工程概算指标可以利用的情况。

③ 初步设计间隔很久后再来实施，概算造价不适用于当前情况而又急需确定造价的情形下，可按当前概算指标来修正原有的概算造价。

④ 通用设计图设计可组织编制通用图设计概算指标来确定概算造价。

在应用概算指标法编制设计概算时。由于拟建工程（设计对象）往往与类似工程的概算指标的技术条件不尽相同，而且概算指标编制年份的人工、材料、设备等价格与拟建工程当时当地的价格也不会一样，因此，必须对概算指标进行调整。调整内容包括结构特征差异的调整以及人工、材料、设备和机械台班费用差异的调整，具体调整方法如下：

① 设计对象的结构特征与概算指标有局部差异时的调整，调整的方式是对概算指标的工料机费用或者是工料机消耗数量进行修正，方法见式（4-4）和式（4-5）。

$$
\begin{aligned}
结构变化修正概算指标（元/m^2）= & 原概算指标 \\
& + 换入设计结构的数量 \\
& \times 换入设计结构的工料机费用单价 \\
& - 换出概算指标结构的数量 \\
& \times 换出概算指标结构的工料机费用单价
\end{aligned}
$$

$$(4\text{-}4)$$

$$
\begin{aligned}
结构变化修正概算指标的工料机消耗数量 = & 原概算指标的工料机消耗量 \\
& + 换入设计结构的工程量 \\
& \times 相应定额的工料机消耗量 \\
& - 换出设计结构的工程量 \\
& \times 相应定额的工料机消耗量
\end{aligned}
$$

$$(4\text{-}5)$$

② 人工、材料、设备、机械台班费用差异的调整，调整方式是直接修正概算指标中的工料数量和单价，从而将按概算指标中各项费用修正的工作一次计算完成。方法见式（4-6）。

$$
\begin{aligned}
设备、人工、材料、 \\
机械修正概算费用
\end{aligned} =
\begin{aligned}
原概算指标的设备、 \\
人工、材料、机械费用
\end{aligned}
$$

$$+ \sum \left(\begin{array}{c} \text{换入设备、人工、} \\ \text{材料、机械消耗量} \end{array} \times \begin{array}{c} \text{拟建地区} \\ \text{相应单价} \end{array} \right)$$

$$- \sum \left(\begin{array}{c} \text{换出设备、人工、} \\ \text{材料、机械消耗量} \end{array} \times \begin{array}{c} \text{原概算指标设备、} \\ \text{人工、材料、机械单价} \end{array} \right) \tag{4-6}$$

【例 4-2】 某住宅工程建筑面积为 4200m²，按概算指标计算出每平方米建筑面积的土建单位工料机费用为 1200 元。因概算指标的基础埋深和墙体厚度与设计规定的不同，需要对概算单价进行修正。

【解】 修正情况如表 4-3 所示。表中各数据对应的是以 100m² 建筑面积为单位的。

建筑工程概算指标修正表 表 4-3

序 号	概算定额编号	结构构件名称 一般土建工程	单 位	数 量	单价（元）	合价（元）
1		换出部分： 带形毛石基础 A 砖外墙 A 合计	m³ m²	18.00 52.00	480.20 580.40	8643.60 30180.80 38824.40
2		换入部分： 带形毛石基础 B 砖外墙 B 合计	m³ m²	19.80 61.50	480.20 620.30	9507.96 35694.60 45202.56
3		单位工料机费用修正指标	1200－38824.40/100＋45202.56/100＝1263.78 元/m²			

3）类似工程预算法

类似工程预算法是利用技术条件与设计对象相类似的已完成工程或在建工程的工程造价资料来编制拟建工程设计概算的方法。类似工程预算法在拟建工程初步设计与已完成工程或在建工程的设计相类似而又没有可用的概算指标时采用，但必须对建筑结构差异和价差进行调整。建筑结构差异的调整方法与概算指标法的调整方法相同，类似工程预算资料中价差调整的方法有以下两种：

① 类似工程预算资料有具体的人工、材料、机械台班用量时可按类似工程预算造价资料中的人工工日数量、主要材料用量、机械台班用量，乘以当时当地的工料机单价计算出工料机费用，再乘以当地的综合费率，即可得出所需的概算造价指标。

② 类似工程造价资料只有人工、材料、机械台班费用和措施费、间接费时，可按式（4-7）和式（4-8）调整。

$$D = A \times K \tag{4-7}$$

$$K = a\% K_1 + b\% K_2 + c\% K_3 + d\% K_4 + e\% K_5 \tag{4-8}$$

式中　　　　　　　　D——拟建工程单方概算造价；

　　　　　　　　　　A——类似工程单方预算造价；

　　　　　　　　　　K——综合调整系数；

$a\%$、$b\%$、$c\%$、$d\%$、$e\%$——类似工程预算的人工费、材料费、机械台班费、措施费、间接费占预算造价的比重，如：$a\% =$ 类似工程人工费/类似工程预算造价 $\times 100\%$，$b\%$、$c\%$、$d\%$ 类同；

K_1、K_2、K_3、K_4、K_5——拟建工程与类似工程预算造价在人工费、材料费、机械台班费、措施费和间接费之间的差异系数，如：$K_1 =$ 拟建工程概算的人工费（或工资标准）/类似工程预算人工费（或工资标准），K_2、K_3、K_4、K_5 类同。

【例 4-3】 拟建办公楼建筑面积为 $3000 \mathrm{m}^2$，类似工程的建筑面积为 $2800 \mathrm{m}^2$，预算造价 3200000 元。各种费用占预算造价的比重为：人工费 6%；材料费 55%；机械使用费 6%；措施费 3%；其他费用 30%。价格差异系数：人工费 $K_1 = 1.02$；材料费 $K_2 = 1.05$；机械使用费 $K_3 = 0.99$；措施费 $K_4 = 1.04$；其他费用 $K_5 = 0.95$。试用类似工程预算法编制该办公楼建筑工程概算。

【解】 综合调整系数 $K = 6\% \times 1.02 + 55\%$
$$\times 1.05 + 6\% \times 0.99 + 3\%$$
$$\times 1.04 + 30\% \times 0.95 = 1.014$$

价差修正后的类似工程预算造价 $= 3200000 \times 1.014 = 3244800$ 元

价差修正后的类似工程预算单方造价 $= 3244800 / 2800 = 1158.86$ 元

由此可得：拟建办公楼建筑工程概算造价 $= 1158.86 \times 3000 = 3476580$ 元

（2）设备及安装单位工程概算的编制方法

设备及安装单位工程概算包括设备购置费用概算和设备安装工程费用概算两大部分。

1）设备购置费概算。设备购置费是根据初步设计的设备清单计算出设备原价，并汇总求出设备总原价，然后按有关规定的设备运杂费率乘以设备总原价，两项相加即为设备购置费概算。有关设备原价、运杂费和设备购置费的计算可参见本书第 1 章的内容。

2）设备安装工程费概算编制的预算单价法

当初步设计深度较深，有详细设备清单时，可直接按安装工程预算定额单价编制安装工程概算，具体编制程序与安装工程施工图预算编制基本类似。该法具有计算比较具体，精确性较高之优点。

3）设备安装工程费概算编制的扩大单价法。当初步设计深度不够，设备清单不完备，只有主体设备或仅有成套设备重量时，可采用主体设备、成套设备的综合扩大安装单价来编制概算。其具体计算程序和方法与建筑工程概算的编制类似。

4）设备安装工程费概算编制的设备价值百分比法，该方法也称安装设备百分比法。当初步设计深度不够，只有设备出厂价而无详细规格、重量时，设备安装费可按占设备费的百分比计算。其百分比值（即安装费率）由相关管理部门制定或由设计单位根据已完类似工程确定。该法常用于价格波动不大的定型产品和通用设备产品。计算见式（4-9）。

$$设备安装费 = 设备原价 \times 安装费率(\%) \tag{4-9}$$

5）设备安装工程费概算编制的综合吨位指标法。当初步设计提供的设备清单有规格和设备重量时，可采用综合吨位指标编制概算。综合吨位指标由相关主管部门或由设计单位根据已完类似工程资料确定。该法常用于设备价格波动较大的非标准设备和引进设备的安装工程概算。计算式见（4-10）。

$$设备安装费 = 设备吨重 \times 每吨设备安装费指标(元/t) \tag{4-10}$$

2. 单项工程综合概算的编制方法

单项工程综合概算是确定单项工程建设费用的综合性文件，它由该单项工程各专业单位工程概算汇总而成的，是建设项目总概算的组成部分。单项工程综合概算文件一般包括编制说明（不编制总概算时列入）、综合概算表（含其所附的单位工程概算表和建筑材料表）两大部分。当建设项目只有一个单项工程时，此时综合概算文件（实为总概算）除包括上述两大部分外，还应包括工程建设其他费用、建设期贷款利息和预备费的概算。具体组成如下：

（1）编制说明。编制说明的内容包括：

1）工程概况。说明建设项目性质、特点、生产规模、建设周期、建设地点等主要情况。引进项目应说明引进内容以及与国内配套工程等主要情况。

2）编制依据。包括国家和有关部门的规定、设计文件、现行概算定额或概算指标、设备材料的预算价格和费用指标等。

3）编制方法。说明设计概算是采用概算定额法，还是采用概算指标法或其他方法编制的。

4）其他必要的说明。

（2）综合概算表。综合概算表应根据单项工程所包含的各单位工程概算等基础资料，按照国家或部委所规定的统一表格进行编制。

1）综合概算表的项目组成。工业建设项目综合概算表由建筑工程和设备及安装工程两大部分组成；民用工程项目综合概算表仅建筑工程一项。

2）综合概算的费用组成。一般应包括建筑工程费用、安装工程费用、设备购置及工器具生产家具购置费等。当不编制总概算时，还应包括工程建设其他费用、建设期贷款利息和预备费等费用项目。单项工程综合概算表如表4-4所示。

综合概算表　　　　　　　　　　　　　　表4-4

建设项目名称：×××

单项工程名称：×××　　　　　　　　　　　　　　　　　概算价值：×××元

序号	综合概算编号	工程项目或费用名称	概算价值（万元）						技术经济指标			占投资总额（%）	备注
			建筑工程费	安装工程费	设备购置费	工器具及生产家具购置费	其他费用	合计	单位	数量	单位价值（元）		
1	2	3	4	5	6	7	8	9	10	11	12	13	14
1	6-1	一、建筑工程 土建工程	×					×	×	×	×	×	

续表

序号	综合概算编号	工程项目或费用名称	概算价值（万元）						技术经济指标			占投资总额（%）	备注
			建筑工程费	安装工程费	设备购置费	工器具及生产家具购置费	其他费用	合计	单位	数量	单位价值（元）		
1	2	3	4	5	6	7	8	9	10	11	12	13	14
		一、建筑工程											
2	6-2	给水工程	×					×	×	×	×	×	
3	6-3	排水工程	×					×	×	×	×	×	
4	6-4	采暖工程	×					×	×	×	×	×	
5	6-5	电气照明工程	×					×	×	×	×	×	
		……											
		小计	×					×	×	×	×	×	
		二、设备及安装工程											
6	6-6	机械设备及安装工程		×	×			×	×	×	×	×	
7	6-7	电气设备及安装工程		×	×			×	×	×	×	×	
8	6-8	热力设备及安装工程		×	×			×	×	×	×	×	
		小计		×	×			×	×	×	×	×	
9	6-9	三、工器具及生产家具购置费				×		×				×	×
		总计	×	×	×	×		×	×	×	×	×	×

审核：　　　　核对：　　　　编制：　　　年　月　日

3. 建设项目总概算的编制方法

建设项目总概算是设计文件的重要组成部分，是确定整个建设项目从筹建到竣工交付使用所预计花费的全部费用的文件。它是由各单项工程综合概算、工程建设其他费用、建设期贷款利息、预备费和经营性项目的铺底流动资金概算所组成，按照主管部门规定的统一表格进行编制而成的。设计总概算文件一般应包括以下几个组成部分：

（1）封面、签署页及目录。

（2）编制说明，应该包括下列内容：

1）工程概况。

2）资金来源及投资方式。

3）编制依据及编制原则。

4）编制方法。

5）投资分析。

6）其他需要说明的问题。

（3）总概算表。总概算表应反映静态投资和动态投资两个部分，静态投资是按设计概算编制期价格、费率、利率、汇率等因素确定的投资；动态投资则是指概算编制期到竣工验收前的工程和价格等多种因素变化所需的投资。

（4）工程建设其他费用概算表。工程建设其他费用概算按国家或地区及部委所规定的项目和标准确定，并按统一表式编制。

（5）单项工程综合概算表。

（6）单位工程概算表。

（7）附录：补充估价表。

将各单项工程综合概算及其他工程和费用概算等汇总即为建设工程项目总概算。编制总概算表的基本步骤如下：

（1）按总概算组成的顺序和各项费用的性质，将各个单项工程综合概算及其他工程和费用概算汇总列入总概算表（见表 4-5）。

（2）将工程项目和费用名称及各项数值填入相应各栏内，然后按各栏分别汇总。

（3）以汇总后总额为基础，按取费标准计算预备费用、建设期利息、固定资产投资方向调节税、铺底流动资金。

（4）计算回收金额。回收金额是指在整个基本建设过程中所获得的各种收入。如原有房屋拆除所回收的材料和旧设备等的变现收入；试车收入大于支出部分的价值等。回收金额的计算方法，应按地区主管部门的规定执行。

（5）计算总概算价值：见式（4-11）。

$$总概算价值 = 建筑安装工程费用 + 设备工器具购置费$$
$$+ 其他费用 + 预备费 + 建设期利息$$
$$+ 铺底流动资金 - 回收金额 \qquad (4\text{-}11)$$

（6）计算技术经济指标。整个项目的技术经济指标应选择有代表性和能说明投资效果的指标填列。

（7）投资分析。在总概算表中计算出各项工程和费用投资占总投资比例，在表的末栏计算出每项费用的投资占总投资的比例。

总概算表　　　　　　　　　　　　　　表 4-5

工程项目：×××

总概算价值：×××　　其中回收金额：×××

序号	概算表编号	工程或费用名称	概算价值（万元）						技术经济指标			占投资总额（%）	备注
			建筑工程费	安装工程费	设备购置费	工器具及生产家具购置费	其他费用	合计	单位	数量	单位价值（元）		
1	2	3	4	5	6	7	8	9	10	11	12	13	14
1 2		第一部分工程费用 一、主要生产工程项目 　×××厂房 　×××厂房 　…… 　小计	× × ×	× × ×	× × ×	× × ×		× × ×	× × ×	× × ×	× × ×	× × ×	
3 4		二、辅助生产项目 　机修车间 　木工车间 　…… 　小计	× × ×	× × ×	× × ×	× × ×		× × ×	× × ×	× × ×	× × ×	× × ×	

210

续表

序号	概算表编号	工程或费用名称	概算价值（万元）						技术经济指标			占投资总额（%）	备注
			建筑工程费	安装工程费	设备购置费	工器具及生产家具购置费	其他费用	合计	单位	数量	单位价值（元）		
1	2	3	4	5	6	7	8	9	10	11	12	13	14
		三、公用设施工程项目											
5		变电所	×	×	×			×	×	×	×	×	
6		锅炉房	×	×	×			×	×	×	×	×	
		……											
		小计	×	×	×			×	×	×	×	×	
		四、生活、福利、文化教育及服务项目											
7		职工住宅	×					×	×	×	×	×	
8		办公楼	×			×		×	×	×	×	×	
		……											
		小计	×			×		×	×	×	×	×	
		第一部分工程费用合计	×	×	×	×		×					
		第二部分其他工程和费用项目											
9		土地征购费					×	×					
10		勘察设计费					×	×					
		……											
		第二部分其他工程和费用合计					×	×					
		第一、二部分工程费用总计	×	×	×	×	×	×					
11		预备费					×	×					
12		建设期利息					×	×					
13		固定资产投资方向调节税					×	×					
14													
15		铺底流动资金					×	×					
16		总概算价值	×	×	×	×	×	×					
17		其中：回收金额											
		投资比例（%）	×	×	×	×	×						

审核：　　　　　　核对　　　　　　　　　　　编制　　　　　　　年　月　日

4.3　设计概算的审查

1. 审查设计概算的意义

（1）审查设计概算，有利于合理分配投资资金、加强投资计划管理，有助于合理确定和有效控制工程造价。设计概算编制偏高或偏低，不仅影响工程造价的控制，也会影响投资计划的真实性，影响投资资金的合理分配。

（2）审查设计概算，有利于促进概算编制单位严格执行国家有关概算的编制规定和费用标准，从而提高概算的编制质量。

（3）审查设计概算，有利于促进设计的技术先进性与经济合理性。概算中的技术经济指标，是概算的综合反映，与同类工程对比，便可看出初步设计的先进与合理程度。

（4）审查设计概算，有利于核定建设项目的投资规模，可以使建设项目总投资力求做到准确、完整，防止任意扩大投资规模或出现漏项，从而减少投资缺口、缩小概算与预算之间的差距，避免工程实际造价大幅度地突破概算。

（5）经审查的概算，有利于为建设项目投资的落实提供可靠的依据。打足投资，不留缺口，有助于提高建设项目的投资效益。

2. 设计概算的审查内容

（1）审查设计概算的编制依据

1）审查编制依据的合法性。采用的各种编制依据必须经过国家和授权机关的批准，符合国家的编制规定，未经批准的不能采用。不能以情况特殊为由，擅自提高概算定额、指标或费用标准。

2）审查编制依据的时效性。各种依据，如定额、指标、价格、取费标准等，都应根据国家有关部门的现行规定进行，注意按最新的调整办法和规定执行。

3）审查编制依据的适用范围。各种编制依据都有规定的适用范围，如各主管部门规定的各种专业定额及其取费标准，只适用于该部门的专业工程；各地区规定的各种定额及其取费标准，只适用于该地区范围内，特别是地区的材料预算价格区域性更强。

（2）审查概算编制深度

1）审查编制说明。审查编制说明可以检查概算的编制方法、深度和编制依据等重大原则问题，若编制说明内容不符合规定，则具体概算编制很难符合规定。

2）审查概算编制的完整性。一般大中型项目的设计概算，应有完整的编制说明和"三级概算"（即总概算表、单项工程综合概算表、单位工程概算表），并按有关规定的深度进行编制。审查是否有符合规定的"三级概算"，各级概算的编制、核对、审核是否按规定签署，有无随意简化，有无把"三级概算"简化为"二级概算"，甚至"一级概算"。

3）审查概算的编制范围。审查概算编制范围及具体内容是否与主管部门批准的建设项目范围及具体工程内容一致；审查分期建设项目的建筑范围及具体工程内容有无重复交叉，是否重复计算或漏算；审查其他费用应列的项目是否符合规定，静态投资、动态投资和经营性项目铺底流动资金是否分别列出等。

（3）审查工程概算的内容

1）审查概算的编制是否符合规定的方针、政策，是否根据工程所在地的自然条件进行编制。

2）审查建设规模（投资规模、生产能力等）、建设标准（用地指标、建筑标准等)、配套工程、设计定员等是否符合原批准的可行性研究报告或立项批文的标准。对总概算投资超过批准投资估算 10% 以上的,应查明原因,重新上报审批。

3) 审查编制方法、计价依据和程序是否符合现行规定,包括定额或指标的适用范围和调整方法是否正确。进行定额或指标的补充时,要求补充定额或指标的项目划分、内容组成、编制原则等要与现行的规定相一致等。

4) 审查工程量是否正确。工程量的计算是否是根据初步设计图纸、概算定额、工程量计算规则和施工组织设计的要求进行,有无多算、重复计算和漏算,尤其对工程量大、造价高的项目要重点审查。

5) 审查材料用量和价格。审查主要材料(钢材、木材、水泥、砌块、商品混凝土等)的用量数据是否正确,材料预算价格是否符合工程所在地的价格水平,材料价差调整是否符合现行规定、计算是否正确等。

6) 审查设备规格、数量和配置是否符合设计要求,是否与设备清单相一致,设备预算价格是否真实,设备原价和运杂费的计算是否正确,非标准设备原价的计价方法是否符合规定,进口设备的各项费用的组成及其计算程序、方法是否符合国家主管部门的规定。

7) 审查建筑安装工程的各项费用的计取是否符合国家或地方有关部门的现行规定,计算程序和取费标准是否正确。

8) 审查综合概算、总概算的编制内容、方法是否符合现行规定和设计文件的要求,有无设计文件外项目,有无将非生产性项目以生产性项目列入。

9) 审查总概算文件的组成内容,是否完整地包括了建设项目从筹建到竣工投产为止的全部费用组成。

10) 审查工程建设其他各项费用。这部分费用内容多、弹性大,要按国家和地区规定逐项审查,不属于总概算范围的费用项目不能列入概算,具体费率或计取标准是否按国家、行业有关部门规定计算,有无随意列项、有无多列、交叉计列和漏项等。

11) 审查项目的"三废"治理。拟建项目必须同时安排"三废"(废水、废气、废渣)的治理方案和投资,对于未作安排或漏项以及多算、重复计算的项目,要按国家有关规定核实投资,以满足"三废"排放达到国家标准的要求。

12) 审查技术经济指标。需要审查技术经济指标计算方法和程序是否正确,把综合指标和单项指标与同类型工程指标相比,对比其是偏高还是偏低并究其原因,且在必要时给予纠正。

13) 审查投资经济效果。设计概算是初步设计经济效果的反映,要按照生产规模、工艺流程、产品品种和质量,从企业的投资效益和投产后的运营效益全面分析其是否达到先进可靠、经济合理的要求。

3. 审查设计概算的方法

采用适当方法审查设计概算是确保审查质量、提高审查效率的关键。较常用方法有:

（1）对比分析法

对比分析法主要通过建设规模、标准与立项批文对比；工程数量与设计图纸对比；综合范围、内容与编制规定要求对比；各项取费与规定标准对比；材料、人工单价与市场信息对比；引进设备、技术投资与报价要求对比；技术经济指标与同类工程对比等。通过以上对比，容易发现设计概算存在的主要问题和偏差。

（2）查询核实法

查询核实法是对一些关键设备和设施、重要装置、引进工程图纸不全、难以核算的较大投资进行多方查询核对，逐项落实的方法。

（3）联合会审法

在联合会审前，可先采取多种形式分头审查，包括设计单位自审，主管、建设、承包单位初审，工程造价咨询公司评审，邀请同行专家预审，审批部门复审等，经层层审查把关后，由有关单位和专家进行联合会审。在会审会上，由设计单位介绍概算编制情况及有关问题，各有关单位、专家汇报初审和预审意见。然后进行认真分析讨论，结合对各专业技术方案的审查意见所产生的投资增减，逐一核实原概算出现的问题。经过充分协商，认真听取设计单位意见后，实事求是的处理、调整。

（4）主要问题复核法

对审查中发现的主要问题以及有较大偏差的设计进行复核，对重要、关键设备和生产装置或投资较大的项目进行复查。

（5）分类整理法

对审查中发现的问题和偏差，对照单项工程、单位工程的顺序目录分类整理，汇总核增或核减的项目及金额，最后汇总审核后的总投资及增减投资额。

借助以上方法，对审查中发现的问题和偏差，按照单项、单位工程的顺序，先按设备费、安装费、建筑工程费和工程建设其他费用分类整理。然后按照静态投资部分、动态投资部分和铺底流动资金三大类，汇总核增或核减的项目及其投资。最后将具体审核数据，按照"原编概算"、"审核结果"、"增减投资"、"增减幅度"四栏列表，并按照原总概算表汇总顺序，将增减项目逐一列出，相应调整所属项目投资合计数，再依次汇总审核后的总投资及增减投资额。对于差错较多、问题较大或不能满足要求的，要求编制单位按会审意见修改返工后，重新报批；对于无重大原则问题，深度基本满足要求，投资增减不多的，当场核定概算投资额，并提交审批部门复核后，正式下达审批概算。

4. 设计概算的调整

设计概算经审查批准后，一般不得调整。如果出现下列需要调整的原因时，应由建设单位调查分析调整原因，确认变更因素已经发生且完成一定工程量后，上报主管部门审批同意，由原设计单位核实编制调整概算，并按审批程序规定重新报批。一个项目只允许调整一次概算，调整的主要原因包括以下几方面：

（1）超出原设计范围的重大工程变更。

（2）超出基本预备费规定范围不可抗力引起的工程变动及费用增加。

（3）超出价差预备费范围的主管部门重大政策调整引起的费用增加。

4.4 设计概算编制案例

工程背景

某项目工程位于上海，由19栋低层住宅，一栋幼儿园，一栋配套公建建筑组成。工程总建筑面积（含保温层面积）15625.31m²，不含保温层面积15287.41m²，保温层建筑面积为337.9m²，容积率为0.76（不计保温层面积），建筑密度为31.9%，绿化率为35%。试编制该项目的设计概算书。

编制依据：

1. 采用的定额：《上海市建筑和装饰工程概算定额》及其费率、《上海市安装工程概算定额》各分册及其费率。

2. 概算书中采用的价格为上海工程造价信息提供的价格，部分参照市场价格。

3. 本工程设计图纸未细化的内容为暂估价。

4. 概算书中其他费用的各项费用按国家、本市、本行业等主管部门的规定取费。不考虑土地费用、贷款利息等费用。

工程设计概算书
概算汇总表

项目名称：×××
编制单位：×××有限公司

序 号	工程和费用名称	工程量		概算（元）		备 注
		数量	单位	单价（费率）	合价	
一	建安工程费用				￥67318368.32	
一	住宅部分					
（一）	1～10号住宅					
1	建筑	2658.1	m²	3189.95	8479206	
2	安装	2658.1	m²	685.00	1820799	
（1）	电气	2658.1	m²	120.00	318972	
（2）	给水排水	2658.1	m²	165.00	438587	
（3）	暖通	2658.1	m²	400.00	1063240	
（二）	11～14号住宅					
1	建筑	2837.8	m²	3169.27	8993881	
2	安装	2837.8	m²	635.00	1802028	
（1）	电气	2837.8	m²	110.00	312162	
（2）	给水排水	2837.8	m²	155.00	439865	
（3）	暖通	2837.8	m²	370.00	1050001	

序 号	工程和费用名称	工程量		概算（元）		备 注
		数量	单位	单价（费率）	合价	
（三）	15～17 号住宅					
1	建筑	2242.4	m²	3170.91	7110290	
2	安装	2242.4	m²	635.00	1423892	
（1）	电气	2242.4	m²	110.00	246659	
（2）	给水排水	2242.4	m²	155.00	347564	
（3）	暖通	2242.4	m²	370.00	829670	
二	幼儿园					
1	建筑	4169.1	m²	1788.15	7454940	
2	安装	4169.1	m²	615.00	2563984	
（1）	电气	4169.1	m²	105.00	437753	
（2）	给水排水	4169.1	m²	150.00	625362	
（3）	暖通	4169.1	m²	360.00	1500869	
3	室外活动场地	1500	m²	300	450000	
4	幼儿园活动器械				500000	
5	幼儿园围墙	300	m	600	180000	
6	幼儿园围墙出入口	2	个	150000	300000	
7	幼儿园停车场	50	m²	300	15000	
8	幼儿园道路	400	m²	200	80000	
三	20 号配套公建					
1	建筑	3324.3	m²	1935.60	6434593	
2	安装	3324.3	m²	615.00	2044469	
（1）	电气	3324.3	m²	105.00	349056	
（2）	给水排水	3324.3	m²	140.00	465408	
（3）	暖通	3324.3	m²	350.00	1163519	
3	屋顶绿化	243	m²	200	48600	
四	其他公建					
1	变压站	176	m²	3000	528000	
2	煤气调压站				100000	
3	垃圾房	20	m²	3000	60000	
五	室外总体					
1	机动车非机动车停车位	300	m²	300	90000	
2	小区围墙	500	m²	500	250000	
3	小区入口				500000	
4	小区绿化	7000	m²	300	2100000	
5	小区道路	3000	m²	200	600000	
6	小区给排水管				2000000	
7	小区灯光				500000	
8	小区安防				1000000	
9	小区背景音乐				300000	
二	工程建设其他费				12543816	

序 号	工程和费用名称	工程量		概算（元）		备注
		数量	单位	单价（费率）	合价	
1	建设单位管理费				800000	
2	项目建议书				163429	
3	可行性研究报告				281000	
4	环境影响评价费				60000	
5	勘察费	20029		20.00	400580	
6	设计费			3.30	2221506	
7	建设场地准备费			0.30	201955	
8	招标代理费			0.65	437569	
9	施工监理费			3.00	2019551	
10	施工图审图费			10.00	222151	
11	竣工图编制费			5.00	111075	
12	人防易地建设费	15625		60.00	937500	
13	配套费	15625		300.00	4687500	
三	预备费	8.00	%		6388975	
四	建设项目总投资				￥86251159.27	

1 住宅楼工程概算书

序号	项目名称	单位	工程量	单价（元）	合价（元）
1	基础打桩工程				
2	标准砖砖基础 无钢筋混凝土防水带	m³	11.3	445.18	5030.53
3	现浇钢筋混凝土防水地圈梁 C25	m³	4.93	2132.33	10512.39
4	现浇钢筋混凝土基础梁 C30	m³	8.42	2273.38	19141.86
5	打桩场地铺渣 厚度15cm	m²	223.8134	34.25	7665.61
6	钢筋混凝土带型桩承台基础 埋深2.5m以内 C30	m³	2.01	2281.94	4586.70
7	打管桩 PHC 300 AB 7021m	m	567	130	73710.00
8	柱梁工程				
9	现浇钢筋混凝土柱（矩形）周长1.8m以内 C30	m³	5.9	3235.33	19088.45
10	现浇钢筋混凝土桩（异形）C30	m³	11.33	3160.62	35809.82
11	现浇钢筋混凝土梁（矩形）C30	m³	22.63	2683.03	60716.97
12	现浇钢筋混凝土 零星构件	m³	2	4311.84	8623.68
13	水泥砂浆复杂腰线窗台线门窗套压顶其他	m²	8.9	98.68	878.25
14	墙身工程				
15	混凝土空心砌块外墙	m²	322.81	198.2	63980.94
16	加气混凝土砌块 内墙200mm	m²	174.18	198.2	34522.48
17	加气混凝土砌块 内墙100mm	m²	35.76	105.3	3765.53
18	钢管双排外脚手架高12m内	m²	477.14	15.5	7395.67
19	预埋铁件	t	0.8	8072.17	6457.74
20	楼地屋面工程				
21	平整场地	m²	134.02	21.84	2927.00
22	室内回填土 室内外高差45cm内	m²	134.02	16.83	2255.56

序号	项目名称	单位	工程量	单价（元）	合价（元）
23	碎石垫层 10cm 厚	m²	25.08	18.55	465.23
24	混凝土垫层 8cm 厚 C10	m²	25.08	42.17	1057.62
25	定型预应力多孔板	m²	94.82	113.13	10726.99
26	整体面层无筋细石混凝土 3cm 厚	m²	114.708	33.36	3826.66
27	JS 防水涂料	m²	12.54	21.5	269.61
28	30 轻集料混凝土找坡	m²	131.79	66.8	8803.57
29	屋面水泥砂浆 2cm 厚	m²	131.79	20.35	2681.93
30	平型屋 1mm 厚聚氨酯防水涂料	m²	144.969	22.8	3305.29
31	三元乙丙橡胶防水卷材	m²	144.969	55.34	8022.58
32	屋面细石混凝土有筋 4cm 厚	m²	131.79	62.58	8247.42
33	地面沥青砂浆伸缩缝	m	87.86	11.43	1004.24
34	现浇整体式楼梯 C30	m²	15.84	635.56	10067.27
35	铁栏杆带木扶手	m	8.4	211.55	1777.02
36	护窗栏杆 1050mm 高	m	6.6	211.55	1396.23
37	零星砖砌体	m³	2.3	578.07	1329.56
38	现浇钢筋混凝土平板板厚 12cmC30	m²	148.99	276.46	41189.78
39	现浇钢筋混凝土平板板厚 13cmC30	m²	116.82	289.34	33800.70
40	女儿墙 C30 水泥面	m²	62.37	498.36	31082.71
41	门窗工程				
42	木门	m²	18.24	960	17510.40
43	铝合金门	m²	27.87	713.4	19882.46
44	铝合金窗	m²	53.205	717.43	38170.86
45	装饰工程				
46	粘贴墙面文化石	m²	255.23	58.49	14928.40
47	界面处理剂	m²	1411.1	6.16	8692.38
48	外墙无机保温	m²	322.81	123.45	39850.89
49	外墙乳液型涂料毛面	m²	46.8	44.56	2085.41
50	满批建筑腻子刷乳胶漆二遍	m²	596.7	39.38	23498.05
51	墙面砖	m²	146	78.56	11469.76
52	其他工程				
53	电动挖土机场外运输费	次	1	1546	1546.00
54	垂直运输设备塔吊场外运输费	次	1	8993	8993.00
55	小计				722751.19
	土建工程				
一	直接费	项			722751.19
二	综合费用（8%）	项			57820.10
三	社会保障费（15%）	项			16261.90
四	文明措施费（3.2%）	项			23128.04
五	税金（3.41%）	项			27960.68
六	工程总造价	项			847921.90
	安装工程				
七	电气工程	m²	265.81	120	31897.20

续表

序号	项目名称	单位	工程量	单价（元）	合价（元）
八	给水排水工程	m²	265.81	165	43858.65
九	暖通工程	m²	265.81	400	106324.00

公建楼工程概算书

序号	名　　称	单位	工程量	单价（元）	合价（元）
1	基础、打桩工程				
2	打桩场地铺渣厚度15cm	m²	654.20	34.25	22406.35
3	打管桩 PHC 500 AB 100 21m	m	2478.00	145.00	359310.00
4	砖基础标准砖有钢筋混凝土防水带　水泥砂浆 M10	m³	138.18	445.18	61514.97
5	钢筋混凝土基础　梁现浇钢筋混凝土基础梁	m³	35.77	2273.38	81322.76
6	钢筋混凝土杯形桩承台基础	m³	211.20	2281.94	481945.73
7	地下室钢筋混凝土无梁底板　埋深2.5m以内	m³	2.20	2281.94	5020.27
8	泵送商品混凝土（5～40mm）C10预算价 （已扣泵车费）混凝土汽车泵	m³	12.02	72.33	869.58
9	泵送商品混凝土（5～40mm）C30预算价 （已扣泵车费）混凝土汽车泵	m³	249.17	73.34	18274.13
10	梁柱工程				
11	现浇钢筋混凝土柱（矩形）周长1.8m以内 碎石混凝土（5～40mm）C30	m³	183.18	3235.33	592637.26
12	现浇钢筋混凝土梁（矩形）　碎石混凝土（5～40mm）C30	m³	226.78	2683.03	608466.96
13	柱粉刷混凝土矩形、圆形、异形、双肢柱粉刷 混合砂浆1：1：6	m³	183.18	52.44	9605.79
14	梁柱刷混凝土连系梁、托架梁、矩形、异形梁 粉刷　混合砂浆1：1：6	m³	226.78	62.96	14278.29
15	构造柱（抗震）差价　碎石混凝土（5～15mm）C30	m³	23.42	2683.03	62836.05
16	超3.6m每增3m以内　方柱	m³	183.18	18.76	3436.40
17	超3.6m每增3m以内　梁	m³	226.78	21.84	4952.95
18	预埋铁件	t	1.82	8072.17	14676.27
19	泵送商品混凝土（5～15mm）C30预算价 （已扣泵车费）混凝土汽车泵	m³	23.77	73.34	1743.44
20	泵送商品混凝土（5～40mm）C30预算价 （已扣泵车费）混凝土汽车泵	m³	416.11	73.34	30517.35
21	墙身工程				
22	外墙室心混凝土砌块240mm厚　碎石混凝土（5～40mm）C20	m²	1488.83	198.2	295086.11
23	内墙空心小型砌块190mm厚　石灰砂浆1：3	m²	342.47	198.2	67878.25
24	钢筋混凝土直墙20cm外墙　碎石混凝土（5～40mm）C30	m²	152.25	498.36	75875.31

序号	名　称	单位	工程量	单价（元）	合价（元）
25	空心砌块芯柱　碎石混凝土（5～40mm）C20	m³	64.09	4311.84	276342.11
26	87 型铸铁落水口 Φ100	个	7.95	95.33	758.29
27	女儿墙铸铁出水弯管 Φ100	个	7.95	39.50	314.20
28	硬质聚氯乙烯（PVC）矩形水管 100mm×75mm	延长米	232.38	12.37	2874.54
29	硬质聚氯乙烯（PVC）矩形水斗 100mm	个	9.66	13.12	126.72
30	钢管双排外脚手架高 30m 内	m²	2253.35	15.5	34926.88
31	钢管满堂脚手架高 3.61～5.80m	m²	2581.18	4.60	11873.42
32	泵送商品混凝土（5～15mm）C20 预算价（已扣泵车费）混凝土汽车泵	m³	4.52	73.02	330.24
33	泵送商品混凝土（5～40mm）C20 预算价（已扣泵车费）混凝土汽车泵	m³	103.54	73.02	7560.27
34	泵送商品混凝土（5～40mm）C30 预算价（已扣泵车费）混凝土汽车泵	m³	21.02	73.34	1541.76
35	楼、地、屋面工程				
36	平整场地　碎石混凝土（5～25mm）C20	m²	656.80	21.84	14344.51
37	室内回填土　室内外高差 45cm 内	m²	656.80	16.83	11053.94
38	垫层道渣无砂　20cm 厚	m²	656.80	15.60	10246.08
39	垫层混凝土（12cm 厚）　碎石混凝土（5～40mm）C20	m²	656.80	42.17	27697.26
40	整体面层水泥砂浆压光压实 2cm 厚　水泥砂浆 1：2	m²	656.80	20.35	13365.88
41	找平层水泥砂浆 2cm 厚　水泥砂浆 1：3	m²	913.28	20.35	18585.25
42	屋面伸缩缝　地面沥青	m²	913.28	11.43	10438.79
43	屋面防潮层　三元乙丙丁基橡胶 2mm 厚　水泥砂浆 1：2.5	m²	913.28	55.34	50540.92
44	屋面防潮层　细石混凝土 4cm 厚有筋　碎石混凝土（5～15mm）C20	m²	913.28	62.58	57153.06
45	找平层水泥砂浆 2cm 厚　水泥砂浆 1：3	m²	913.28	20.35	18585.25
46	现浇钢筋混凝土有梁板　板厚 12cm　碎石混凝土（5～40mm）C30	m²	2635.29	276.46	728552.27
47	现浇钢筋混凝土有梁板　板厚 13cm　碎石混凝土（5～40mm）C30	m²	878.43	289.34	254164.94
48	现浇钢筋混凝土整体式楼梯　水泥面　碎石混凝土（5～40mm）C20	m²	257.04	635.56	163364.34
49	现浇混凝土女儿墙　水泥面　碎石混凝土（5～25mm）C20	m²	110.90	365.78	40565.00
50	屋面型钢栏杆	m	110.90	211.55	23460.90
51	铁栏杆带木扶手	m	69.55	308.94	21486.78
52	现浇板层高超 3.6m 每增 3m	m²	3151.21	4.80	15125.80
53	泵送商品混凝土（5～15mm）C20 预算价（已扣泵车费）混凝土汽车泵	m³	25.56	73.02	1866.52

219

序号	名　称	单位	工程量	单价（元）	合价（元）
54	泵送商品混凝土（5～25mm）C20 预算价（已扣泵车费）混凝土汽车泵	m³	8.23	73.02	601.15
55	泵送商品混凝土（5～25mm）C30 预算价（已扣泵车费）混凝土汽车泵	m³	238.93		
56	泵送商品混凝土（5～40mm）C10 预算价（已扣泵车费）混凝土汽车泵	m³	0.28	72.33	20.55
57	泵送商品混凝土（5～40mm）C15 预算价（已扣泵车费）混凝土汽车泵	m³	2.01	72.33	145.07
58	泵送商品混凝土（5～40mm）C20 预算价（已扣泵车费）混凝土汽车泵	m³	101.89	73.02	7439.95
59	泵送商品混凝土（5～40mm）C30 预算价（已扣泵车费）混凝土汽车泵	m³	276.63	73.34	20288.37
60	门窗工程		0.00		
61	铝合金门	m²	13.30	713.4	9484.72
62	铝合金窗	m²	642.27	717.43	460785.22
63	钢板防火门　水泥砂浆 1：2	m²	50.88	1250.00	63600.00
64	木门	m²	70.80	960.00	67968.00
65	装饰工程		0.00		
66	墙面涂料丙烯酸外墙二遍	m²	1412.69	44.56	62949.39
67	砖墙面 1：1：4 砂浆差价　混合砂浆 1：1：4	m²	1412.69	13.30	18788.75
68	墙面涂料 803 涂料二遍	m²	2105.43	44.56	93817.96
69	界面剂	m²	3693.08	6.60	24374.33
70	杂项工程		0.00		
71	泵送商品混凝土（5～40mm）C10 预算价（已扣泵车费）混凝土汽车泵	m³	2.03	65.31	132.47
72	建筑物超高费用		0.00		
73	建筑物超高费高度 30m 以内	m²	3324.34	7.02	23336.87
74	层高大于或小于 3m 时，每增减一米 30m 以内	m²	3282.86	0.33	1083.35
75	小计				5484716.26
一	直接费	项			5484716.26
二	综合费用（8%）	项			438777.30
三	社会保障费（15）	项			123406.12
四	文明措施费（3.2%）	项			175510.92
五	税金（3.41%）	项			212184.20
六	工程总造价	项			6434594.79
	安装工程				
七	电气工程	m²	3324.34	105.00	349055.70
八	给水排水工程	m²	3324.34	140.00	465407.60
九	暖通工程	m²	3324.34	350.00	1163519.00

<h1>幼儿园工程概算书</h1>

序号	项目名称	单位	工程量	单价（元）	合价（元）
1	基础打桩工程				
2	标准砖砖基础 无钢筋混凝土防水带	m³	35.42	445.18	15768.28
3	现浇钢筋混凝土防水地圈梁 C25	m³	12.35	2132.33	26334.28
4	现浇钢筋混凝土基础梁 C30	m³	55.27	2273.38	125649.71
5	打桩场地铺渣 厚度15cm	m²	1415.32	34.25	48474.71
6	钢筋混凝土带形桩承台基础 埋深2.5m以内 C30	m³	189.81	2281.94	433135.03
7	打管桩 PHC 500 AB 100 22m	m	3300	175	577500.00
8	柱梁工程				
9	现浇钢筋混凝土柱（矩形）周长2.5m以内 C30	m³	161.07	3235.33	521114.60
10	现浇钢筋混凝土梁（矩形）C30	m³	295.32	2683.03	792352.42
11	现浇钢筋混凝土 零星构件	m³	6.35	4311.84	27380.18
12	水泥砂浆复杂腰线窗台线门窗套压顶其他	m²	65.35	98.68	6448.74
13	墙身工程				
14	蒸压轻质砂加气混凝土砌块 外墙200mm	m²	2084.54	237.8	495703.61
15	蒸压轻质砂加气混凝土砌块 内墙200mm	m²	486.51	237.8	115692.08
16	蒸压轻质砂加气混凝土砌块 内墙100mm	m²	58.36	132.17	7713.44
17	钢筋混凝土直墙200mm内墙	m²	55.32	2574.35	142413.04
18	钢管双排外脚手架高12.1m内	m²	2107.26	15.5	32662.53
19	预埋铁件	t	1.212	8072.17	9783.47
20	楼地屋面工程				
21	平整场地	m²	1855.25	21.84	40518.66
22	室内回填土 室内外高差45cm内	m²	1415.32	16.83	23819.84
23	台阶150mm厚碎石垫层	m³	8.76	22.38	196.05
24	100mm厚C15混凝土垫层，台阶面向外坡1%	m²	58.37	142.35	8308.97
25	20mm厚水泥砂浆面层	m²	58.37	20.35	1187.83
26	散水70mm厚碎石垫层	m³	6.09	17.68	107.67
27	散水70mm厚C20细石混凝土	m²	87.03	123.41	10740.37
28	碎石垫层10cm厚	m²	3235.27	18.55	60014.26
29	整体面层无筋细石混凝土3cm厚	m²	3235.27	33.36	107928.61
30	20mm厚1:3干硬性水泥砂浆保护层	m²	3235.27	29.34	36668.25
31	JS防水涂料	m²	1249.77	21.5	26870.06
32	30轻集料混凝土找坡	m²	1249.77	66.8	83484.64
33	屋面水泥砂浆2cm厚	m²	1249.77	20.35	25432.82
34	平型屋1mm厚聚氨酯防水涂料	m²	1324.25	22.8	30192.90
35	三元乙丙橡胶防水卷材	m²	1324.25	55.34	73284.00
36	屋面细石混凝土有筋4cm厚	m²	1249.77	62.58	78210.61
37	地面沥青砂浆伸缩缝	m	152.41	11.43	1742.05
38	现浇整体式楼梯 C30	m²	151.12	635.56	96045.83
39	铁栏杆带木扶手	m	94.35	211.55	19959.74
40	护窗栏杆1050mm高	m	55.37	211.55	11713.52

续表

序号	项目名称	单位	工程量	单价（元）	合价（元）
41	零星砖砌体	m³	5.87	578.07	3393.27
42	现浇钢筋混凝土平板板厚11cm　C30	m²	815.04	263.46	214730.44
43	现浇钢筋混凝土平板板厚12cm　C30	m²	964.2	276.46	266562.73
44	现浇钢筋混凝土平板板厚13cm　C30	m²	1468.97	289.34	425031.78
45	女儿墙C30水泥面	m²	412.24	498.36	205443.93
46	门窗工程				
47	木门	m²	145.16	960	139353.60
48	铝合金门	m²	139.72	713.4	99676.25
49	铝合金窗	m²	593.27	717.43	425629.70
50	防火门	m²	11.16	650	7254.00
51	防火窗	m²	18.81	650	12226.50
52	装饰工程				
53	外墙50mm×50mm深灰色金属框	m	189.06	365.1	69025.81
54	外墙50mm（宽）×200mm（长）分色塑料竖梃	m	195.73	365.1	71461.02
55	界面处理剂	m²	2182.74	6.16	13445.68
56	外墙无机保温	m²	752.4	123.45	92883.78
57	外墙乳液型涂料毛面	m²	2182.74	44.56	97262.89
58	满批建筑腻子刷乳胶漆二遍	m²	2182.74	39.38	85956.30
59	其他工程				
60	电动挖土机场外运输费	次	1	1546	1546.00
61	垂直运输设备塔吊场外运输费	次	1	8993	8993.00
62	小计				6354429.45
一	直接费	项			6354429.45
二	综合费用（8%）	项			508354.36
三	社会保障费（15%）	项			142974.66
四	文明措施费（3.2%）	项			203341.74
五	税金（3.41%）	项			245830.32
六	工程总造价	项			7454930.53
	安装工程				
七	电气工程	m²	4169.08	105.00	437753.40
八	给水排水工程	m²	4169.08	150.00	625362.00
九	暖通工程	m²	4169.08	360.00	1500868.80

思考题与习题

一、思考题

4-1　设计概算的三级概算是指什么？分别包括哪些内容？

4-2　设计概算的作用是什么？

4-3　单位建筑工程概算编制方法有哪些？分别适用什么条件？

4-4　设备安装单位工程概算编制方法有哪些？分别适用什么条件？

4-5 简述设计概算审查的意义。

4-6 简述设计概算的审查内容。

4-7 设计概算审查方法有哪些？

4-8 设计概算的调整有哪些规定？

二、计算题

4-1 利用概算指标法编制拟建工程概算，已知概算指标中每 $100m^2$ 建筑面积中分摊的人工消耗量为 500 工日。拟建工程与概算指标相比，仅楼地面做法不同，概算指标为瓷砖地面，拟建工程为花岗岩地面。查预算定额得到铺瓷砖和花岗岩地面的人工消耗量分别为 37 工日 $/100m^2$ 和 24 工日 $/100m^2$，拟建工程楼地面面积占建筑面积的 65%。则对概算指标修正后的人工消耗量为多少工日 $/100m^2$？

4-2 拟建某教学楼，与概算指标略有不同，概算指标拟定工程外墙贴面砖，教学楼外墙面干挂花岗石。该地区外墙面贴面砖的预算单价为 80 元 $/m^2$，花岗石的预算单价为 280 元 $/m^2$。教学楼工程和概算指标拟定工程每 $100m^2$ 建筑面积中外墙面工程量均为 $80m^2$。概算指标土建工程工料机费用单价为 2000 元 $/m^2$，措施费为 170 元 $/m^2$。间接费率 10%，利润率 5%，综合税率 3.48%，则拟建教学楼土建工程概算造价指标为多少元 $/m^2$？

4-3 某地拟建一办公楼，与该工程技术条件基本相同的概算指标经地区价差调整后的建安工程价格为 20 万元 $/100m^2$，其中，工料机费用所占比例为 75%。拟建工程与概算指标相比，仅楼地面面层构造不同，概算指标中楼地面为地砖面层，拟建工程为花岗石面层。该地区地砖和花岗石面层的预算单价分别为 50 元 $/m^2$ 和 300 元 $/m^2$，概算指标中每 $100m^2$ 建筑面积中地面面层工程量为 $50m^2$。假定其他各项费用构成比例不变，则拟建工程概算单价为元 $/m^2$。

4-4 拟建混合结构住宅楼建筑面积为 $8500m^2$，查到同类建筑面积为 $3000m^2$ 的住宅工程，预算造价 2832000 元。各种费用占预算造价的比重为：人工费 18%，材料费 60%，机械使用费 8%，措施费 4%，规费 0.5%，余下的为管理费用和税金等。由于同类工程与拟建工程建设时间的不一致，市场价格按差异系数调整：人工费 $K_1=1.08$，材料费 $K_2=1.1$，机械使用费 $K_3=1.05$，措施费 $K_4=1.05$，其他费用不变。要求用类似工程预算法编制新建混合结构住宅楼的建筑工程概算。

第5章
建筑工程施工图预算编制及审查

本章知识点

> 本章主要讲述施工图预算的编制原理和方法，内容包括施工图预算的含义和组成，施工图预算的编制和审查方法，并通过例题说明施工图预算编制的具体应用。通过本章学习需要了解和掌握的知识点有：
>
> ◆ 了解施工图预算的含义及其组成；
> ◆ 掌握施工图预算的编制方法；
> ◆ 熟悉并能应用施工图预算的审查方法；
> ◆ 熟悉施工图预算编制案例。

5.1 施工图预算简述

1. 施工图预算的含义

施工图预算是在施工图设计完成后，工程开工前，根据已批准的施工图纸、现行的预算定额、费用定额和地区人工、材料、设备与机械台班等资源价格，在施工方案或施工组织设计已确定的前提下，按照规定的计算程序计算人工费、材料费、施工机具使用费，并计取企业管理费、利润、规费、税金等费用，确定单位工程造价的技术经济文件。

根据施工图预算的概念，只要是按照工程施工图以及计价所需的各种依据，在工程实施前所计算的工程价格，均可以称为施工图预算价格。施工图预算价格既可以是按照政府统一规定的预算单价、取费标准、计价程序计算而得到的属于计划或预期性质的施工图预算价格，也可以是通过招标投标法定程序后，施工企业根据自身的实力即企业定额、资源市场单价以及市场供求及竞争状况，计算得到的反映市场性质的施工图预算价格。由此可对应施工图预算两种计价模式，即传统计价模式和工程量清单计价模式。

2. 施工图预算的作用

施工图预算作为工程建设中一个重要的技术经济文件，在项目实施过程中对不同的项目参与方有着不同的作用，主要归纳为以下几个方面：

（1）施工图预算对建设单位（投资方）的作用

① 施工图预算是建设单位在施工期间安排建设资金计划和合理使用资金

的依据。施工图预算确定的预算造价是工程的计划成本，建设单位可按施工组织设计、施工工期、施工顺序、各个部分预算造价安排建设资金计划，确保资金有效使用，保证项目建设的顺利进行。

② 施工图预算是确定工程招标控制价的重要基础。对于建设单位而言，标底和招标控制价的编制是以施工图预算为基础的，通常是在施工图预算的基础上考虑工程的特殊施工措施、工程质量要求、目标工期、招标工程范围以及自然条件等因素进行编制的。

③ 施工图预算是拨付工程款及办理工程结算的依据。

（2）施工图预算对施工企业（承包方）的作用

① 施工图预算是建筑施工企业投标报价的参考依据。在激烈的建筑市场竞争中，建筑施工企业需要根据施工图预算造价，结合企业的投标策略，确定投标报价。

② 施工图预算是建筑工程预算包干的依据和签订施工合同的主要内容。在采用总价合同的情况下，施工单位可在施工图预算的基础上，通过与建设单位的商谈，考虑设计或施工变更后可能发生的费用与其他风险因素，增加一定系数作为工程造价一次性包干。同样，施工单位与建设单位签订施工合同时，其中的工程价款的相关条款也必须以施工图预算为依据。

③ 施工图预算是施工企业安排调配施工力量，组织材料供应的依据。施工单位各职能部门可根据施工图预算编制劳动力供应计划和材料供应计划，并由此做好施工前的准备工作。

④ 施工图预算是施工企业控制工程成本的依据。根据施工图预算确定的中标价格是施工企业收取工程款的依据，企业只有合理利用各项资源，采取先进技术和管理方法，将成本控制在施工图预算价格以内，企业才会获得良好的经济效益。

⑤ 施工图预算是进行"两算"对比的依据。施工企业可以通过施工图预算和施工预算的对比分析，找出差距，采取必要的措施。

（3）施工图预算对其他方面的作用

① 对于工程咨询单位来说，可以客观、准确地为委托方做出施工图预算，以强化投资方对工程造价的控制，有利于节省投资，提高建设项目的投资效益。

② 对于工程造价管理部门来说，施工图预算是其监督检查执行定额标准、合理确定工程造价、测算造价指数及审定工程招标控制价的重要依据。

3. 施工图预算的内容

施工图预算有单位工程预算、单项工程预算和建设项目总预算。单位工程预算由人工费、材料费、施工机具使用费、企业管理费、利润、规费和税金组成，根据施工图设计文件、预算定额、费用定额以及人工、材料、设备、机械台班预算价格等资料进行编制；将所有单位工程施工图预算汇总，即成为单项工程施工图预算；再汇总所有单项工程施工图预算，即形成建设项目建筑安装工程的总预算。一般地，单位工程预算包含建筑单位工程预算和设备安装单位工程预算，具体组成如图 5-1 所示。

226

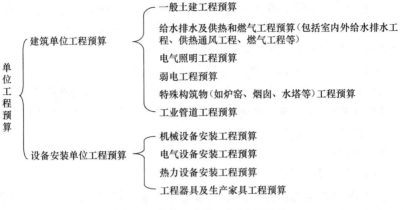

图 5-1　单位工程施工图预算组成

5.2　施工图预算的编制

施工图预算由单位工程施工图预算、单项工程施工图预算和建设项目施工图总预算逐级编制综合汇总而成。编制施工图预算的关键在于单位工程施工图预算的编制，因此，以下重点介绍单位工程施工图预算的编制。

5.2.1　施工图预算的编制依据

着手编制施工图预算前，应收集并熟悉以下资料，作为编制依据。

1. 施工图纸、说明和相关的标准图集

这些资料是分解工程项目、列项和计算分项工程量的主要依据。施工图示尺寸是工程计量的基本数据来源。

2. 已批准的施工组织设计或施工方案

施工组织设计是确定单位工程进度计划、施工方法或主要技术措施，以及施工现场平面布置等内容的文件。它确定了土方的开挖方法，土方运输工具及运距，余土或缺土的处理；钢筋混凝土构件，钢结构构件是现场制作还是工厂制作，运距多少，构件吊装的施工方法，采用何种大型机械，机械的进出场次等。这些内容都涉及编制预算时定额的套用和取费的计算；另外施工组织设计中的现场平面布置要求也是编制施工图预算，确定措施项目费的依据。

3. 现行预算定额及单位估价表

预算定额中所规定的工程量计算规则、计量单位、分项工程内容及相关说明，是编制预算时计算工程量和选套定额的主要依据。

单位估价表中的基价由人工费、材料费、机械台班费用构成，是确定预算定额计价的依据，也是调整人工、材料、设备、机械台班价格的数据来源。

4. 取费基数及取费标准

取费基数及取费标准即国家或地区、行业的费用定额，费用定额规定了企业管理费、利润、规费和税金的计算依据、计算方法和计算程序。

5. 甲乙双方签订的合同或协议

施工企业与建设单位签订的合同或协议是双方必须遵守和履行的文件，在合同中明确了施工的范围、内容，从而决定施工图预算各分部工程的构成。因此，合同或协议也是编制施工图预算的依据。

6. 工具书和工作手册

工具书和工作手册包括计算各种构件面积和体积的公式，钢材、木材等各种材料规格型号及单位用量数据，金属材料重量表，特殊断面（如砖基础大放脚、屋面坡度系数等）计算方法，结构构件工程量速算方法等。这些材料可以为工程量计算提供方便，提高预算编制效率。

7. 施工图预算编制软件

现代计算机技术的应用，会大大缩短工程量计算、定额套用、取费计算的时间。高效简捷、功能齐全的预算编制软件也是预算编制的重要依据。

8. 其他资料

各地区造价管理部门发布的工程造价信息资料、调价文件规定，现场环境条件，市场询价资料等。这些资料都能够使得施工图预算的编制客观反映工程项目特点，及时表现最新市场情况，从而提高预算编制的准确性。

5.2.2 施工图预算的编制方法

施工图预算的编制可以采用单价法和实物法两种编制方法，单价法根据单价计算方法又分为工料单价法和综合单价法两种计价方法，工料单价法是传统的定额计价模式下的施工图预算编制方法，而综合单价法则是适应市场经济条件的工程量清单计价模式下的施工图预算编制方法（见图5-2）。

《建筑工程施工发包与承包计价管理办法》（住房和城乡建设部令第16号）规定，国家推广工程造价咨询制度，对建筑工程项目实行全过程造价管理。全部使用国有资金投资或者以国有资金投资为主的建筑工程（以下简称国

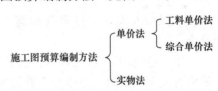

图 5-2　施工图预算编制方法

有资金投资的建筑工程），应当采用工程量清单计价；非国有资金投资的建筑工程，鼓励采用工程量清单计价。国有资金投资的建筑工程招标的，应当设有最高投标限价；非国有资金投资的建筑工程招标的，可以设有最高投标限价或者招标标底。最高投标限价及其成果文件，应当由招标人报工程所在地县级以上地方人民政府住房城乡建设主管部门备案。工程量清单应当依据国家制定的工程量清单计价规范、工程量计算规范等编制。工程量清单应当作为招标文件的组成部分。

1. 工料单价法

（1）工料单价法的含义

工料单价法是用事先编制好的分项工程的单位估价表来编制施工图预算的方法。按施工图计算的各分项工程的工程量，乘以相应单价，汇总相加，

得到单位工程的人工费、材料费、施工机具使用费之和；再加上按规定程序计算出来的企业管理费、利润、规费和税金，便可得出单位工程的施工图预算造价。工料单价法编制施工图预算的计算公式见式（5-1）。

单位工程施工图预算人工费／材料费／施工机具使用费

$$= \sum（分项工程工程量 \times 预算定额人工费／材料费／施工机具费单价）$$

(5-1)

（2）工料单价法编制施工图预算的步骤

工料单价法编制施工图预算的具体步骤如下：

1）收集编制依据资料。根据项目特点及预算编制要求，将上述施工图预算编制的依据资料收集齐全。

2）熟悉施工图纸和定额。对施工图和预算定额进行全面详细的了解，明确工程要求，由此全面准确地计算出工程量，进而合理地编制出施工图预算。

3）计算工程量。工程量的计算在整个预算过程中是最重要、最烦琐的一个环节，不仅影响预算的及时性，而且会影响预算造价的准确性。计算工程量一般可按下列具体步骤进行：

① 根据施工图示的工程内容和定额项目，列出分部分项工程；

② 根据一定的计算顺序和计算规则，列出工程量计算式；

③ 根据施工图示尺寸及相关数据，代入计算式进行数学计算；

④ 按照定额中分部分项工程的计量单位对计算结果的计量单位进行调整，使之一致。

4）套用预算定额单价。工程量计算完毕并核对无误后，用所得到的分部分项工程量套用单位估价表中相应的定额基价，相乘后相加汇总，便可求出单位工程的人工费、材料费和施工机械机具费。套用单价时需要注意如下几点：

① 当分项工程量的名称、规格、计量单位与预算定额或单位估价表所列的内容完全一致时，可以直接套用预算定额或单位估价表。

② 当施工图纸的某些设计要求与定额项目的特征不完全符合时，必须根据定额使用说明对定额基价进行调整或换算。使用的材料、设备不一致时，调整材料、设备价格；使用的工艺不一致时，调整消耗量不调整价格。

③ 当施工图纸的某些设计要求与定额项目的特征相差甚远，既不能直接套用也不能换算、调整时，必须编制补充单位估价表或补充定额。

5）编制工料分析表。根据各分部分项工程的实物工程量和相应定额项目所列的用工工日及材料数量，计算出各分部分项工程所需的人工及材料数量，相加汇总便得出该单位工程所需要的各类人工和材料的总用量。

6）计算其他各项取费和汇总造价。按照建筑安装单位工程造价的费用项目、费率及计费基础，分别计算出企业管理费、利润、规费和税金，并汇总单位工程造价，见式（5-2）。

单位工程造价 ＝人工费＋材料费＋施工机具费＋企业管理费

＋利润＋规费＋税金　　　　　　　(5-2)

7）复核。单位工程预算编制完成后，专业人员应按照预算编制程序的各步骤对单位工程预算的编制进行全面复核，以便及时发现差错，提高预算质量，确保计算无误。

8）编制说明、填写封面。编制说明包括编制依据，工程特点、预算内容范围，设计图纸情况、所用预算定额、价格水平年份，有关部门的调价文件号，套用单价或补充单位估价表的情况说明，工程总建筑面积、预算总造价及单方造价，编制单位名称及负责人和编制日期，审查单位名称及负责人和审核日期等。

工料单价法是目前编制施工图预算的主要方法，具有计算简单、工作量较小和编制速度较快，便于工程造价管理部门集中统一管理的优点。但由于是采用事先编制好的统一的单位估价表，其价格水平只能反映定额编制年份的价格水平，需要专业人员及时编制计算调价系数和指数，增加了工作量。在市场经济价格波动较大的情况下，单价法的计算结果会偏离实际价格水平。

（3）工料单价法计价程序

工料单价法以分部分项工程量乘以定额或单位估价表的单价后，以合计数为基础计算单位工程预算造价。其计算程序分为三种。

1）以人工费、材料费和施工机具使用费合计为计算基础（见表 5-1）。

以人工费、材料费和施工机具使用费合计为计算基础的工料单价法计价程序

表 5-1

序　号	费用项目	计算方法	备　注
1	人工费	按预算表	
2	材料费	按预算表	
3	施工机具使用费	按预算表	
4	小计	1+2+3	
5	企业管理费	4×相应费率	
6	利润	（4+5）×相应利润率	
7	规费	按有关规定计算	
8	合计	4+5+6+7	
9	含税造价	8×（1+相应税率）	

2）以人工费和施工机具使用费为计算基础（见表 5-2）。

以人工费和施工机具使用费合计为计算基础的工料单价法计价程序　表 5-2

序　号	费用项目	计算方法	备　注
1	人工费	按预算表	
2	材料费	按预算表	
3	施工机具使用费	按预算表	
4	小计	1+2+3	
5	其中人工费和施工机具费	1+3	
6	企业管理费	5×相应费率	

序　号	费用项目	计算方法	备　注
7	利润	5×相应利润率	
8	规费	按有关规定计算	
9	合计	4+6+7+8	
10	含税造价	9×(1+相应税率)	

3) 以人工费为计算基础（见表 5-3）。

以人工费为计算基础的工料单价法计价程序 　　　　表 5-3

序　号	费用项目	计算方法	备　注
1	人工费	按预算表	
2	材料费	按预算表	
3	施工机具使用费	按预算表	
4	小计	1+2+3	
5	企业管理费	1×相应费率	
6	利润	1×相应利润率	
7	规费	按有关规定计算	
8	合计	4+5+6+7	
9	含税造价	8×(1+相应税率)	

2. 综合单价法

（1）综合单价法的含义

综合单价法分为全费用综合单价和部分费用综合单价。全费用综合单价包括人工费、材料费、施工机具费、企业管理费、利润、规费和税金，以全费用综合单价乘以各分项工程量汇总后可直接得到施工图预算造价，见式（5-3）。

$$单位工程造价 = \sum(分项工程工程量 × 全费用综合单价) \quad (5-3)$$

部分费用综合单价是指按照《建设工程工程量清单计价规范》GB 50500—2013 的规定，工程量清单计价规范的综合单价包括人工费、材料费、施工机具费、企业管理费、利润以及一定范围内的风险费用，该综合单价不包括规费和税金。以此综合单价编制施工图预算，各分项工程量乘以综合单价后还需要加上规费和税金才能得到单位工程造价，见式（5-4）。

$$单位工程造价 = \sum(分项工程工程量 × 部分费用综合单价) + 规费 + 税金$$

$$(5-4)$$

（2）计算综合单价法的步骤

综合单价法确定的具体步骤如下：

1) 根据分部分项工程特征和内容选择相应基础（地区、企业）消耗量定额子目；

2) 通过市场询价或根据工程造价信息取定人工、材料、机械台班价格；

3) 计算相应基础（地区、企业）消耗量定额子目的人工费、材料费和施工机具使用费；

4）取定企业管理费比率，按取费公式计算企业管理费；

5）按测定的利润率计算利润；

6）按有关文件规定计取规费；

7）按法定的税率计取税金；

8）汇总人工费、材料费、施工机具使用费、企业管理费、利润、规费和税金的全部或部分得到全费用和部分费用的综合单价。

（3）综合单价法编制施工图预算的步骤

综合单价法编制施工图预算的具体步骤如下：

1）准备工作：收集资料，研究施工图纸，熟悉工程内容。

2）计算工程量：根据现行预算定额的工程量计算规则及定额有关说明，划分分部分项工程项目，计算分部分项工程量。

第1和第2步的工作要求与工料单价法基本一致。

3）确定综合单价：按上述步骤计算各分部分项工程全费用或部分费用综合单价。

4）计算施工图预算造价：将工程量和综合单价相乘并汇总即得到所需的施工图预算造价，见式（5-3）和式（5-4）。

5）复核，编制说明、填写封面。该步骤要求与工料单价法一致。

综合单价法按照实体性消耗与施工措施性消耗相分离的原则，项目的划分与国际习惯基本一致，能适应工程量清单招标计价的要求，既强调"量"的法定性，又注意了"价"的指导性。综合价格中定额消耗量、费用标准为指令性标准，一般不得随意调整；而材料价格、利润标准为指导性标准，可根据企业自身经营管理水平自主确定。

3. 实物法

（1）实物法的含义。

实物法编制施工图预算首先根据施工图纸分别计算出各分项工程的实物工程量，然后套用相应人工、材料、机械台班的预算定额用量，再分别乘以工程所在地当时的人工、材料、机械台班的实际单价，求出单位工程的人工费、材料费和施工机具使用费，并汇总求和。再以此为基础，根据当时当地建筑市场的供求情况，按规定计取其他各项费用，汇总得出单位工程施工图预算造价。实物法编制施工图预算，人工费、材料费和施工机械使用费合计的计算公式见式（5-5）。

$$
\begin{aligned}
单位工程工料机预算费用合计 =& \sum (分项工程工程量 \\
& \times 人工预算定额用量 \times 当时当地人工费单价) \\
& + \sum (分项工程工程量 \times 材料预算定额用量 \\
& \times 当时当地材料预算价格) + \sum (分项工程量 \\
& \times 施工机械台班预算定额用量 \\
& \times 当时当地机械台班价格) \qquad (5-5)
\end{aligned}
$$

（2）实物法编制施工图预算的步骤

实物法编制施工图预算的首尾步骤与工料单价法相似，但在具体内容上有一些区别。实物法和工料单价法编制步骤中最大的区别在于计算人工费、材料费和施工机械使用费及汇总三者费用之和的方法不同。实物法编制施工图预算的步骤见表5-4。

实物法编制施工图预算的步骤

表 5-4

序　号	编制步骤	内　　容
1	收集各种编制依据资料	针对实物法的特点，在此阶段中需要全面地收集各种人工、材料、机械当时当地的实际价格，包括：不同品种、不同规格的材料预算价格，不同工种的人工费单价，不同种类、不同型号的机械台班单价等。要求获得的各种实际价格全面、系统、真实、可靠
2	熟悉施工图纸和定额	可参考工料单价法相应的内容
3	计算工程量	可参考工料单价法相应的内容
4	套用相应预算定额人工、材料、施工机械台班用量	根据分项工程项目特征，套用相应定额。定额消耗量中的"量"在相关规范和工艺水平等未有较大变化之前具有相对稳定性，据此确定符合国家技术规范和质量标准要求，并反映当时施工工艺水平的分项工程计价所需的人工、材料、施工机械台班消耗量
5	汇总单位工程所需的各类人工工日的总消耗量、材料总消耗量、机械台班总消耗量	根据人工预算定额所列的各类人工工日的数量，乘以各分项工程的工程量，得出各分项工程所需的各类人工工日的数量，然后统计汇总，确定单位工程所需的各类人工工日消耗量。同样，根据材料预算定额所列的各种材料数量，机械台班预算定额所列的各种施工机械台班数量，乘以各分项工程的工程量，并按类相加，可得出单位工程各种材料和施工机械台班的总消耗量
6	根据当时当地人工、材料和机械台班单价，汇总人工费、材料费和机械使用费	根据当时当地工程造价管理部门定期发布的或企业根据市场价格确定的人工工资单价、材料预算价格、施工机械台班单价分别乘以人工、材料、机械消耗量，汇总即为单位工程人工费、材料费和施工机械使用费
7	计算其他各项费用，汇总造价	对于企业管理费、利润、规费和税金等的计算，可以采用与工料单价法相似的计算程序，只是有关的费率是根据当时当地建筑市场供求情况予以确定。将上述单位工程各项费用汇总，即为单位工程造价
8	复核	主要内容与工料单价法类似。要求认真检查人工、材料、机械台班的消耗量计算是否合理准确等。有无漏算或多算，套取的定额是否准确，采用的价格是否合理
9	编制说明、填写封面	可参考工料单价法相应的内容

总之，采用实物法编制施工图预算，由于所用的人工、材料和施工机械台班的单价都是当时当地的实际价格，所以编制出的预算能比较准确地反映实际水平，误差较小，这种方法适合于市场经济条件下价格波动较大的情况。但是，采用实物法编制施工预算需要统计人工、材料、施工机械台班消耗量，还需要收集相应的市场实际价格，因而工作量较大，计算过程烦琐。然而，

随着建筑市场的开放和价格信息系统的建立，以及竞争机制作用的发挥和计算机软件应用的普及，实物法将是一种与统一"量"、指导"价"、竞争"费"的工程造价管理机制相适应的行之有效的预算编制方法，是与市场经济体制相适应的预算编制方法。

5.3　施工图预算的审查

5.3.1　审查施工图预算的意义

施工图预算编完之后，需要专业工程师认真进行审查。加强施工图预算的审查，对于提高预算的准确性，正确贯彻党和国家的有关方针与政策，降低工程造价具有现实意义。

（1）审查施工图预算，有利于节约使用建设资金。施工图预算经过审查，可以消除高估冒算，排除不正当提高工程预算造价的现象。

（2）审查施工图预算，有利于促进企业加强经济核算，提高经营效益。偏低的预算会使施工企业生产建筑安装产品所耗用的活劳动和物化劳动得不到应有的补偿，影响施工企业的合理收入，造成亏损；偏高的预算会使施工企业轻而易举地获取不应得的利润，不费力气地降低成本。所以，加强施工图预算审查，可以堵塞预算中的漏洞，使基本建设商品的价值量符合社会必要劳动消耗，从而促使施工企业加强经济核算，端正经营方向，改善经营管理，采取增收节支措施，降低工程成本，增加盈利。

（3）审查施工图预算，有利于发挥建设工程管理部门的职能作用。工程预算是建设主管部门管理基本建设投资，控制工程造价，实施财政监督的重要依据。

（4）审查施工图预算，有利于积累和分析各项技术经济指标，不断提高设计水平。通过审查工程预算，核实建筑产品预算价值，为积累和分析技术经济指标，提供了准确数据，进而通过有关指标的比较，找出设计中的薄弱环节，可以及时改进，并不断提高设计水平。

5.3.2　施工图预算审查的组织形式

根据各地区的实际情况、工程规模、工程复杂程度的不同，对施工图预算的审查可分别采用以下三种方式。

1. 分头审查

由建设单位、设计部门、施工单位主管预算工作的部门分头进行审查，然后各自提出修改预算文件的意见，充分协商，最后实事求是地定案。这种方式比较灵活，不受时间限制，是目前各地区在一般建设项目上广泛使用的一种审查方式。它适用于工程规模较小，采用常规施工技术，现场条件比较清晰简单的工程项目。

2. 联合会审

由设计单位、主管部门、建设单位、施工单位等共同组成会审小组，在审查中可及时展开协商讨论。这种审查方式进度快，质量也较高。缺点是在一定时间内集中各方面人员共同进行审查比较困难。一般适用于建设规模较大，施工技术条件复杂、施工要求高、可变因素多，不宜单独进行审查的工程。

有些地区由主管部门负责，抽调建设银行、造价协会等有关部门预算专业人员，组成联合审查的常设专职机构，对本地区各建设单位报送的预算文件进行审查。这种方式由于审查人员稳定，能较快的积累审查经验，因此工作效率较高，审查效果也较好，还有定案较容易公正的优点。

3. 委托审查

委托审查是指不具备会审条件，也不能单独进行审查时，建设单位委托具有相应资质和业务范围的工程造价咨询机构进行审查的一种形式。受委托的单位应按委托合同的约定，在规定时间内审查完毕，提交书面审查报告和审查结论。

5.3.3　施工图审查的原则及依据

施工图预算审查的原则包括：

（1）坚持实事求是，公正核实工程造价。在施工图预算审查工作中首先应认真执行国家的基本建设方针和政策，明确审查的目的是为了合理地核实工程造价。因而，在审查中无论是发现高估冒算的现象，还是发现漏项低算的问题，都应如实地进行纠正。

（2）坚持充分协商、共同讨论定案的原则。审查施工图预算是一项专业知识较综合、政策性较强的工作。由于工程项目计价因素复杂，经常会发生对某些分项工程内容理解不同甚至发生争议的情况，对此，各方应本着互相协商的精神，充分讨论，协商定案。对于协商、讨论仍不能取得统一意见的，应报当地有关部门进行仲裁。

审查预算所依据的资料与编制预算所用资料是相同的，除此之外，审查人员还应注意收集使用诸如标准设计、典型工程等项目审定后的技术经济指标，如平方米指标等，作为提高审查速度及审查质量的参考资料。

5.3.4　施工图预算审查的方法

审查施工图预算的方法较多，主要有全面审查法、标准预算审查法、重点抽查法、经验审查法、分解对比审查法、筛选审查法、对比审查法、利用手册审查法等。各方法的使用特点和条件见表5-5。

施工图预算审查的方法及适用条件　　　　　　　　　　　表5-5

审查方法	适用条件
全面审查法	又叫逐项审查法，就是按预算定额顺序或施工的先后顺序，逐一地全部进行审查的方法。其具体审查过程与施工图预算编制基本相同。 此方法的优点是全面、细致，经审查的工程预算差错比较少，质量比较高。 缺点是工作量大，对于一些工程量比较小、工艺比较简单的工程，编制工程预算的技术力量又比较薄弱，可采用全面审查法

审查方法	适用条件
标准预算审查法	这是对于利用标准图纸或通用图纸施工的工程，先集中力量编制标准预算，并以此为标准审查预算的方法。按标准图纸设计或通用图纸施工的工程一般上部结构和做法都相同，可集中力量细审一份预算或编制一份预算，作为这种标准图纸的标准预算，或用这种标准图纸的工程量为标准，对照审查，而对局部不同的部分再单独审查即可。 这种方法的优点是时间短、效果好、好定案；缺点是只适应按标准图纸设计的工程，适用范围小
重点抽查法	这是抓住工程预算中的重点进行审查的方法。审查的重点一般是：工程量大或造价较高、工程结构复杂的工程，补充单位估价表，计取各项费用（如计费基础、取费标准等）。 重点抽查法的优点是重点突出，审查时间短、效果好
经验审查法	是指根据以往审查施工图预算积累的经验，只审查容易出现错误的费用项目或采用经验指标进行类比的方法
分解对比审查法	是指对单位工程预算，按费用项目的组成进行分解，分别与审定的标准预算费用项目进行对比分析的方法。一般有三个步骤： 第一步，全面审查某种建筑的定型标准施工图或复用施工图的工程预算，经审定后作为审查其他类似工程预算的对比基础。将审定预算分解为人工费、材料费、施工机具费、企业管理费、利润、规费、税金等组成项目，分别计算出各自的每平方米预算指标。 第二步，把拟审的工程预算与同类型预算单方指标进行对比，再按分部分项工程进行分解，边分条边对比，对出入较大者，再进一步审查。 第三步，对比审查，分析原因。根据对比结果，对出入较大的分部分项工程分别从工程量计算、定额套用、价格取定方面查找原因；对各项费用出入较大的内容，分别从取费基数、取费标准方面查找原因
筛选审查法	这是能较快发现问题的一种审查方法。审查时先取典型分部分项工程加以汇集，找出其单位建筑面积工程量、单价、用工的基本数值，归纳为工程量、价格、用工三个单方基本指标，并指明基本指标的适用范围。这些基本指标用来筛选各分部分项工程，对不符合条件的应进行详细审查，若审查对象的预算标准与基本指标的标准不符，就应对其进行调整。"筛选法"的优点是简单易懂，便于掌握，审查速度快，便于发现问题；但问题出现的原因尚需继续审查。该方法适用于审查住宅工程或不具备全面审查条件的工程
对比审查法	这是用已建成工程的预算或虽未建成但已审查修正的工程预算对比审查拟建的类似工程预算的一种方法。对比审查适用的条件包括以下几种： （1）两个工程采用同一个施工图，但基础部分和现场条件不同。其新建工程基础以上部分可采用对比审查法；不同部分可采用其他审查方法进行审查。 （2）两个工程设计相同，但建筑面积不同。根据两个工程建筑面积之比与两个工程分部分项工程量之比基本一致的特点，可审查新建工程各分部分项工程的工程量。或者用两个工程每平方米建筑面积造价以及每平方米建筑面积的各分部分项工程量，进行对比审查，如果基本相同，则说明新建工程预算基本是正确的；反之，说明新建工程预算有问题，进一步找出差错原因，加以更正。 （3）两个工程的面积相同，但设计图纸不完全相同时，可把相同的部分，如厂房中柱子、屋架、屋面、砖墙等，进行工程量的对比审查，不能对比的分部分项工程按图纸计算审查
利用手册审查法	这是把工程中常用的构件、配件等，事先整理成预算手册，按手册对照审查的方法。对工程常用的构配件可按标准图集计算出工程量，套上单价，编制成预算手册使用，这样大大简化预结算编审的重复工作内容

235

5.3.5 施工图预算审查的步骤

施工图预算审查的主要步骤为：

（1）做好审查前的准备工作

1）熟悉施工图纸。施工图纸是审查预算各部分分项工程量的重要依据，必须全面熟悉了解。一是核对所有的图纸，清点无误后，依次识读；二是参加技术交流，解决疑难问题。

2）了解预算包括的范围。根据预算编制说明，了解预算包括的工程内容。例如，配套设施、室外管线、道路以及会审图纸后的设计变更等。

3）弄清预算采用的单位工程估价表或预算定额。任何单位估价表或预算定额都有一定的适用范围。根据工程性质，收集、熟悉相应的估价表和定额资料。

（2）选择合适的审查方法，按相应内容审查。由于工程规模、繁简程度不同，施工企业情况也不同，所编工程预算繁简和质量也不同，因此需选择适当的审查方法进行审查。

（3）综合整理审查资料，并与编制单位交换意见，定案后编制调整预算。预算文件经过审查，如发现有差错，需要进行增加或核减的，经与编制单位协商，统一意见后，应进行相应的修正。

5.3.6 施工图预算的审查内容

施工图预算审查的重点，应该放在工程量计算是否准确、预算单价套用是否正确、各项取费标准是否符合现行规定等方面。

（1）审查工程量

审查工程量的主要要求见表5-6。

施工图预算工程量审查要求表　　　　　　　　　　　　　表 5-6

工程量类别	审查要点
土方工程	1. 平整场地、挖地槽、挖地坑、挖土方工程量的计算是否符合定额计算规定和施工图纸标示尺寸，土壤类别是否与勘察资料一致，地槽与地坑放坡、带挡土板是否符合设计要求，有没有重复计算和漏算； 2. 回填土工程量应注意地槽、地坑回填土的体积是否扣除了基础所占体积，地面和室内填土的厚度是否符合设计要求； 3. 运土方的审查除了注意运土距离外，还要注意运土数量是否扣除了就地回填的土方
打桩工程	1. 注意审查各种不同桩类，必须分别计算，施工方法必须符合设计要求； 2. 桩的长度必须符合设计要求，桩的长度如果超过一般桩长需要接桩时，注意审查接头数是否正确
砖石工程	1. 墙基与墙身的划分是否符合规定； 2. 按规定不同厚度的墙、内墙和外墙是否分别计算的，应扣除的门窗洞口及埋入墙体各种钢筋混凝土梁、柱等是否已经扣除； 3. 不同砂浆强度的墙和定额规定按立方米或按平方米计算的墙，有没有混淆、错算或漏算

工程量类别	审查要点
混凝土及钢筋混凝土工程	1. 现浇构件与预制构件是否分别计算，有没有混淆； 2. 现浇柱与梁，主梁与次梁及各种构件计算是否符合规定，有无重复计算或漏算； 3. 有筋和无筋构件是否按设计规定分别计算，有无混淆； 4. 钢筋混凝土的含钢量与预算定额的含钢量发生差异时，是否按规定予以增减调整
木结构工程	1. 门窗是否按不同种类按洞口面积或樘数计算； 2. 木装修的工程量是否按规定分别以延长米或平方米计算
地面工程	1. 楼梯抹面是否按踏步和休息平台部分的水平投影面积计算； 2. 细石混凝土地面找平层的设计厚度与定额厚度不同时，是否按其厚度进行换算
屋面工程	1. 卷材屋面工程是否与屋面找平层工程量相等； 2. 屋面保温层的工程量是否按屋面层的建筑面积乘保温层平均厚度计算，不做保温层的挑檐部分是否按规定不作计算
构筑物工程	烟囱和水塔脚手架是以座编制的，地下部分已经包括在定额内，按规定不能再另行计算。审查是否符合要求，有无重算
装饰工程	内墙抹灰的工程量是否按墙面的净高和净宽计算，有无重复计算或漏算
金属构件制作	金属构件制作工程量多数以吨为单位。在计算时，型钢按图示尺寸求出长度，再乘每米的重量；钢板要求按"作方"面积，再乘以每平方米的重量。审查是否符合规定
水暖工程	1. 室内外排水管道、供暖管道的划分是否符合规定； 2. 各种管道的长度、口径是否按设计规定计算； 3. 室内给水管道不应扣除阀门、接头零件所占的长度，但应扣除卫生设备（浴盆、卫生盆、冲洗水箱、淋浴器等）本身所附带的管道长度，审查是否符合要求，有无重复计算； 4. 室内排水工程采用承插铸铁管，不应扣除异形管及检查口所占长度，审查是否符合要求，有无漏算； 5. 室外排水管道是否已扣除了检查井与连接井所占的长度； 6. 散热器的数量是否与设计一致
电气照明工程	1. 灯具的种类、型号、数量是否与设计图纸内容一致； 2. 线路的敷设方法、线材品种等，是否符合设计标准
设备及其安装工程	1. 设备的种类、规格、数量是否与设计图纸相符； 2. 需要安装的设备和不需要安装的设备是否分清，有无把不需要安装的设备作为需要安装的设备计算了工程量

（2）审查预算单价的套用

审查预算单价套用是否正确，应注意以下几个方面：

1）预算中所列各分项工程预算单价是否与预算定额的预算单价相符，其名称、规格、计量单位和所包括的工程内容是否与单位估价表一致。因为，分项工程结构构件的形式不同、大小不同、施工方法不同、工程内容不同，则工料耗用量不同，单价自然也不相同。

2）对换算的单价，首先要审查换算的分项工程是否是定额中允许换算的，其次审查换算是否正确。

3）对补充定额和单位估价表要审查补充定额的编制是否符合编制原则，

237

单位估价表计算是否正确。

（3）审查各项取费计算

各项取费包括的内容，各地不一，具体计算时，应按当地的规定执行。审查时要注意是否符合现行文件规定和预算定额要求。审查企业管理费和利润的计算时，要注意以下几个方面：

1）建筑安装企业是否按本企业的级别和工程性质计取费用，有无高套取费标准。

2）企业管理费和利润的计取基数是否符合规定。

3）预算外调增的材料差价是否计算了取费，人工费、材料费、施工机具费增减后，有关费用是否相应做了调整。

4）有无将不需要安装的设备也计取为安装工程的取费基数中。

5）有无巧立名目，乱摊费用现象。

（4）规费和税金的审查

重点放在计取基础和费率是否符合当地有关部门的现行规定上，有无多算或重复计算的现象。

5.4　施工图预算编制案例

背景： 根据某基础工程工程量和《全国统一建筑工程基础定额》消耗指标，进行工料分析计算得出各项资源消耗及该地区相应的市场价格如表 5-7 所示。按照建标（2013）44 号文件关于建安工程费用的组成和规定取费，各项费用的费率为：措施费率 8%，企业管理费率 10%，利润率 4.5%，规费费率 0.5%，税率 3.48%。

某基础工程资源消费量及预算价格表　　　　　　　　　　　　表 5-7

资源名称	单　位	消耗量	单价（元）	资源名称	单　位	消耗量	单价（元）
22.5 级水泥	kg	1740.84	0.32	镀锌铁丝	kg	146.58	10.48
32.5 级水泥	kg	18101.65	0.34	灰土	m³	54.74	50.48
42.5 级水泥	kg	20349.76	0.36	水	m³	42.90	2.00
净砂	m³	70.76	30.00	电焊条	kg	12.98	6.67
碎石	m³	40.23	41.20	草袋子	m³	24.30	0.94
钢模	kg	152.96	9.95	黏土砖	千块	109.07	150.00
工程用木材	m³	5.00	2480.00	隔离剂	kg	20.22	2.00
模板用木材	m³	1.232	2200.00	铁钉	kg	61.57	5.70
钢筋Φ10 以内	t	2.307	3100.00	混凝土搅拌机	台班	4.35	152.15
钢筋Φ10 以上	t	5.526	3200.00	卷扬机	台班	20.59	72.57
砂浆搅拌机	台班	16.24	42.84	钢筋切断机	台班	2.79	161.47
5t 载重汽车	台班	14.00	310.59	钢筋弯曲机	台班	6.67	152.22
木工圆锯	台班	0.36	171.28	插入式振动器	台班	32.37	11.82
翻斗车	台班	16.26	101.59	平板式振动器	台班	4.18	13.57
挖土机	台班	1.00	1060.00	电动打夯机	台班	85.03	23.12
				综合工日	工日	1207.00	20.31

要求：试用实物法编制该基础工程的施工图预算。

分析要点：

1. 本案例已根据《全国统一建筑工程基础定额》消耗指标，进行了工料分析，并得出各项资源的消耗量和该地区相应的市场价格表，见表5-7。在此基础上可直接利用表5-7计算出该基础工程的人工费、材料费和施工机具使用费。

2. 按背景材料给定的费率，并根据建标（2013）44号文件关于建安工程费用的组成和规定取费。计算应计取的各项费用，并汇总得出该基础工程的施工图预算造价。

答案：

1. 根据表5-7中的各种资源的消耗量和市场价格，列表计算该基础工程的人工费、材料费和施工机具使用费，见表5-8。

某基础工程人、材、机费用计算表　　　　　　表5-8

资源名称	单位	消耗量	单价（元）	合价（元）	资源名称	单位	消耗量	单价（元）	合价（元）
22.5级水泥	kg	1740.84	0.32	557.07	镀锌铁丝	kg	146.58	10.48	1536.16
32.5级水泥	kg	18101.64	0.34	6154.56	灰土	m³	54.74	50.48	2763.28
42.5级水泥	kg	20349.76	0.36	7325.91	水	m³	42.90	2.00	85.80
净砂	m³	70.76	30.00	2122.80	电焊条	kg	12.98	6.67	86.58
碎石	m³	40.23	41.20	1657.48	草袋子	m³	24.30	0.94	22.84
钢模	kg	152.96	9.95	1521.95	黏土砖	千块	109.07	150.00	16360.50
工程用木材	m³	5.00	2480.00	12400.00	隔离剂	kg	20.22	2.00	40.44
模板用木材	m³	1.232	2200.00	2710.40	铁钉	kg	61.57	5.70	350.95
钢筋Φ10以内	t	2.307	3100.00	7151.70	卷扬机	台班	20.59	72.57	1494
钢筋Φ10以上	t	5.526	3200.00	17683.20	钢筋切断机	台班	2.79	161.47	450.50
材料费合计				80531.62	钢筋弯曲机	台班	6.67	152.22	1015.31
砂浆搅拌机	台班	16.24	42.84	695.72	插入式振动器	台班	32.37	11.82	382.61
5t载重汽车	台班	14.00	310.59	4348.26	平板式振动器	台班	4.18	13.57	56.72
木工圆锯	台班	0.36	171.28	61.66	电动打夯机	台班	85.03	23.12	1965.89
翻斗车	台班	16.26	101.59	1651.85	机械费合计				13844.59
挖土机	台班	1.00	1060.00	1060.00	综合工日	工日	1207.00	20.31	24514.17
混凝土搅拌机	台班	4.35	152.15	661.85	人工费合计				24514.17

计算结果：人工费24514.17元；材料费80531.62元；施工机具使用费13844.59元。

2. 根据表5-8计算求得的人工费、材料费、施工机具使用费和背景材料给定的费率计算该基础工程的施工图预算造价，见表5-9。

某基础工程施工图预算费用计算表　　　　　　表5-9

序　号	费用名称	费用计算表达式	金额（元）	备注
1	工料机费用合计	人工费＋材料费＋施工机具使用费	118890.38	

续表

序　号	费用名称	费用计算表达式	金额（元）	备注
2	措施费	1×8%	9511.23	
3	小计	1+2	128401.61	
4	企业管理费	3×10%	12840.16	
5	利润	(3+4)×4.5%	6355.88	
6	规费	3×0.5%	642.01	
7	税金	(3+4+5+6)×3.48%	5158.74	
8	基础工程预算造价	3+4+5+6+7	153398.40	

思考题与习题

一、思考题

5-1 施工图预算对投资方、施工方和其他方的作用有哪些？

5-2 施工图预算的编制依据是什么？

5-3 请说明工料单价法与综合单价法的含义。

5-4 什么是实物法？具体步骤有哪些内容？

5-5 施工图预算审查的组织形式、原则及依据分别是哪些？

5-6 施工图审查的方法有哪些？各自适用条件是什么？

5-7 说明施工图预算的审查步骤和内容。

二、计算题

5-1 某建筑工程工料机费用合计为 200 万元，措施费为工料机费用合计的 5%，企业管理费费率 8%，规费费率 0.5%，利润率 10%，综合计税系数 3.48%，以工料机费用合计为基础计算建筑工程造价，求该工程的含税总造价。

5-2 某建筑安装工程以工料机合计费用为计算基础计算工程造价，其中工料机费用为 500 万元，措施费率为 5%，企业管理费费率为 8%，规费费率 0.5%，利润率为 4%。求该建筑安装工程的企业管理费、措施费、规费和利润。

5-3 某土建分项工程工程量为 $10m^2$，预算定额人工、材料、机械台班单位用量分别为 2 工日、$3m^2$ 和 0.6 台班，其他材料费 5 元。当时当地人工、材料、机械台班单价分别为 40 元/工日、50 元/m^2 和 100 元/台班。求用实物法计算的该分项工程的工料机费用。

5-4 某分部分项工程的人工、材料、机械台班单位用量分别为 3 个工日、$1.2m^3$ 和 0.5 台班，人工、材料、机械台班单价分别为 30 元/工日、60 元 m^3 和 80 元/台班。措施费费率为 7%，企业管理费率为 10%，利润率为 8%，税率为 3.48%。则该分部分项工程全费用单价为多少元？

5-5 某安装工程以人工费为取费基础计算建筑安装工程造价。已知该工程工料机费用合计为 50 万元，其中人工费为 15 万元；措施费为 4 万元，措施费中人工费为 1 万元；间接费费率为 50%，利润率为 30%，综合计税系数为 3.48%，则该工程的含税造价为多少万元？

第6章
建筑工程招标控制价及投标报价的编制

本章知识点

本章主要讲述工程招投标的基础知识，包括工程招标控制价和投标报价的编制原理和方法，重点介绍了招标控制价的编制原则和投标报价的编制技巧。通过本章学习，使学生能够对现行招投标制度中涉及的工程造价计算和控制知识有个全面的认识，需要学生了解和掌握的知识点有：

◆ 了解工程招投标的基本概念；
◆ 了解招标控制价和投标报价含义和作用；
◆ 熟悉招标工程量清单的编制；
◆ 熟悉招标控制价的编制依据，编制流程；
◆ 熟悉投标报价的编制依据，编制流程；
◆ 掌握招标控制价和投标报价的编制方法和技巧。

6.1 工程招投标及招标工程量清单

6.1.1 工程招投标的概念

工程招投标是指招标人在发包工程项目之前，公开招募或者邀请投标人，根据投标人的意图和要求提出报价，择日当场开标，以便从中择优选定中标人的一种经济活动。

建设工程分为直接发包和招标发包，其中招标发包是主要的发承包方式。在市场经济条件下，招标投标能优化资源配置、实现有序竞争。在工程项目招投标中，投标人应当按照招标文件的要求编制投标文件。招标文件是投标人编制投标文件的主要依据，也是中标后签订施工合同的主要依据。合同价款的约定与招标投标文件具有相辅相成和密不可分的关系。招标人在招标时，把合同条款的主要内容纳入招标文件，对投标报价的编制方法和要求及合同价款的方式已做了详细说明，如采用"单价合同"方式、"总价合同"方式或"成本加酬金合同"的方式发包，在招标文件内均已明确，投标人按招标文件中的规定和要求、根据自己的实力和市场因素等确定投标报价。经评标被认可的投标价即为中标价，中标价通过合同谈判在合同协议书中明确，即投标人中标后，所签订的合同价就是中标价。

《招标投标法》规定：招标文件应当包括招标项目的技术要求，对投标人资格审查的标准、投标报价要求和评标标准等所有实质性要求和条件以及拟签合同的主要条款。建设项目施工招标文件由招标人（或其委托的咨询机构）编制，由招标人发布。按照《标准施工招标文件》的规定，施工招标文件主要包括以下内容：

(1) 招标公告（或投标邀请书）；

(2) 投标人须知；

(3) 评标办法；

(4) 合同价款及格式；

(5) 工程量清单；

(6) 图纸；

(7) 技术标准和要求；

(8) 投标文件格式；

(9) 规定的其他材料，如设计定招标控制价也应在招标文件中一并公布。

6.1.2　招标工程量清单

为使建设工程发包与承包计价活动规范有序地进行，不论是招标发包还是直接发包，都必须注重前期工作。尤其对于招标发包，更应从施工招标开始，在拟定招标文件的同时，科学合理地编制工程量清单、招标控制价以及评标标准和方法，只有这样，才能对投标报价、合同价的约定以后期的工程结算这一工程发承包计算全过程起到良好的控制作用。

工程量清单是指载明建设工程的分部分项工程项目、措施项目、其他项目、规费项目和税金项目的名称和相应数量等的明细清单。《建设工程工程量清单计价规范》GB 50500—2013规定全部使用国有资金投资或国有投资为主的工程建设项目，必须采用工程量清单计价。

工程量清单是招标人依据国家标准、招标文件、设计文件以及施工现场实际情况编制的，随招标文件发布供投标人进行投标报价的工程量清单，包括对其的说明和表格，是招标人编制招标控制价和投标人编制投标价的重要依据。工程量清单是工程付款和结算的依据，也是调整工程价款、处理工程索赔的依据。

编制招标工程量清单，应充分体现"量价分离"的"风险分担"原则。即：招标阶段由招标人（或其委托的工程造价咨询人、招标代理人）根据工程项目设计文件，编制出招标工程项目的工程量清单并将其作为招标文件的组成部分，其准确性和完整性由招标人负责；投标人则结合自身实际、参考市场有关价格信息完成清单项目工程的组合报价，并对其承担约定范围内的风险。采用工程量清单方式招标，工程量清单必须作为招标文件的组成部分；由招标人提供，并对其准确性和完整性负责；一经中标签订合同，工程量清单即为合同的组成部分。

1. 招标工程量清单的编制依据（见表6-1）

招标工程量清单编制依据 表6-1

	《建设工程工程量清单计价规范》GB 50500—2013
	国家或省级、行业建设主管部门颁发的计价依据和办法
	建设工程设计文件
工程量清单的编制依据	与建设工程项目有关的标准、规范、技术资料
	招标文件及其补充通知、答疑纪要
	施工现场情况、工程特点及常规施工方案
	其他相关资料

2. 工程量清单的组成（见表6-2）

招标工程量清单组成 表6-2

	分部分项工程量清单
	措施项目清单
工程量清单的组成	其他项目清单
	规费项目清单
	税金项目清单

3. 分部分项工程量清单的编制

分部分项工程量清单应包括项目编码、项目名称、项目特征、计量单位和工程量五个部分。根据工程量清单计价与计量规范规定的项目编码、项目名称、项目特征、计量单位和工程量计算规则进行编制。

（1）项目编码的设置

分部分项工程量清单项目编码以五级编码设置，采用十二位阿拉伯数字表示，同一招标工程的项目编码不得重码。例如：010101003×××，其分级编码的含义见表6-3。

分部分项工程量清单编码的含义 表6-3

第1~2位如：01	第一级为工程分类编码：01房屋建筑与装饰工程、02仿古建筑工程、03通用安装工程、04市政工程、05园林绿化工程、06矿山工程、07构筑物工程、08城市轨道交通工程、09爆破工程
第3~4位如：01	第二级为专业工程顺序码
第5~6位如：01	第三级为分部工程顺序码
第7~9位如：003	第四级为分项工程顺序码
第10~12位如：×××	第五级为工程量清单项目顺序码：由清单编制人编制

（2）项目名称的确定

《计价规范》附录表中的"项目名称"为分项工程项目名称，一般以工程实体而命名。

（3）项目特征的描述：分部分项工程量清单项目特征应依据专业工程计量规范附录中规定的项目特征，并结合拟建工程项目的实际，按照表6-4中的要求予以描述，对清单项目特征不同的项目应分别列项。

分部分项工程量清单项目特征   表 6-4

项目特征的意义		区分清单项目的依据
		确定综合单价的前提
		履行合同义务的基础
项目特征的内容	自身特征	指材质、型号、规格、品牌；如锚杆支护项目：孔深，孔径，支护厚度，各种材料种类
	工艺特征	如锚杆支护项目：锚固方法
	对施工方法产生影响的特征	如锚杆支护项目：土质情况
项目特征描述的要求	必须描述的内容	涉及可准确计量的内容，如门窗洞口尺寸或框外围尺寸
		涉及结构要求的内容，如混凝土构件的混凝土的强度等级
		涉及材质要求的内容，如油漆的品种、管材的材质等
		涉及安装方式的内容，如管道工程中的钢管的连接方式
	可不描述的内容	对计量计价没有实质影响的内容，如现浇混凝土柱的高度、断面大小等
		应由投标人根据施工方案确定的内容，如对石方的预裂爆破的单孔深度及装药量的特征规定
		应由投标人根据当地材料和施工要求确定的内容，如对混凝土构件中的混凝土拌合料使用的石子种类及粒径、砂的种类及特征规定
		应由施工措施解决的内容，如对现浇混凝土板、梁的标高的特征规定
	可不详细描述的内容	无法准确描述的内容，如土壤类别，可注明由投标人根据地质勘探资料自行确定土壤类别，决定报价
		施工图纸、标注图集标注明确的，对这些项目可描述为见××图集××页号及节点大样等
		清单编制人在项目特征描述中应注明由投标人自行确定的，如土方工程中的"取土运距"、"弃土运距"等

（4）计量单位的选择

分部分项工程量清单的计量单位应按照工程量清单计价规范中的规定确定。当计量单位有两个或两个以上时，应根据所编工程量清单的特征要求，选择最适宜表达项目特征的计量单位。主要分部分项工程量计量单位的选择见表 6-5。

分部分项工程项目计量单位   表 6-5

以重量计算	吨或千克（t 或 kg）：以吨计量应保留小数点三位，以千克计量单位应保留小数点两位
以体积计算	立方米（m³）：保留小数点两位
以面积计算	平方米（m²）：保留小数点两位
以长度计算	米（m）：保留小数点两位
以自然计量单位计算	个、套、块、组、台……：取整数
没有具体数量	宗、项……：取整数

（5）工程量计算

所有清单项目的工程量以实体工程量为准，并以完成后的净值来计算，具体工程量计算规则可按照相关专业工程计量规范进行。本书第3章对建筑和装饰工程工程量计算规则作了详细说明；在计算综合单价时应考虑施工中的各种损耗和需要增加的工程量，或在措施费清单中列入相应的措施费用。工程量的计算应按照专业工程计量规范规定的工程量计算规则计算。

（6）补充项目

编制工程量清单时如果出现《计价规范》附录中未包括的项目，编制人可进行补充，并报省级或行业工程造价管理机构备案。对补充项目的工程量计算规则需要保证计算规则的可计算性和计算结果的唯一性。

（7）分部分项工程量清单表（见表6-6）

分部分项工程量清单与计价表　　　　　　表6-6

工程名称：　　　　标段：　　　　　　　　　　　　　　　第×页　共×页

序号	项目编码	项目名称	项目特征描述	计量单位	工程量	金额（元）		
						综合单价	合价	其中：暂估价
		分部小计						
合计								

注：为计算取费方便，可在表中增设其中："人工费＋材料费＋施工机械费"、"人工费"或"人工费＋机械费"。

4. 措施项目清单的编制

措施项目清单是指为完成工程项目施工，发生于该工程施工准备和施工过程中的技术、生活、安全、环境保护等方面的非工程实体项目清单。其编制除考虑工程本身的因素外，还涉及水文、气象、环境、安全等因素。措施项目清单应根据拟建工程的实际情况列项，一般措施项目见表6-7，若出现《建设工程工程量清单计价规范》GB 50500—2013中未列的项目，可根据工程实际情况补充。

通用措施项目一览表　　　　　　表6-7

序　号	项目名称
1	安全文明施工（含环境保护、文明施工、安全施工、临时设施）
2	夜间施工
3	二次搬运
4	冬雨期施工
5	大型机械设备进出场及安拆
6	施工排水
7	施工降水
8	地上、地下设施，建筑物的临时保护设施
9	已完成工程及设备保护
10	各专业工程的措施项目
	……

对可以精确计算工程量的措施项目可用分部分项工程量清单的方式以综合单价形式计价，列入措施项目清单与计价表（一）中，见表6-8，如钢筋混凝土模板和支架费用、脚手架费用等。对措施费用的发生与使用时间、施工方法或两个以上工序相关，与实际完成的实体工程量大小关系不大的措施项目可按费率形式计算，列入"措施项目清单与计价表（二）"中，见表6-9，如安全文明施工、雨期施工、已完工程及设备保护等。

措施项目清单与计价表（一）　　　　　　　表6-8

工程名称：×××　　　　　　标段：×××　　　　　　第×页、共×页

序号	项目编码	项目名称	项目特征描述	计量单位	工程量	金额	
						综合单价	合价

措施项目清单与计价表（二）　　　　　　　表6-9

工程名称：×××　　　　　　标段：×××　　　　　　第×页、共×页

序号	项目名称	计算基础	费率（%）	金额（元）
1				
2				
：	：	：		
	合计			

5. 其他项目清单的编制

其他项目清单是应招标人的特殊要求而发生的与拟建工程有关的其他费用项目和相应数量的清单。一般包括暂列金额、暂估价、计日工和总承包服务费等。具体见表6-10。

其他项目清单内容表　　　　　　　表6-10

其他项目清单的编制内容	暂列金额：用于施工合同签订时尚未确定或者不可预见的所需材料、设备、服务的采购，施工中可能发生的工程变更、合同约定调整因素出现时的工程价款调整以及发生的索赔、现场签证确认等的费用
	暂估价：招标人在工程量清单中提供的用于支付必然发生但暂时不能确定价格的材料、设备价款以及专业工程金额；包括材料暂估单价、工程设备暂估单价和专业工程暂估价。其中材料暂估单价，只有材料费需要纳入分部分项工程量的综合单价；专业工程暂估价应是综合暂估价，包括除规费、税金以外的所有费用
	计日工：计日工是为了解决现场发生的零星工作和额外工作的计价而设立的，目的是解决工程量清单中没有相应项目的计价工作。应采用合同中约定的单价计价
	总承包服务费：总承包服务费是为了解决招标人在法律、法规允许的条件下进行专业工程发包以及自行采购供应材料、设备时，要求总承包人对发包的专业工程提供协调和配合服务而产生的费用

当出现未包含在表格中的内容的项目时，可根据实际情况补充，并将各项费用汇总填入其他项目清单与计价汇总表，见表6-11。

其他项目清单与计价汇总表　　　　表6-11

工程名称：×××　　　　　标段：×××　　　　　第×页、共×页

序　号	项目名称	计量单位	金额（元）	备　注
1	暂列金额			
2	暂估价			
3	计日工			
4	总承包服务费			
	合计			

6. 规费、税金项目清单

规费税金项目清单应按照规定的内容列项，当出现规范中没有的项目，应根据省级政府或有关部门的规定列项。税金项目清单除规定的内容外，如国家税法发生变化或增加税种，应对税金项目清单进行补充。并将各项费用汇总填入规费、税金项目清单与计价表，见表6-12。

规费、税金项目清单与计价表　　　　表6-12

工程名称：×××　　　　　标段：×××　　　　　第×页　共×页

序　号	项目名称	计算基础	费率（%）	金额（元）
1	规费			
1.1	工程排污费			
1.2	社会保障费			
(1)	养老保险费			
(2)	失业保险费			
(3)	医疗保险费			
(4)	生育保险费			
(5)	工伤保险费			
1.3	住房公积金			
2	税金	分部分项工程费＋措施项目费＋其他项目费＋规费		
2.1	营业税			
2.2	城市维护建设税			
2.3	教育费附加			
2.4	地方教育费附加			
	合计			

7. 工程量清单总说明的编制

工程量清单编制总说明应按下列内容填写：

（1）工程概况：建设规模、工程特征、计划工期、施工现场实际情况、自然地理条件、环境保护要求等；

（2）工程招标和分包范围；

（3）工程量清单编制依据；

（4）工程质量、材料、施工等的特殊要求；

（5）其他需要说明的问题。

在分部分项工程量清单、措施项目清单、其他项目清单、规费和税金项目清单编制完成以后，经审查复核，与工程量清单封面及总说明汇总并装订，由编制单位和造价咨询单位的法人代表及造价工程师等责任人签字和盖章，形成完整的招标工程量清单文件。

6.2　招标控制价

6.2.1　招标控制价的含义和作用

招标控制价是招标人根据国家或省级、行业建设行政主管部门颁发的有关计价依据和办法以及招标人发布的工程量清单，对招标工程限定的最高价格。

传统的招标方式采用设标底招标，容易发生泄露标底及暗箱操作的现象，诱发违法违规现象，失去了招标的公平公正性，同时由于编制的标底价格很难考虑到施工方案、技术措施对造价的影响，很难反映出真正的市场造价，不能引导投标人理性的竞争。此外，标底作为衡量投标人报价的基准容易导致投标人尽力地去迎合标底，最后可能沦为投标人编制预算文件能力的竞争或各种合法或非法的投标策略的竞争，而不能真实反映出投标人的实力。

因此，为了有效地控制投资，防止恶性哄抬报价带来大的投资风险，提高招标透明度，避免暗箱操作等违法活动的发生，现行的《建设工程工程量清单计价规范》GB 50500—2013，将招标控制价作为一项重要内容列入其中，并以强制性条款规定：全部使用国有资金（含国家融资资金）投资或国有资金投资为主的工程建设项目招投标必须采用工程量清单计价，并应编制招标控制价。具体规定如下：

（1）国有资金投资的工程建设项目包括：

1）使用各级财政预算资金的项目。

2）使用纳入财政管理的各种政府性专项建设资金的项目。

3）使用国有企事业单位自有资金，并且国有资金投资者实际拥有控制权的项目。

（2）国家融资资金投资的工程建设项目包括：

1）使用国家发行债券所筹资金的项目。

2）使用国家对外借款或者担保所筹资金的项目。

3）使用国家政策性贷款的项目。

4）国家授权投资主体融资的项目。

5）国家特许的融资项目。

（3）国有资金（含国家融资资金）为主的工程建设项目是指国有资金占投资总额 50% 以上，或虽不足 50% 但国有投资者实质上拥有控股权的工程建设项目。

招标控制价依据政府规定的工程量清单计价规范编制，反映了社会平均水平。通过编制招标控制价，招标人可以清楚了解最低中标价同招标控制价相比能够下浮的幅度，为判断最低投标价是否低于成本价提供了参考依据，同时招标控制价是招标人期望价格的最高标准，编制合理的招投标控制价，使其能够充分发挥招投标机制的优势，让有竞争力的投标人突现出来，使招标人能够选择到满意的承包商。对投标人而言，招标控制价为各投标人提供了一个公平竞争的平台。有招标控制价的限制，一方面可以避免投标人决策的盲目性，增强投标活动的选择性和经济性，另一方面可以激励投标人提高技术装备、管理水平来增强自身竞争力，真正降低成本，提高管理效益、发展生产技术、争取更大利润，从而提高企业整体水平。

工程量清单计价过程见图 6-1。

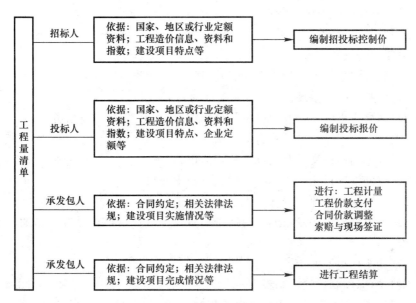

图 6-1　工程量清单计价过程

6.2.2　招标控制价的编制

1. 编制招标控制价应遵循的规定

（1）国有资金投资的工程建设项目应实行工程量清单招标，招标人应编制招标控制价，作为招标人能够接受的最高交易价格。即投标人的投标报价若超过公布的招标控制价，则其投标作为废标处理。

（2）招标控制价应由具有编制能力的招标人或受其委托、具有相应资质的工程造价咨询人编制。工程造价咨询人不得同时接受招标人和投标人对同一工程的招标控制价和投标报价的编制。

（3）招标控制价应在招标文件中公布，对所编制的招标控制价不得进行上浮或下调。在公布招标控制价时，应公布招标控制价各组成部分的详细内容，不得只公布招标控制价总价。

（4）招标控制价超过批准的概算时，招标人应将其报给原概算审批部门审核。我国对国有资金投资项目的投资控制实行的是设计概算审批制度，国有资金投资的项目原则上不能超过批准的设计概算。

（5）投标人经复核认为招标人公布的招标控制价未按照《建设工程工程量清单计价规范》GB 50500—2013 的规定进行编制的，应在开标前 5 日向招标投标监督机构或（和）工程造价管理机构投诉。招标投标监督机构应会同工程造价管理机构对投诉进行处理，当招标控制价误差≥±3％的应责成招标人改正。

（6）招标人应将招标控制价及相关资料报送工程所在地工程造价管理机构备查。

2. 招标控制价的编制依据和编制程序

（1）招标控制价的编制依据

编制招标控制价时需要进行工程量计量、价格确认、工程计价的有关工作，主要编制依据有：

1）现行国家标准《建设工程工程量清单计价规范》GB 50500—2013；

2）专业工程计量规范；

3）国家或省级、行业建设主管部门颁发的计价定额和计价办法；

4）建设工程设计文件及有关要求；

5）拟定的招标文件及招标工程量清单；

6）与建设项目相关的标准、规范、技术资料；

7）施工现场情况、工程特点及常规施工方案；

8）工程管理机构发布的工程造价信息，工程造价信息没有发布的，参照市场价；

9）其他相关资料。

（2）招标控制价的编制程序

编制招标控制价时应当遵循如下程序：

1）了解编制要求与范围；

2）熟悉工程图纸及有关设计文件；

3）熟悉与建设工程项目有关的标准、规范、技术资料；

4）熟悉拟定的招标文件及其补充通知、答疑纪要等；

5）了解施工现场情况、工程特点；

6）熟悉工程量清单；

7）掌握工程量清单涉及计价要素的信息价格和市场价格，依据招标文件确定其价格；

8）进行分部分项工程量清单计价；

9）论证并拟定常规的施工组织设计或施工方案；

10）进行措施项目工程量清单计价；

11）进行其他项目、规费项目、税金项目清单计价；

12）工程造价汇总、分析、审核；

13）成果文件签认、盖章；

14）提交成果文件。

3. 招标控制价的编制内容

采用工程量清单计价时，招标控制价的编制内容包括分部分项工程费、措施项目费、其他项目费、规费和税金，不同的部分有不同的计价要求：

（1）分部分项工程费

招标控制价中的分部分项工程费应按招标文件中分部分项工程量清单及有关的要求，按《建设工程工程量清单计价规范》GB 50500—2013 有关的规定确定综合单价。其中分部分项工程量清单综合单价，包括完成单位分部分项工程所需的人工费、材料费、机械使用费、管理费、利润，同时，为了使招标控制价与投标报价所包含的内容一致，综合单价里还应考虑招标文件中要求投标人所承担的风险内容及其范围（幅度）产生的风险费用，见式（6-1）。

$$分部分项工程综合单价 = 人工费 + 材料费 + 机械使用费 + 管理费 + 利润$$

$$(6-1)$$

需要注意的是，招标文件中提供了暂估单价的材料，应按暂估的单价计入综合单价。

综合单价的计算通常采用定额组价的方法，即以计价定额为基础进行组合计算。由于"计价规范"与"定额"中的工程量计算规则、计量单位、工程内容不尽相同，综合单价的计算不是简单的将其所含的各项费用进行汇总，而是要通过具体计算后综合而成。综合单价的计算可以概括为以下步骤：

1）确定组合定额子目

清单项目一般以一个"综合实体"考虑，包括了较多的工程内容，计价时，可能出现一个清单项目对应多个定额子目的情况。因此计算综合单价的第一步就是将清单项目的工程内容与定额项目的工程内容进行比较，结合清单项目的特征描述，确定拟组价清单项目应该由哪几个定额子目来组合。

2）计算定额子目工程量

由于一个清单项目可能对应几个定额子目，而清单工程量计算的是主项工程量，与各定额子目的工程量可能不一致；即便一个清单项目对应一个定额子目，也可能由于清单工程量计算规则与所采用的定额工程量计算规则之间的差异，而导致二者的计价单位和计算出来的工程量不一致。因此，清单工程量不能直接用于计价，在计价时必须考虑施工方案等各种影响因素，根据所采用的计价定额及相应的工程量计算规则重新计算各定额子目的施工工程量。

3）测算人、材、机消耗量

人、材、机的消耗量一般参照定额进行确定。在编制招标控制价时一般参照政府颁发的消耗量定额；编制投标报价时一般采用反映企业水平的企业定额，投标企业没有企业定额时可参照主管部门颁发的消耗量定额进行调整。

4）确定人、材、机单价

人工单价、材料价格和施工机械台班单价，应根据工程项目的具体情况及市场资源的供求状况进行确定，采用市场价格作为参考，并考虑一定的调价系数。

5）计算清单项目的人工费，材料费和施工机械使用费

根据计算的清单项目所含定额子目工程量，以及测算的人工、材料、机械台班消耗量，对应乘上各自单价，累计得到清单分部分项工程项目的人工费，材料费和施工机械使用费。

6）计算清单项目的综合单价

在考虑风险因素确定管理费率和利润率的基础上，按照规定程序计算出所组价定额项目的合价，然后将若干项所组价定额项目合价相加除以清单项目的工程量即得到该清单项目的综合单价，见式（6-2）和式（6-3），对于未计价材料费（包括暂估的材料费）也应计入综合单价。

$$定额项目合价 = 定额项目工程量 \times \Big[\sum (定额人工消耗量 \times 人工单价)$$
$$+ \sum (定额材料消耗量 \times 材料单价)$$
$$+ \sum (定额机械台班消耗量 \times 机械台班单价)$$
$$+ 价差 + 管理费和利润 \Big]$$

$$(6\text{-}2)$$

$$工程量清单综合单价 = \frac{\sum (定额项目合价) + 未计价材料费}{工程量清单项目工程量} \quad (6\text{-}3)$$

（2）措施项目费

措施项目费中安全文明施工费应按国家或省级、行业建设主管部门的规定计价，不得作为竞争性费用。措施项目应按招标文件中提供的措施项目清单确定，分为以"量"计算和以"项"计算两种。对于可精确计量的措施项目，以"量"计算的即按其工程量用与分部分项工程量清单计价相同的方式确定综合单价；对于不可精确计量的措施项目，则以"项"为单位，采用费率法按有关规定综合取定，并先确定某项费用的计费基数，再测定其费率，然后将计费基数与费率相乘得到措施项目费用，见式（6-4）。

$$某项措施项目清单费 = 措施项目计费基数 \times 费率 \quad (6\text{-}4)$$

（3）其他项目费

1）暂列金额。根据工程的复杂程度、设计深度、工程环境条件（包括地质、水文、气候条件等）进行估算，一般可以分部分项工程费的 $10\% \sim 15\%$ 为参考。

2）暂估价。暂估价中的材料单价采用工程造价信息发布的材料单价计算，工程造价信息未发布的材料单价，结合类似工程价格信息和市场询价进行估算。暂估价中的专业工程暂估价应分不同专业，按有关计价规定估算。

3）计日工。对计日工中的人工单价和施工机械台班单价按省级、行业建设主管部门或其授权的工程造价管理机构公布的单价计算；材料单价采用工程造价信息发布的信息价，工程造价信息未发布的材料单价，应按市场调查确定的单价计算。

4）总承包服务费。总承包服务费应按照省级或行业建设主管部门的规定

计算，在计算时可参考以下标准：

① 招标人自行供应材料的，按招标人供应材料价值的1‰计算。

② 招标人仅要求对分包的专业工程进行总承包管理和协调时，按分包的专业工程估算造价的1.5%计算。

③ 招标人要求对分包的专业工程进行总承包管理和协调，同时要求提供配合服务时，根据招标文件中列出的配合服务内容和提出的要求，按分包的专业工程估算造价的3%～5%计算。

（4）规费和税金

规费和税金必须按照国家或省级、行业建设主管部门的规定计算，不得作为竞争性费用，税金的计算公式见式（6-5）。

$$\begin{aligned}税金 =&（分部分项工程量清单费＋措施项目清单费\\&＋其他项目清单费＋规费）×综合税率\end{aligned} \quad (6\text{-}5)$$

（5）编制注意事项

为了保证招标控制价的准确、合理，在编制过程中应该注意以下问题：

1）材料价格在建安工程造价中占有70%左右的比重，价格的选定对工程造价的影响很大。编制招标控制价时主材价格应按照工程造价管理机构通过工程造价信息发布的材料价格，工程造价管理机构未发布材料单价的材料，其材料单价应通过市场调查确定。另外，未采用工程造价管理机构发布的工程造价信息时，需在招标文件或答疑补充文件中对招标控制价采用与造价信息不一致的市场价格予以说明，采用的市场价格则应通过调查、分析确定，有可靠的信息来源。

2）编制招标控制价时应确保组价的完整准确，清单项目组价不仅要分析、复核工程量清单项目名称、项目编码、项目特征、计量单位、工程数量、工程内容等，而且要根据计价规范和计价依据选择相应的可组价的定额。

3）施工机械设备的选型直接关系到综合单价水平，应根据工程项目特点和施工条件，本着经济实用、先进高效的原则确定。

4）不可竞争的措施项目和规费、税金等费用的计算属于强制性的条款，编制招标控制价时应按国家有关规定计算。

5）不同工程项目、不同施工单位会有不同的施工组织方法，所发生的措施费也会有所不同，因此，对于竞争性的措施费用的确定，招标人应首先编制常规的施工组织设计或施工方案，然后经专家论证确认后确定措施项目与费用。

6）综合单价考虑一定的范围内的风险因素，并在招标文件中通过预留一定的风险费用，或明确说明风险所包括的范围及超出该范围的价格调整方法。对于招标文件中未做要求的可按以下原则确定：

① 对于技术难度较大和管理复杂的项目，可考虑一定的风险费用，并纳入到综合单价中。

② 对于工程设备、材料价格的市场风险，应根据招标文件的规定，工程所在地或行业工程造价管理机构的有关规定，以及市场价格趋势考虑一定率

值的风险费用，纳入到综合单价中。

③ 税金、规费等法律、法规、规章和政策变化的风险和人工单价等风险费用不应纳入综合单价。

6.2.3 招标控制价的计价程序

由于建设工程的招标控制价反映的是单位工程费用，而各单位工程费用是由分部分项工程费、措施项目费、其他项目费、规费和税金组成的，故单位工程招标控制价的计价也即按此程序进行，并填写完整的招标控制价计价程序表，见表6-13。

单位工程招标控制价计价程序表 表6-13

工程名称：×××　　　　标段：×××　　　　第×页 共×页

序 号	汇总内容	计算方法	金额（元）
1	分部分项工程	按计价规定计算	
1.1			
1.2			
2	措施项目	按计价规定计算	
2.1	其中：安全文明施工费	按规定标准估算	
3	其他项目		
3.1	其中：暂列金额	按计价规定估算	
3.2	其中：专业工程暂估价	按计价规定估算	
3.3	其中：计日工	按计价规定估算	
3.4	其中：总承包服务费	按计价规定估算	
4	规费	按规定标准计算	
5	税金（扣除不列入计税范围的工程设备金额）	（1+2+3+4）×规定税率	
招标控制价合计＝1+2+3+4+5			

6.3 投标文件及投标报价

6.3.1 工程投标

投标是一种要约，是承包商对招标文件做出的实质性的响应。承包商需要严格遵守关于招投标的法律规定及程序，在符合招标文件的各项要求的前提下，科学规范地编制投标文件与合理策略地提出报价。投标报价是承包商计算和确定承包该项工程的投标总价格。业主把承包商的报价作为主要标准来选择中标者，同时投标报价也是业主和承包商进行承包合同谈判的基础，直接关系到承包商投标的成败，直接关系到承揽工程项目的中标率，是进行工程投标的核心。

工程投标的主要工作包括前期准备工作，询价与工程量复核工作，编制投标文件、投标报价和递交投标文件等各项工作，各项工作具体内容分述如下。

1. 投标的前期准备

投标人在取得招标信息后，首先应决定是否参加投标，如果决定参加投标，即着手进行前期的准备工作：准备资料，申请并参加资格预审；获取招标文件；组建投标报价班子；进入询价与编制阶段。任何一个项目的投标报价都是一项复杂的系统工程，需要周密思考，统筹安排。前期准备工作应重点把握以下几点：

(1) 研究招标文件

投标人取得招标文件后，为保证工程量清单报价的合理性，应对投标人须知、合同条件、技术规范、图纸和工程量清单等重点内容进行分析，深刻而正确地理解招标文件和业主的意图。其中投标人须知反映了招标人对投标的要求，投标人应特别注意项目的资金来源、投标书的编制和递交、投标保证金、更改或备选方案、评标方法等，以防止废标的出现。

投标人在分析招标文件合同条件时，应重点明确：①合同背景：了解管理模式，合同的法律依据，为投标报价和合同实施，后期的索赔提供依据。②合同形式：采取何种承包方式及计价方式。③合同条款：承包商的任务、工作范围和责任；工程变更及相应的合同价款调整；付款方式、时间节点；合同工期、竣工日期、部分工程分期交付工期；业主责任。④技术标准和要求：对设备、材料、施工和安装方法等所规定的技术要求；工程质量试验和验收的方法和要求。

由于图纸是确定工程范围、内容和技术要求的重要文件，也是投标者确定施工方法等施工计划的主要依据。投标人应深入分析图纸，依据施工设计图的深度采取合适的方法估价及计价方式。招标人给出了详细设计图纸的，投标人可较准确地估价，未给出详细图纸的，则对估价人员有较高要求，需要估价人员采用综合估价法进行估计，尽可能提高结果的准确性，提高中标的可能性。

(2) 调查工程现场

招标人在招标文件中一般会明确进行工程现场踏勘的时间和地点。投标人在调查工程施工现场时应尽可能收集各方面资料并有重点的突出，为后期编写投标报价提供有利合理的基础。一般地，现场调查的重点有几个方面：

1) 自然条件。如气象资料，水文资料，地震、洪水及其他自然灾害情况，地质情况等。

2) 施工条件调查。主要包括：工程现场的用地范围、地形、地貌、地物、高程，地上或地下障碍物，现场的三通一平情况；工程现场周围的道路、进出场条件、有无特殊交通限制；工程现场施工临时设施、大型施工机具、材料堆放场地安排的可能性，是否需要二次搬运；工程现场邻近建筑物与拟建工程的间距、结构形式、基础埋深、新旧程度、高度；市政给水及污水、雨水排放管线位置、高程、管径、压力、废水、污水处理方式；市政、消防供水管道管径、压力、位置等；当地供电方式、方位、距离、电压等；当地燃气供应能力，管线位置、高程等；工程现场通信线路的连接和铺设；当地政府有关部门对施工现场管理的一般要求、特殊要求及规定，是否允许节假日和夜间施工等。

3）其他条件调查。主要包括各种构件、半成品及商品混凝土的供应能力和价格，当地劳动力资源供应情况以及现场附近的生活设施、治安情况等。

2. 询价与工程量复核

（1）询价

询价是投标报价的基础，它为投标报价提供可靠的依据。在投标报价之前投标人必须通过各种渠道，采用各种手段对工程所需各种材料、设备等的价格、质量、供应时间、供应数量等进行系统全面的调查，同时还要了解分包项目的分包形式、分包范围、分包人报价、分包人履约能力及信誉等。要特别注意以下两个问题：一是产品质量必须可靠并满足招标文件的有关规定；二是供货方式、时间、地点，有无附加条件和费用。

一般地，投标人可以通过直接与生产厂商联系、向咨询公司进行询价、通过互联网查询、自行进行市场调查或信函询价等方式来获取所需的价格资料，但必须注意所得资料的可靠性和准确性。

生产要素的询价主要是劳务（也称人工）、材料、机械的询价。劳务询价一般有两种情况，一是选择成建制的劳务公司，素质较可靠，工效较高，承包商的管理工作较轻，但一般费用较高；另一种是从劳务市场招募零散劳动力，这种方式虽然劳务价格低廉，但有时素质达不到要求，工效降低，加大了承包商的管理压力。投标人应在对劳务市场充分了解的基础上决定采用哪种方式，并以此为依据进行投标报价。

材料询价的内容包括调查对比材料价格、供应数量、运输方式、保险和有效期、不同买卖条件下的支付方式等。通常，询价人员在施工方案初步确定后即可向材料供应商发出材料询价单，催促材料供应商及时报价。而后，询价人员将反馈回来的资料信息进行汇总整理，比较分析，选择合适、可靠的材料供应商的报价，提供给工程报价人员使用。

施工机械设备询价主要考虑设备是租赁还是采购。对于必须采购的机械设备，可向供应厂商询价，对于租赁的机械设备，可向专门从事租赁业务的机构询价，并应详细了解其计价方法。

工程涉及分包时，总承包商在确定了分包工作内容后，将分包专业的工程施工图纸和技术说明送交预先选定的分包单位，让其在约定的时间内报价，以便进行比较选择，最终选择合适的分包人。对分包人询价应注意以下几点：分包标函是否完整；分包工程单价所包含的内容；分包人的工程质量、信誉及可信赖程度；质量保证措施；分包报价。

（2）复核工程量

工程量的大小是投标报价最直接的依据，投标人在获得招标文件后应进行工程量的复核。投标人根据复核后的工程量与招标文件提供的工程量之间的差距，考虑相应的投标策略，决定报价尺度，并且根据工程量的大小采取合适的施工方法，选择适用、经济的施工机具设备、投入使用相应的劳动力数量。复核工程量时需要注意以下几方面：

1）投标人应认真根据招标说明、图纸、地质资料等招标文件资料，计算主要清单工程量，复核工程量清单。复核时要按一定顺序进行，避免漏算或重复计算；正确划分分部分项工程项目，与"清单计价规范"保持一致。

2）复核工程量的目的不是修改工程量清单，即使清单工程量有误，投标人也不能修改工程量清单中的工程量，因为修改了清单就等于擅自修改了合同。对工程量清单存在的错误，可以向招标人提出，由招标人统一修改并把修改结果通知所有投标人。

3）针对工程量清单中工程量的遗漏或错误，是否向招标人提出修改意见取决于投标策略。投标人可以运用一些报价的技巧提高报价的质量，争取在中标后能获得更大的收益。

4）通过工程量计算复核还能准确地确定订货及采购物资的数量，防止由于超量或少购等带来的浪费、积压或停工待料。

在核算完全部工程量清单中的细目后，投标人应分类汇总主要工程总量，以便获得对整个工程施工规模的整体概念，并据此研究采用合适的施工方法，选择适用的施工设备等。

3．编制投标文件

（1）投标文件编制的内容

投标人应当按照招标文件的要求编制投标文件。投标文件应当包括下列内容：

1）投标函及投标函附录；

2）法定代表人身份证明或附有法定代表人身份证明的授权委托书；

3）联合体协议书（如工程允许采用联合体投标）；

4）投标保证金；

5）已标价工程量清单；

6）施工组织设计；

7）项目管理机构；

8）拟分包项目情况表；

9）资格审查资料；

10）规定的其他材料。

（2）投标文件编制时应遵循的规定

1）投标文件应按"投标文件格式"进行编写，如有必要，可以增加附页，作为投标文件的组成部分。其中，投标函附录在满足招标文件实质性要求的基础上，可以提出比招标文件要求更能吸引招标人的承诺。

2）投标文件应当对招标文件有关工期、投标有效期、质量要求、技术标准和招标范围等实质性内容作出响应。

3）投标文件应由投标人的法定代表人或其委托代理人签字或盖章。委托代理人签字的，投标文件应附法定代表人签署的授权委托书。投标文件应尽量避免涂改、行间插字或删除。如果出现上述情况，改动之处应加盖单位章或由投标人的法定代表人或其授权的代理人签字确认。

4）投标文件正本一份，副本份数按招标文件有关规定。正本和副本的封面上应清楚地标记"正本"或"副本"字样。投标文件的正本与副本应分别装订成册，并编制目录。当副本和正本不一致时，以正本为准。

5）除招标文件另有规定外，投标人不得递交备选投标方案。允许投标人递交备选投标方案的．只有中标人所递交的备选投标方案方可予以考虑。评标委员会认为中标人的备选投标方案优于其按照招标文件要求编制的投标方案的，招标人可以接受该备选投标方案。

4. 投标文件的递交

投标人应当在招标文件规定的提交投标文件截止时间前，将投标文件密封送达投标地点。招标人收到招标文件后，应当向投标人出具标明签收人和签收时间的凭证，在开标前任何单位和个人不得开启投标文件。在招标文件要求提交投标文件的截止时间后送达或未送达指定地点的投标文件，为无效的投标文件，招标人不予受理。有关投标文件的递交还应注意以下问题：

（1）投标人在递交投标文件的同时，应按规定的金额、担保形式和投标保证金格式递交投标保证金，并作为其投标文件的组成部分。联合体投标的，投标保证金由牵头人递交，并应符合规定。投标保证金除现金外，可以是银行出具的银行保函、保兑支票、银行汇票或现金支票。投标保证金的数额不得超过投标总价的 2%。投标人不按要求提交投标保证金的，其投标文件作废标处理。招标人最迟应当在书面合同签订后 5 个工作日内向中标人和未中标的投标人退还投标保证金及银行同期存款利息。出现下列情况的，投标保证金将不予返还：

1）投标人在规定的投标有效期内撤销或修改其投标文件；

2）中标人在收到中标通知书后，无正当理由拒签合同协议书或未按招标文件规定提交履约担保。

（2）投标有效期。投标有效期从投标截止时间起开始计算，确定投标有效期时间长短，一般考虑以下因素：

1）组织评标委员会完成评标需要的时间；

2）确定中标人需要的时间；

3）签订合同需要的时间。

一般项目投标有效期为 60～90 天，大型项目 120 天左右。投标保证金的有效期应与投标有效期保持一致。

出现特殊情况需要延长投标有效期的，招标人以书面形式通知所有投标人延长投标有效期。投标人同意延长的，应相应延长其投标保证金的有效期，但不得要求或被允许修改及撤销其投标文件；投标人拒绝延长的，其投标失效，但投标人有权收回其投标保证金。

（3）投标文件的修改与撤回。在规定的投标截止时间前，投标人可以修改或撤回已递交的投标文件，但应以书面形式通知招标人。在招标文件规定的投标有效期内投标人不得要求撤销或修改其投标文件。

（4）费用承担与保密责任。投标人准备和参加投标活动发生的费用自理。参与招标投标活动的各方应对招标文件和投标文件中的商业和技术等秘密有保密责任。

5. 投标违规的情况

（1）在投标过程下有下列情形之一的，属于投标人相互串通投标：

1）投标人之间协商投标报价等投标文件的实质性内容；

2）投标人之间约定中标人；

3）投标人之间约定部分投标人放弃投标或者中标；

4）属于同一集团、协会、商会等组织成员的投标人按照该组织要求协同投标；

5）投标人之间为谋取中标或者排斥特定投标人而采取的其他联合行动。

（2）在投标过程中有下列情形之一的，视为投标人相互串通投标：

1）不同投标人的投标文件由同一单位或者个人编制；

2）不同投标人委托同一单位或者个人办理投标事宜；

3）不同投标人的投标文件载明的项目管理成员为同一人；

4）不同投标人的投标文件异常一致或者投标报价呈规律性差异；

5）不同投标人的投标文件相互混装；

6）不同投标人的投标保证金从同一单位或者个人的账户转出。

（3）在招投标过程中有下列情形之一的，属于招标人与投标人串通投标：

1）招标人在开标前开启投标文件并将有关信息泄露给其他投标人；

2）招标人直接或者间接向投标人泄露标底、评标委员会成员等信息；

3）招标人明示或者暗示投标人压低或者抬高投标报价；

4）招标人授意投标人撤换、修改投标文件；

5）招标人明示或者暗示投标人为特定投标人中标提供方便；

6）招标人与投标人为谋求特定投标人中标而采取的其他串通行为。

6.3.2　投标报价

1. 投标报价的编制原则和依据

（1）投标报价编制的原则

投标报价是在工程招标发包过程中，由投标人依据有关计价规定自主确定的工程造价，是投标人希望达成工程承包交易的期望价格，它不能高于招标人设定的招标控制价。作为投标计算的必要条件，应预先确定施工方案和施工进度，此外，投标报价的计算还必须与采用的合同形式相协调。

投标报价是否合理不仅直接关系到投标的成败，还关系到中标后企业的经营情况。投标报价编制原则如下：

260

1）投标报价由投标人自主确定，但必须执行《建设工程工程量清单计价规范》GB 50500—2013 的强制性规定。投标价应由投标人或受其委托，具有相应资质的工程造价咨询人员编制。

2）投标人的投标报价不得低于成本。《评标委员会和评标方法暂行规定》（七部委第 12 号令）第二十一条规定："在评标过程中，评标委员会发现投标人的报价明显低于其他投标报价或者在设有标底时明显低于标底的，使得其投标报价可能低于其个别成本的，应当要求该投标人作出书面说明并提供相关证明材料。投标人不能合理说明或者不能提供相关证明材料的，由评标委员会认定该投标人以低于成本报价竞标，其投标应作为废标处理。"在此，明确要求投标人的投标报价不得低于其企业的个别成本。

3）投标报价要以招标文件中设定的发承包双方责任划分，作为考虑投标报价费用项目和费用计算的基础，发承包双方的责任划分不同，会导致合同风险不同的分摊，从而导致投标人选择不同的报价。

4）以施工方案、技术措施等作为投标报价计算的基本条件；以反映企业技术和管理水平的企业定额作为计算人工、材料和机械台班消耗量的基本依据；充分利用现场考察、调研成果、市场价格信息和行情资料，编制基础标价。

5）报价计算方法要科学严谨，简明适用。

（2）投标报价的编制依据

《建设工程工程量清单计价规范》GB 50500—2013 规定，投标报价应根据下列依据编制和复核：

1）《建设工程工程量清单计价规范》GB 50500—2013，各专业工程量计算规范 GB 500854～862—2013。

2）企业定额，国家或省级、行业建设主管部门颁发的计价定额和计价办法。

3）招标文件、招标工程量清单及其补充文件、答疑纪要。

4）建设工程设计文件及相关资料。

5）施工现场情况、工程特点及投标时拟定的施工组织设计或施工方案。

6）与建设项目相关的标准、规范等技术资料。

7）市场价格信息或工程造价管理机构发布的工程造价信息。

8）其他的相关资料。

2. 投标报价的编制方法和内容

投标报价的编制过程，应首先根据招标人提供的工程量清单编制分部分项工程量清单计价、措施项目清单计价表、其他项目清单计价表、规费、税金项目清单计价表，计算完毕之后，汇总得到单位工程投标报价汇总表，再层层汇总，分别得出单项工程投标报价汇总表和工程项目投标总价汇总表。

（1）工程量清单计价投标报价的编制步骤

1）投标人熟悉招标文件和工程量清单，明确项目招标要求。

2）投标人编制项目施工组织设计或施工方案及各项管理措施。

3）按照企业定额，计算各分部分项工程的施工工程量，计算和确定人工、材料、机械的消耗量和单价，计算对应的人工费、材料费和机械费以及企业管理费和利润，进而确定各项综合单价和合价。

4）计算项目涉及的各项措施的费用。

5）计算其他项目费、规费、税金等费用。

6）汇总上述第3条至第5条的费用，得到项目的初步报价。

7）经投标策略的分析、判断并调整初步报价后最终确定项目的投标报价。

（2）工程量清单计价投标报价的要点

需要注意的是，在编制投标报价过程中投标人应按招标人提供的工程量清单填报价格。填写的项目编码、项目名称、项目特征、计量单位、工程量必须与招标人提供的一致。在确定分部分项工程综合单价时需注意以下事项：

1）投标人投标报价时应依据招标文件中分部分项工程量清单项目的特征描述来确定清单项目的综合单价。在招标投标过程中出现招标文件中分部分项工程量清单特征描述与设计图纸不符时，投标人应以分部分项工程量清单的项目特征描述为准，确定投标报价项目的综合单价。当施工中施工图纸或设计变更与工程量清单项目特征描述不一致时，发承包双方应按实际施工的项目特征，依据合同约定重新确定综合单价。

2）材料、工程设备暂估价的处理。招标文件中在其他项目清单中提供了暂估单价的材料和工程设备，应按其暂估的单价计入分部分项工程量清单项目的综合单价中。

3）考虑合理的风险。招标文件中要求投标人承担的风险费用，投标人应考虑进入综合单价。在施工过程中，当出现的风险内容及其范围（幅度）在招标文件规定的范围（幅度）内时，综合单价不得变动，合同价款不作调整。根据建设工程的特点，发承包双方对工程施工阶段的风险宜采用如下分摊原则：

① 对于主要由市场价格波动导致的价格风险，如工程造价中的建筑材料、燃料等价格风险，发承包双方应当在招标文件中或在合同中对此类风险的范围和幅度予以明确约定，进行合理分摊。根据工程特点和工期要求，一般采取的方式是承包人承担5%以内的材料、工程设备价格风险，10%以内的施工机具使用费风险。

② 对于法律、法规、规章或有关政策出台导致工程税金、规费、人工费发生变化，并由省级、行业建设行政主管部门或其授权的工程造价管理机构根据上述变化发布的政策性调整。由发包人承担此类风险，由此产生的费用全部按照政策规定调整。

③ 对于承包人根据自身技术水平、管理、经营状况能够自主控制的风险，如承包人的管理费、利润的风险，承包人应结合市场情况，根据企业自身的

实际合理确定、自主报价，该部分风险由承包人全部承担。

（3）分部分项工程量清单与计价表的编制

承包人投标价中的分部分项工程费应按招标文件中分部分项工程量清单项目的特征描述进行综合单价计算，分部分项工程综合单价的组成应符合计价规范的规定，并与招标控制价统一，见前述式（6-1）。确定分部分项工程单价的步骤和方法如下：

1）确定计算基础。计算基础主要包括消耗量指标和生产要素单价。计算各种人工、材料、机械台班的消耗量时应采用企业定额，在没有企业定额或企业定额缺项时，可参照与本企业实际水平相近的国家、地区、行业定额，并通过调整含量来确定清单项目对应的人工、材料、机械台班单位产品的用量。各种人工、材料、机械台班的单价，则应根据询价的结果和市场行情综合确定。

2）计算工程内容的工程数量与清单单位的含量。每一项工程内容都应根据所选定额的工程量计算规则计算其工程数量，当定额的工程量计算规则与清单的工程量计算规则一致时，可直接以工程量清单中的工程量作为工程内容的工程数量。

当采用清单单位含量计算人工费、材料费、机械使用费时，还需要按式（6-6）计算每一计量单位的清单项目所分摊的工程内容的工程数量，即清单单位含量。

$$清单单位含量 = \frac{某工程内容的定额工程量}{清单工程量} \tag{6-6}$$

3）计算分部分项工程人工、材料、机械费用。根据清单单位含量以完成每一计量单位的清单项目所需的人工、材料、机械用量为基础计算，见式（6-7）～式（6-9）。

$$人工费 = \sum 定额单位用工日数量 \times 定额条目的清单单位含量$$
$$\times 每工日的人工日工资单价 \tag{6-7}$$

$$材料费 = \sum 定额单位各种材料、半成品数量 \times 定额条目的清单单位含量$$
$$\times 各种材料、半成品单价 \tag{6-8}$$

$$机械使用费 = \sum 定额单位各种机械台班数量 \times 定额条目的清单单位含量$$
$$\times 各种机械的台班单价 \tag{6-9}$$

4）计算管理费和利润。可按照人工费、材料费、机械费之和以一定的费率取费计算，见式（6-10）和式（6-11）。

$$管理费 = （人工费 + 材料费 + 机械使用费） \times 管理费费率 \tag{6-10}$$
$$利润 = （人工费 + 材料费 + 机械使用费 + 管理费） \times 利润率 \tag{6-11}$$

5）计算综合单价。将上述五项费用汇总之后，并考虑合理的风险费用后，即可得到分部分项工程量清单综合单价。

6）根据计算出的综合单价，可编制分部分项工程量清单与计价分析表，见表6-14。

分部分项工程量清单综合单价分析表　　　　　　表 6-14

工程名称：×××　　　　　　　　标段：×××　　　　　　　第×页　共×页

项目编码				项目名称				计量单位			

<table>
<tr><td colspan="12">清单综合单价组成明细</td></tr>
<tr><td rowspan="2">定额编号</td><td rowspan="2">定额名称</td><td rowspan="2">定额单位</td><td rowspan="2">数量</td><td colspan="4">单价</td><td colspan="4">合价</td></tr>
<tr><td>人工费</td><td>材料费</td><td>机械费</td><td>管理费和利润</td><td>人工费</td><td>材料费</td><td>机械费</td><td>管理费和利润</td></tr>
<tr><td></td><td></td><td></td><td></td><td></td><td></td><td></td><td></td><td></td><td></td><td></td><td></td></tr>
<tr><td></td><td></td><td></td><td></td><td></td><td></td><td></td><td></td><td></td><td></td><td></td><td></td></tr>
<tr><td colspan="2">人工单价</td><td colspan="6">小计</td><td colspan="4"></td></tr>
<tr><td colspan="2">元/工日</td><td colspan="6">未计价材料费</td><td colspan="4"></td></tr>
<tr><td colspan="6">清单项目综合单价</td><td colspan="6"></td></tr>
<tr><td rowspan="4">材料费明细</td><td colspan="3">主要材料名称、规格、型号</td><td colspan="2">单位</td><td>数量</td><td>单价（元）</td><td>合价（元）</td><td>暂估单价（元）</td><td colspan="2">暂估合价（元）</td></tr>
<tr><td colspan="3"></td><td colspan="2"></td><td></td><td></td><td></td><td></td><td colspan="2"></td></tr>
<tr><td colspan="3">其他材料费</td><td colspan="2"></td><td></td><td></td><td></td><td></td><td colspan="2"></td></tr>
<tr><td colspan="3">材料费小计</td><td colspan="2"></td><td></td><td></td><td></td><td></td><td colspan="2"></td></tr>
</table>

（4）措施项目清单与计价表的编制

措施项目费应根据招标文件中的措施项目清单及投标时拟定的施工组织设计或施工方案按不同报价方式自主报价。计算时应遵循以下原则：

1）投标人可根据工程实际情况结合施工组织设计，自主确定措施项目费。对招标人所列的措施项目可以进行增补。由于招标人提出的措施项目清单是根据一般情况确定的，没有考虑不同投标人的"个性"，因此，投标人投标时可根据自身编制的投标施工组织设计或施工方案确定措施项目，对招标人提供的措施项目进行调整。投标人根据投标施工组织设计或施工方案调整和确定的措施项目应通过评标委员会的评审。

2）措施项目清单计价应根据拟建工程的施工组织设计，对于可以精确计"量"的措施项目宜采用分部分项工程量清单方式的综合单价计价（见前述表 6-8）；对于不能精确计量的措施项目可以"项"为单位的方式按"率值"计价，应包括除规费、税金外的全部费用（见前述表 6-9）。

3）措施项目清单中的安全文明施工费应按照国家或省级、行业建设主管部门的规定计价，不得作为竞争性费用。招标人不得要求投标人对该项费用进行优惠，投标人也不得将该项费用参与市场竞争。

（5）其他项目清单报价表的编制

其他项目清单报价表格式见前述表 6-11。在投标报价时，投标人对其他项目费的计算应遵循如下原则：

1）暂列金额应按照其他项目清单列出的金额填写，不得变动。

2）暂估价不得变动和更改。暂估价中的材料单价必须按照招标人提供的暂估单价计入分部分项工程费用中的综合单价；专业工程暂估价必须按照招标人提供的其他项目清单中列出的金额填写。

3）计日工应按照其他项目清单列出的项目和估算的数量，自主确定各项综合单价并计算费用。

4）总承包服务费应根据招标人在招标文件中列出的分包专业工程内容、供应材料和设备情况，由投标人按照招标人提出的协调、配合与服务要求以及施工现场管理的需要自主确定。

（6）规费和税金报价表的编制

规费和税金报价表格式见前述表 6-12。规费和税金应按照国家或省级、行业建设主管部门规定计算，不得作为竞争性费用。

（7）投标报价的汇总

投标人的投标总价应当与组成工程量清单报价的分部分项工程费、措施项目费、其他项目费和规费、税金的合计金额相一致，即投标人在进行工程项目工程量清单招标的投标报价中，不能进行投标总价优惠（或降价、让利），投标人对投标报价的任何优惠（或降价、让利）均应反映在相应清单项目的综合单价中。

3. 投标报价的技巧

投标报价的技巧是指在投标报价中采用适当的方法，在保证中标的前提下，为后期经营做准备，以期尽可能多地获得更多的利润。主要有以下几个方面：

（1）根据招标项目的不同特点采用不同报价

工程投标报价时，既要考虑自身的优势和劣势，也要分析招标项目的特点。按照工程项目的不同特点、类别、施工条件等来选择报价策略。

1）报价可高一些的工程

施工条件差的工程；专业要求高的技术密集型工程，而本公司在这方面有专长，声望也较高；总价低的小型工程以及自己不愿做、又不方便不投标的工程；特殊的工程，如港口码头、地下开挖工程等；工期要求急的工程；竞争对手少的工程；支付条件不理想的工程等。

2）报价可低一些的工程

施工条件好的工程；工作简单、工程量大而一般公司都可以做的工程；本公司目前急于打入某一市场、某一地区，或在该地区面临工程结束，机械设备无工地转移时；本公司在附近有工程，而本项目又可利用该工地的设备、劳务，或有条件在短期内突击完成的工程；竞争对手多，竞争激烈的工程；非急需工程；支付条件好的工程等。

（2）适当运用不平衡报价法

不平衡报价法也叫前重后轻法，是指一个工程项目的投标报价，在总价基本确定后，调整内部各个项目的报价，以期既不提高总价从而影响中标，又能在结算时得到更理想的经济效益。一般可以在以下几个方面考虑采用不平衡报价法：

1）能够早日结账收款的项目。如开办费、土石方工程、基础工程等，可以报得高一些，以利资金周转，后期工程项目，如机电设备安装工程、装饰工程等，可适当降低。

2）经过工程量核算，预计今后工程量会增加的项目，单价适当提高，这样在最终结算时可获得超额利润，而将工程量可能减少的项目单价降低，使得工程结算时损失不大。

但是上述这两点要统筹考虑，针对工程量有错误的早期工程，如果不可能完成工程量表中的数量，则不能盲目抬高报价，要具体分析后再确定。

3）设计图纸不明确，估计修改后工程量要增加的，可以提高单价，而工程内容说明不清的，则可降低一些单价。

但是不平衡报价一定要建立在对工程量表中工程量仔细核对分析的基础上，特别是对报低单价的项目，如工程量执行时增多将造成承包商的重大损失。另外要注意将不平衡的幅度控制在合理范围内，以免引起业主和评标委员会的反对，甚至导致废标。如果不注意这一点，有时业主会挑选出报价过高的项目，要求投标者进行单价分析，而围绕单价分析中过高的内容进行压价，以致承包商得不偿失。

（3）注意计日工的报价

如果是单纯对计日工报价，可以报高一些，以便在日后业主用工或使用机械时可以多盈利。但如果招标文件中有一个假定的"名义工程量"时，则需要具体分析是否报高价，以免提高总报价。总之，要分析业主在开工后可能使用的计日工数量确定报价方针，对肯定要做的部分报得高些，肯定不做的报得低些。

（4）适当运用多方案报价法

对一些招标文件，如果发现工程范围不很明确，条款不清楚或很不公正，或技术规范要求过于苛刻时，可在充分估计投标风险的基础上，按多方案报价法处理。即先按原招标文件报一个价，然后再提出："如某条款作某些变动，报价可降低多少……"，报一个较低的价。这样可以降低总价，吸引业主。

（5）适当运用"建议方案"报价

有时招标文件中规定，可以提出建议方案，即可以修改原设计方案，提出投标者的方案。投标者这时应组织一批有经验的设计和施工工程师，对原招标文件的设计方案仔细研究，提出更合理的方案以吸引业主，促成自己方案中标。这种新的建议方案一般要求能够降低总造价或提前竣工或使工程施工更合理。但要注意的是对原招标方案一定要报价，以供业主比较。增加建议方案时，不要将方案写得太具体，保留方案的技术关键，防止业主将此方案交给其他承包商，同时要强调的是，建议方案一定要比较成熟，或过去有这方面的实践经验。因为投标时间不长，如果仅为中标而匆忙提出一些没有把握的建议方案，可能引起很多后患。

（6）适当运用突然降价法

报价是一件保密性很强的工作，但是对手往往通过各种渠道、手段来刺探情况，因此在报价时可以采取迷惑对方的方法。即先按一般情况报价或表现出自己对该工程兴趣不大，而到投标快截止时，再突然降价。采用这种方法时，一定要在准备投标报价的过程中考虑好降价的幅度，在临近投标截止日期前，根据情报信息与分析判断，再作最后决策。另外如果由于采用突然降价法而中标，因为开标只降总价，那么就可以在签订合同后再采用不平衡

265

报价方法调整工程量表内的各项单价或价格，以期取得更好的效益。

（7）适当运用先亏后盈法

有的承包商为了打进某一地区市场，依靠国家、财团和自身的雄厚资本实力，而采取不惜代价求中标的低价报价方案。应用这种方法的承包商必须有较好的资信条件，并且提出的施工方案也先进可行，同时要加强对公司情况的宣传，否则即使标价低，也不一定能够中标。

（8）注意暂定工程量的报价

暂定工程量有三种：一种是业主规定了暂定工程量的分项内容和暂定总价款，并规定所有投标人都必须在总报价中加入这笔固定金额，但由于分项工程量不很准确，允许将来按投标人所报单价和实际完成的工程量付款，这种情况，由于暂定总价款是固定的，对各投标人的总报价水平竞争力没有任何影响，因此，投标时应当对暂定工程量的单价适当提高。这样做，既不会因今后工程量变更而吃亏，也不会削弱投标报价的竞争力。另一种是业主列出了暂定工程量的项目和数量，但并没有限制这些工程量的估价总价款，要求投标人既列出单价，也应按暂定项目的数量计算总价，当将来结算付款时可按实际完成的工程量和所报单价支付。这种情况，投标人必须慎重考虑。如果单价定高了，同其他工程量计价一样，将会增大总报价，影响投标报价的竞争力；如果单价定低了，将来这类工程量增大，将会影响收益。一般来说，这类工程量可以采用正常价格。第三种是只有暂定工程的一笔固定总金额，将来这笔金额做什么用，由业主确定。这种情况对投标竞争没有实际意义，只需按招标文件要求将规定的暂定款列入总报价即可。

（9）合理运用无利润算标法

缺乏竞争优势的承包商，在迫不得已的情况下，只好在投标中根本不考虑利润去夺标。这种办法一般在以下条件时采用：

1）有可能在得标后，将大部分工程分包给一些索价较低的分包商。

2）对于分期建设的项目，先以低价获得首期工程，尔后赢得机会创造第二期工程中的竞争优势，并在以后的实施中赚得利润。

3）较长时期内，承包商没有在建的工程项目，如果再不得标，就难以维持生存。因此，虽然本工程无利可图，只要能有一定的管理费维持公司的日常运转，获得以后发展的机会。

上述投标报价技巧是施工企业在长期的工程实践中总结出来的，具有一定的使用条件，不可照抄照搬，应根据不同时间、不同地区、不同项目的实际情况灵活综合运用，要坚持"双赢"甚至"多赢"的原则，诚信经营，从而提升公司的核心竞争力，实现可持续的发展。

6.4　工程量清单计价综合案例分析

某项目屋面平面图如图 6-2 所示（图中虚线为外墙的外边线），屋面卷材防水工程量清单为 314.90m²，屋面保温层的清单工程量为 296.70m²，试用工程量清单计价方法计算屋面卷材防水分项工程的综合单价。屋面做法：

（1）15mm 厚 1：3 水泥砂浆找平层；

（2）冷底子油二道，一毡二油隔气层；

（3）水泥炉渣（1：8），最薄处厚度为 60mm；

（4）100mm 厚加气混凝土块；

（5）20mm 厚 1：3 水泥砂浆找平层；

（6）二布三涂氯丁橡胶沥青冷胶料防水层。

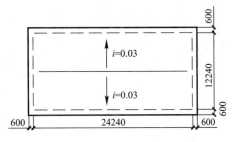

图 6-2　屋面平面图

分析计算如下：

1. 实际施工工程量

（1）15mm 厚 1：3 水泥砂浆找平层

$$工程量＝24.24×12.24＝296.70m^2$$

（2）冷底子油二道，一毡二油隔气层

$$工程量＝24.24×12.24＝296.70m^2$$

（3）水泥炉渣（1：8），最薄处厚度为 60mm

$$工程量＝(12.24/4×0.03＋0.06)×296.70＝45.04m^3$$

（4）100mm 厚加气混凝土块

$$工程量＝296.70×0.1＝29.67m^3$$

（5）20mm 厚 1：3 水泥砂浆找平层

$$工程量＝(24.24＋1.2)×(12.24＋1.2)＝341.90m^2$$

（6）二布三涂氯丁橡胶沥青冷胶料防水层

$$工程量＝(24.24＋1.2)×(12.24＋1.2)＝341.90m^2$$

2. 编制分部分项工程量清单综合单价分析表

分部分项工程量清单综合单价分析表见表 6-15～表 6～17。

分部分项工程量清单综合单价分析表　　　表 6-15

项目编码	010702001001	项目名称		屋面卷材防水（隔气层）		计量单位		m²	
清单综合单价组成明细									
定额编号	定额名称	定额单位	数量	单价				合价	
				人工费	材料费	机械费	管理费和利润	人工费	材料费	机械费	管理费和利润
7-206	楼地面、屋面找平层，15mm 厚水泥砂浆在混凝土或硬基层上	100m²	2.967	440.32	298.30	11.75	207.42	1306.43	885.06	34.86	615.42

267

续表

项目编码	010702001001		项目名称	屋面卷材防水（隔气层）	计量单位		m²

清单综合单价组成明细

定额编号	定额名称	定额单位	数量	单价				合价			
				人工费	材料费	机械费	管理费和利润	人工费	材料费	机械费	管理费和利润
7-135	刷冷底子油第一遍	100m²	2.967	132.44	280.14	—	50.63	392.95	831.18	—	150.22
7-32	一毡二油隔气层	100m²	2.967	322.50	2130.00	—	110.54	956.86	6319.71	—	327.97
人工单价			小计					2656.24	8035.95	34.86	1093.61
86元/工日			未计价材料费								
清单项目综合单价							11820.66/296.7＝39.84 元/m²				

分项工程量清单综合单价分析表　　　　表6-16

项目编码	010702001002		项目名称	屋面卷材防水	计量单位		m²

清单综合单价组成明细

定额编号	定额名称	定额单位	数量	单价				合价			
				人工费	材料费	机械费	管理费和利润	人工费	材料费	机械费	管理费和利润
7-205	楼地面、屋面找平层，20mm 厚水泥砂浆在填充料上	100m²	3.149	638.98	495.73	19.78	295.74	2012.15	1561.05	62.29	931.29
7-65	屋面氯丁沥青冷胶涂料二布三涂	100m²	3.149	804.1	4124.38	—	280.98	2532.11	12987.67	—	884.81
人工单价			小计					4544.26	14548.72	62.29	1816.11
86元/工日			未计价材料费								
清单项目综合单价							20971.37/314.9＝66.60 元/m²				

分部分项工程量清单综合单价分析表　　　　表6-17

项目编码	010803001001		项目名称	保温隔热屋面	计量单位		m²

清单综合单价组成明细

定额编号	定额名称	定额单位	数量	单价				合价			
				人工费	材料费	机械费	管理费和利润	人工费	材料费	机械费	管理费和利润
8-173	1：8 水泥炉渣保温层	10m³	4.504	952.88	1095.85	—	359.49	4291.77	4935.70	—	1619.14

项目编码	010702001001		项目名称	屋面卷材防水（隔气层）		计量单位		m²		
清单综合单价组成明细										
定额编号	定额名称	定额单位	数量	单价				合价			
				人工费	材料费	机械费	管理费和利润	人工费	材料费	机械费	管理费和利润
8-178	加气混凝土砌块保温层	10m³	2.967	390.44	1551.5	—	125.68	1158.43	4603.30	—	372.90
人工单价		小计						5450.2	9539	—	1992.04
86元/工日		未计价材料费									
清单项目综合单价								16981.24/296.70＝57.23 元/m²			

思考题与习题

一、思考题

6-1 什么是招标工程量清单？招标工程量清单主要由哪几部分组成？

6-2 分部分项工程量清单如何组成，各有什么编制要求？

6-3 《建设工程工程量清单计价规范》GB 50500—2013 规定的通用措施项目包括哪些？

6-4 其他项目清单如何组成？

6-5 简述编制招标控制价时应遵循的基本规定。

6-6 工程量清单计价规范的综合单价如何组成？

6-7 招投标控制价的综合单价如何编制？

6-8 工程投标的主要工作有哪些？

6-9 投标文件如何组成？

6-10 列举投标违规的主要行为。

6-11 工程量清单计价投标报价的编制原则有哪些？

6-12 详述投标报价确定分部分项工程量清单综合单价的步骤和方法。

6-13 工程量清单招投标，招标控制价和投标报价中的总包管理费分别如何确定？

6-14 工程量清单招标风险费用如何分担？

6-15 投标报价的技巧有哪些？举例说明如何应用。

二、计算题

6-1 某工厂外墙外边线尺寸为 36.24m×12.24m，底层设有围护栏板的室外平台共4只，围护外围尺寸为 3.84m×1.68m；设计室外地坪土方标高为 −0.15m，现场自然地坪平均标高为 −0.05m，现场土方多余，需运至场外5km外松散弃置。已知工程施工方案选定推土机和铲运机配合施工，余土为铲运机装土自卸汽车运土；定额项目人工、机械费用如表 6-18 所示，工程取费标准为企业管理费按人工费及机械费之和的 25%、利润按人工费及机械费之和的 10%、风险按人工费的 20% 和机械费的 10% 考虑计算。请编制该工程平整场地工程量清单并计算该分部分项工程的综合单价。

定额项目费用表 表 6-18

定额编号	定额项目	单 位	人工费（元）	机械费用（元）
1-28	平整场地（建筑物每边增加 2m）	m²	5	1.5
1-68	余土装车	m³	3	1
1-69	自卸汽车运土费用每公里	m³	2	0.5

6-2 某矩形房间地面铺贴大理石面层，平面尺寸见图 6-3，墙厚 490mm。楼地面层做法是素土夯实，100mm 厚 3∶7 灰土垫层，100mm 厚 C10 素混凝土基层，2mm 厚素水泥浆结合层，25mm 厚 1∶3 水泥砂浆找平层，20mm 厚 500mm×500mm 大理石面层，试计算工程量，编制该项目工程量清单。

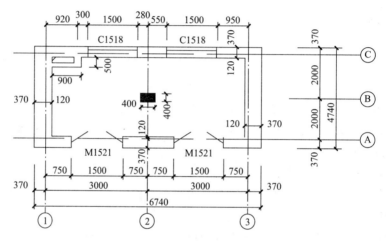

图 6-3 房间平面图

6-3 接上述，已知建筑工程：企业管理费费率为 12%，利润率为 9%，建筑工人人工费预算单价为 90 元/工日，现行市场价为 100 元/工日；装饰工程：企业管理费费率为 18%，利润率为 10%，装饰装修工程人工费预算单价为 120 元/工日，现行市场价为 130 元/工日；500mm×500mm 大理石材料，定额每平方米消耗量为 1.025m²，大理石的预算价为 280 元/m²，市场指导价为 320 元/m²。有关定额计算资料如表 6-19 所示，不计取风险费等其他内容。要求计算该地面面层的综合单价。

定额计算资料 表 6-19

定额编号	定额项目	单 位	人工消耗量（工日）	材料消耗量（或材料费）	机械使用费（元）
1-1	大理石地面（含结合层）	m²	0.2507	102.5m²	6.30
9-1-3	3∶7 灰土垫层	m³	8.110	300 元	78.6
9-27	C10 混凝土垫层	m³	12.250	350 元	86.3
9-30	水泥砂浆 1∶3（25mm 厚）	m²	0.0803	20 元	10.2
	素土夯实	m²	0.1		8.2

第7章
建筑工程造价管理

本章知识点

> 本章讲述建筑工程造价管理的相关知识，主要介绍建筑工程造价的含义及其特点，明确项目建设过程中造价管理的重要意义；并论述造价管理的体系及其流程，重点介绍全方位造价管理和全过程造价管理的实施；针对项目建设不同阶段造价管理要点进行说明。通过本章的学习，需要掌握的知识点有：
> ◆ 熟悉建筑工程造价管理的含义及内容；
> ◆ 掌握"四全造价管理"的体系和流程；
> ◆ 掌握项目建设各阶段造价管理的要点；
> ◆ 熟悉决策阶段、施工阶段工程造价的计算和控制方法。

7.1 建筑工程造价管理的含义

建筑工程造价管理是指运用科学的技术原理和方法，在统一目标、各负其责的原则下，为确保建设工程的经济效益和有关各方面的经济利益而对建设工程造价所进行的全过程、全方位的符合政策和客观规律的全部业务行为和组织活动。工程造价管理是包括投资管理体制、项目融资、工程经济、工程财务、建设项目管理、经济法律法规、工程合同管理等多方面内容的、对工程项目全方位、多角度的全过程的造价管理。由于角度不同，管理的主体也有多个，例如政府的建设主管部门、建设单位、施工总承包单位等。因此，其中既有对工程造价的计价依据、计价行为的管理，也有对工程造价编制与确定、咨询单位资质、从业人员资格的管理监督，还有对工程财务及成本核算和控制。

工程造价管理一般包含建设工程投资费用管理和工程价格管理，工程造价计价依据的管理和工程造价专业队伍建设的管理则是为这两种管理服务的。

建设工程的投资费用管理属于工程建设投资管理范畴。工程建设投资费用管理，是指为了实现投资的预期目标，在已有的规划、设计方案条件下，预测、计算、确定和监控工程造价及其变动的系统活动。

而工程价格管理属于价格管理范畴。在微观层次上，是生产企业在掌握市场价格信息的基础上，为实现管理目标而进行的成本控制、计价、定价和竞价的系统活动。在宏观层次上，是政府根据社会经济的要求，利用法律手

271

7.1 建筑工程造价管理的含义

段、经济手段和行政手段对价格进行管理和调控以及通过市场管理规范市场主体价格行为的系统活动。

7.1.1　建筑工程造价管理的内容

建筑工程造价管理的基本内容就是有效地控制及合理确定工程造价，是在基本建设的各阶段合理确定投资估算、项目概算、施工图预算、招标控制价、承包合同价格、竣工结算及决算价格。具体的管理程序如图 7-1 所示。

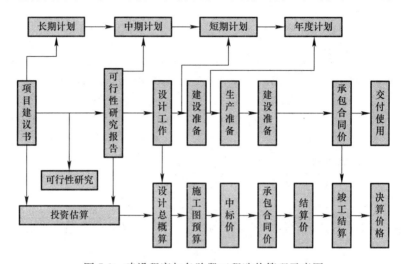

图 7-1　建设程序与各阶段工程造价管理示意图

建筑工程造价管理是指为实现工程造价的科学性及合理性而进行的管理活动。目前，我国建筑工程造价管理体系有三大系统：政府行政管理系统、造价协会管理系统以及企事业单位管理系统。

（1）政府行政管理系统

我国政府对工程造价管理有一个组织严密的系统，设立多层管理机构。

① 中华人民共和国住房和城乡建设部负责全国的建筑工程造价的管理，其具体的事宜归口到标准定额司。

② 各省、自治区、直辖市的建设厅（局、委）负责本省的造价管理，具体事宜归口到各省、自治区、直辖市建设工程造价管理总站，业务受住房城乡建设部标准定额司指导。

③ 地、市、州的建设行政部门负责本市的造价管理，具体归口到地市州的建设工程造价管理站，业务受省级造价部门指导。

④ 县级建设部门负责本县的造价管理，具体归口到本县的建设工程造价管理站，业务受上级造价管理部门指导。

（2）建设工程造价协会

中国建设工程造价管理协会及各省、自治区、直辖市建设工程造价协会和地、市、州的建设工程造价协会由从事建设工程造价管理及工程造价服务的单位组成，是经建设部门同意，民政部门核准登记注册的非营利性的民间社会组织，属于行业组织，对造价行为进行自律性的管理。

（3）企、事业单位

各个与建设工程造价有关的单位对工程造价的管理，包括建设单位、设计单位、施工承包单位的工程造价管理部门以及工程造价中介服务机构。

7.1.2　建筑工程造价管理的原则

实施有效的工程造价管理，应遵循以下三项原则：

1. 以设计阶段为重点的全过程造价管理

工程造价管理贯穿于工程建设全过程的同时，应注意工程设计阶段的造价管理。工程造价管理的关键在于前期决策和设计阶段，而在项目投资决策后，控制工程造价的关键在于设计。建设工程全寿命期费用包括工程造价和工程交付使用后的日常开支费用（含经营费用、日常维护修理费用、试用期内大修理和局部更新费用）以及该工程使用期满后的报废拆除费用等。

长期以来，我国往往将控制工程造价的主要精力放在施工阶段——审核施工图预算、结算建筑安装工程价款、控制索赔和付款进度，而对工程项目策划决策阶段的造价控制重视程度不够。要有效地控制工程造价，就应将工程造价管理的重点转到工程项目策划决策和设计阶段。

2. 主动控制与被动控制相结合

长期以来，人们一直把控制理解为目标值与实际值的比较，以及当实际值偏离目标值时，分析其产生偏差的原因，并确定下一步的对策。在工程建设全过程中进行这样的工程造价控制当然是有意义的。但问题在于，这种立足于调查—分析—决策基础之上的偏离—纠偏—再偏离—再纠偏的控制是一种被动控制，这样做只能发现偏离，不能预防可能发生的偏离。为尽可能地减少以及避免目标值与实际值的偏离，还必须立足于事先主动地采取控制措施，实施主动控制。也就是说，工程造价控制不仅要反映投资决策，反映设计、发包和施工，被动地控制工程造价，更要能主动地影响投资决策，影响工程设计、发包和施工，主动地控制工程造价。

3. 技术与经济相结合

要有效地控制工程造价，应从组织、技术、经济、合同管理等多方面采取措施。从组织上采取的措施，包括明确项目组织结构，明确造价控制实施者及其任务，明确管理职能分工；从技术上采取措施，包括重视设计多方案比选，严格审查监督初步设计、技术设计、施工图设计、施工组织设计，深入技术领域研究节约投资的可能性；从经济上采取措施，包括动态地比较造价的计划值和实际值，严格审核各项费用支出，采取对节超投资的奖罚措施等；从合同管理方面采取措施，包括明确合同订立、履行、终结等各阶段的流程和管理职责，加强合同条款的审核，严格合同履行要求，预防和控制索赔的发生等。

应该看到，技术与经济相结合是控制工程造价最有效的手段。应通过技术比较、经济分析和效果评价，正确处理技术先进与经济合理两者之间的对立统一关系，力求在技术先进条件下的经济合理，在经济合理基础上的技术先进，将控制工程造价观念渗透到各项设计和施工技术措施之中。

7.1.3 建筑工程造价影响因素分析

工程造价的影响因素有很多，为了能够有效控制造价，应该在优化建设方案、设计方案的基础上，在工程建设的各个阶段，采用一定的方法和措施把工程造价的发生额控制在合理的范围或核定的造价限额以内，以求合理使用人力、物力、财力，取得较好的投资效益和社会效益。

建筑工程造价逐年上涨，究其原因，主要由于组成建筑成本的人工、材料、机械台班等的价格不断上涨，随着社会经济的发展，整个社会的物价水平总是呈逐渐上涨的态势，也由于人们对建筑功能的要求不断提高导致成本上升，同时因新材料、新工艺、新技术的引入也可能导致建筑成本的上升。下面将分别从人工、材料和其他因素等角度来分析建筑工程造价的发展趋势。

1. 人工费

人工费是建筑工程造价的重要组成部分。我国的建筑行业属于劳动密集型的传统产业，以前我国工资水平较低，再加上我国农村有大量富余的劳动力，他们不需要经过严格培训即可从事建筑业生产，从而形成供过于求的局面，使得建筑人工费相当低廉。现阶段，随着人们生活水平的提高，整个社会劳动力的合理配置，使得这种局面产生了变化，供需平衡了，建筑人工费上涨就是必然的了。

同时应该看到，建筑工程的人工费上升的潜力和空间依然存在，尽管现阶段建筑项目的人工费已经有所上升，但是仍然较低。据统计，在国内建筑人工费只占建筑工程成本的30％左右，而发达国家建筑人工费约占建筑工程成本的60％～70％，如果按照这一数据，我国建筑项目的人工费与国外仍然有相当大的差距。随着我国经济不断融入世界，建筑业将进一步与国际标准接轨，因此建筑人工费增长的潜力很大。

2. 材料费上涨

建筑材料费也是建筑工程成本的主要组成部分。建筑材料的生产需要大量的人工，同时材料作为一种资源开采，存量会越来越紧缺，并且生产材料所必需的能源价格也逐步上升。根据这三个因素从长远角度来看，随着我国经济社会的进步，物价水平上涨，建筑材料价格也将不断上涨，从而影响建筑工程的造价。

以钢材的生产为例，生产钢材的原始材料主要是铁矿石，所用的能源主要是电力和煤炭。近几年来，全社会的工资水平上涨，劳动力成本提高，铁矿石的价格也在上涨，电力和煤炭等能源价格也在上升，这多重原因导致钢材的价格不断上涨。而在工程建设中，建筑材料费占整个建筑工程成本的60％～70％（每年耗用全社会钢材总量的25％，木材的40％，水泥的70％，玻璃的70％，预制品的25％）。因此，合理使用建筑材料，减少建筑材料的消耗，对于降低工程造价具有重要的实际意义。

3. 其他建筑成本的变化

建筑成本不仅包括人工费、材料费等直接费用，还包括其他直接费用和间接费用，如土地成本、管理费、临时设施费等。随着社会的发展，这些费用都在不断地增加，它们也是导致建筑工程成本上升的重要原因。从我国土地取得政策的变化导致土地取得方式的转变，由于土地资源具有固定性和稀缺性的特点也会导致土地成本大幅增长。尤其对于我国来说，人口众多是我国的基本国情之一，而可被用于建筑领域的土地却非常有限。因而随着土地逐渐被开发利用之后，土地资源就会逐步紧张起来，土地的价格也将迅速上升，接着导致拿地成本大幅增加，最终造成建筑工程造价的巨幅上升。目前情况下，不同城市间建筑产品存在较大价格差异，主要的因素之一就是土地成本的差异。

除了土地成本上的差异，施工过程中大量采用现代化的施工机械和设备，施工机械使用费增加同样导致建筑工程成本的上升，特别是当建筑产品采用了新型的大型设备，如中央空调系统、电梯等，也将导致建筑成本上升，还有的就是随着施工技术的现代化步伐不断发展，建设项目的体量越来越大，工序越来越复杂，施工管理的费用和临时设施费用也将增加，这些都会导致建筑工程造价上升。

现阶段人们对于生活质量的要求越来越高，对各项建筑功能的要求也越来越高，这也是导致建筑工程造价上升的重要因素之一。另外，以居住安全为目标的结构抗震设计要求也会增加建筑工程造价。每一社会阶段都有着相应的需求，更高的需求层次反映出人们对生活与居住水平的追求，但与此同时，每一层次的需要都对建筑结构提出新的要求，都将增加建筑结构的投资，相应地增加建筑工程造价。从最传统的墙体承重结构，到框架结构，再到剪力墙结构、框架—剪力墙结构、筒体结构、拱结构、网架结构、网壳结构、空间薄壁结构、钢索结构、膜结构等，结构的新颖坚固和使用方便使得建筑工程造价都在不断的上升。

综上所述，随着社会的发展，人们对建筑功能提出多元化要求的同时，对每一项建筑功能也提出了更高的标准和要求，这是导致建筑工程造价上升的重要因素。而人们对于建筑的使用需求不断增多，建设项目越来越大，且建筑业日益与国际接轨，人工费、材料费、机械设备费以及施工管理费和临时设施费等都在不断增加，最终会导致建筑工程造价越来越高。

7.2 建筑工程造价管理的方法

由于工程造价具有大额性、个别性和差异性、动态性、层次性及兼容性的特点，使得建筑工程造价管理没有一个标准的模式，而应该针对建设工程项目的实施过程，进行全寿命周期、全过程、全要素和全方位的四全管理。

7.2.1 全寿命周期造价管理

建设工程全寿命期造价是指建设工程初始建造成本和建成后的日常使用成本之和，它包括建设前期、建设期、使用期及翻新拆除期各个阶段的成本。在实际管理过程中，在工程建设及使用的不同阶段，工程造价存在诸多不确定性，因此，建设项目全寿命周期造价管理是从项目的长期经济利益出发，全面考虑项目以上各阶段的造价管理，使全寿命周期成本最小的一种管理理念和方法。全寿命期造价管理以此为指导思想，指导建设工程的投资决策及设计方案的选择。目标是实现建设项目全寿命周期成本最优。

全寿命周期工程造价管理起源于 20 世纪 70 年代末英国提出的工程项目投资评估与造价的纵向管理理论与方法及美国推出的"全面造价管理"（TCM）概念和理论，80 年代后期该理论逐渐进入全面丰富与创新发展时期。全寿命周期工程造价管理理论是从工程项目全寿命周期出发考虑造价和成本问题，运用工程经济学、数学模型等方法，强调工程项目建设各阶段造价之和最小化的一种管理方法。尤其是在项目的决策和设计阶段。因为项目决策的正确与否和设计方案的优劣直接影响项目的其他阶段，进而影响到整个生命周期费用。这种新兴造价管理理论对于节省投资成本，提高工程项目建设的经济效益和社会效益有着很好的控制作用。

从设计方案合理性角度来看，工程项目全生命周期造价管理的思想和方法可以指导设计者自觉地、全面地从项目全生命周期出发。综合考虑工程项目的建设造价和运营与维护的成本，从而实现更为科学的建筑设计和更加合理地选择建筑材料，以便在确保设计质量的前提下，实现降低项目全生命周期成本的目标甚至生态环保的目标。全生命周期工程造价管理从工程项目全生命周期出发去考虑造价和成本问题，使得人们可以在全生命周期的各个环节上，通过合理的规划设计，采用节能、节水的设施和环保建材，考虑到材料的可回收储存，实施施工废弃物处理等措施，在生命周期成本最小化的前提下，达到环保和生态的目的，提高工程项目建设的社会效益，符合可持续发展要求。但实施这种管理思路需要解决建设项目在全寿命周期因所有者主体不断变化带来的管理衔接问题。

7.2.2　全过程造价管理

工程造价全过程管理是指建设项目从策划决策、可行性研究阶段工程造价的预测开始，到工程实际造价的确定和经济后评价为止的整个建设期间的工程造价控制管理。包括：前期决策阶段的项目策划、投资估算、项目经济评价、项目融资方案分析；设计阶段的限额设计、方案比选、概预算编制；招投标阶段的标段划分、发承包模式及合同形式的选择、招标控制价或标底编制；施工阶段的工程计量与结算、工程变更控制、索赔管理；竣工验收阶段的结算与决算等。

全过程造价管理强调把造价控制重点前移到建设前期阶段，使工程造价控制工作深入至投资决策、设计、招标、合同签订、施工过程、竣工结算和后评价等各阶段。变被动控制为完全主动控制，变事后控制为事前、事中控制，以取得令人满意的投资效果。因此，全过程造价管理具有如下特点：

（1）项目造价管理由同一咨询单位或同一位专业造价师全过程负责。

（2）项目造价管理的成效较高。

（3）需要专业的造价人员。

（4）需要有掌握最新市场价格信息的能力。

由于建设项目规模大，建设周期长，技术复杂，人、财、物消耗大，为了合理地确定造价，必须在项目建设的全过程，按照不同阶段的特点进行多次计价，即形成按建设项目建设程序不同阶段确定的造价计算文件，以充分体现工程造价计算的合理性。工程造价控制应贯穿于建设项目的全过程，但控制重点应转移到项目建设的前期，即转移到项目决策和设计阶段，而一旦做出投资决策后，控制的重点应放在设计阶段。由于在满足规范的前提下，设计阶段的造价也会因为经验、水平或其他因素的影响而有所差异。如果设计阶段坚持运用价值工程原理、多目标设计方案比选等手段不断优化设计，可以将造价控制在较好的水平，反之会使工程造价居于高位，所以，实行建设项目全过程造价管理制度是十分必要的。

在我国现阶段，全面实施全过程造价控制，需要解决的问题主要体现在：

（1）合同文本规范化管理和设计图纸深度的问题

由于建设项目不同的阶段往往由不同的责任主体单位负责实施，从而导致合同文本的多样性，前后阶段的合同衔接和各自对图纸深度要求的不同使得各阶段造价文件编制的依据不一致，整体控制变得困难。

（2）缺乏咨询机构的专业服务

我国工程造价咨询行业的总体发展状况与发达国家存在着较为明显的差距，大多数工程造价咨询企业尚不具备与国外同专业工程造价咨询企业的竞争能力，相当一部分工程造价咨询企业的咨询服务产品还停留在分阶段的专业性咨询上，无法提供良好的整体咨询服务。

（3）缺乏历史数据积累

实施全过程造价管理需要大量有价值的已完历史工程数据，但国内造价咨询机构大多没有建立起有效的数据管理机制和系统，无法进行数据的有效积累、分析和共享，造价统计数据不能及时反馈于全过程造价控制的各个阶段并产生积极的价值。

（4）全过程造价控制过程割裂

建设项目本身是一个有机的系统，这个系统经历了前期策划、决策、设计、实施、验收和试运行以及运行维护的全过程。建设项目造价控制本身是一个系统工程，贯穿全过程各个环节，但现状是建设项目估算、概算、招标代理、施工过程造价控制、结算审价往往由不同的咨询机构承担，这种方式貌似每个阶段都处于受控状态，然而由于各个阶段衔接的脱节，会导致造价控制过程中信息流通的断裂和信息孤岛现象，造成了实际上的造价失控。整个建设项目缺少统一的计划和控制系统，由于信息不全、参与者注重局部利益，往往只能达到局部优化，无法实现项目整体控制目标。

7.2.3 全要素造价管理

实施建筑工程造价管理，需要对影响造价的诸因素进行全面的管理。影响建筑工程造价的因素有很多，控制建筑工程造价不仅仅是控制建设工程本身的建造成本，还应同时考虑工期成本、质量成本。而且，随着项目管理水平和管理要求的提高，对建筑工程安全与环境成本的控制也显得越来越重要，抓好这些要素的管理可以实现工程成本、工期、质量、安全、环境的集成管理。全要素造价管理的核心是按照优先性的原则，协调和平衡工期、质量、安全、环保与成本之间的对立统一关系。

7.2.4　全方位造价管理

建筑工程全方位造价管理是指造价管理要落实在工程项目实施的各个阶段和各阶段中各责任主体的不同管理角度中。建设工程造价管理不仅仅是业主或承包单位的任务，而应该是政府建设主管部门、行业协会、建设单位、设计单位、施工单位以及有关咨询机构的共同任务。尽管各方的地位、利益、角度等有所不同，但必须建立完善的协同工作机制，才能实现建设工程造价的有效控制。只有各个单位和部门都做好自己职责内的工作，才能有效发挥建筑工程造价控制机制的作用，因此，工程造价管理应该是全方位的管理。项目建设各参与部门造价控制工作内容如表 7-1 所示。

项目建设各参与部门造价控制工作内容　　　　　　　　　表 7-1

部　门	造价控制工作职责
建设单位	建设单位是项目的投资主体，是项目决策者、组织者和责任者，对建设项目的策划、筹资、建设实施、生产经营、债务偿还和资产保值增值的全过程独立承担全面责任。工程造价的高低直接与建设单位当前及长远利益息息相关，所以建设单位必须重视对工程造价的管理与控制。在影响工程造价的各个环节，采取有效的管理措施，做到优化资源配置，合理使用资金，降低工程造价，减少债务负担，提高投资效益。推行设计招标，提高设计质量，合理控制工程造价。加强合同管理，降低施工阶段的工程造价
设计单位	设计单位是设计阶段的最主要参与者，对设计阶段的工程造价控制负有最主要的责任。设计单位要改变过去只注重技术不重经济的思想，提高设计人员的经济意识，正确处理好技术与经济之间的关系；树立市场竞争观念，以高质量、低造价的设计方案来占领市场；严格遵守设计标准、设计规范，在设计过程中积极采用新技术、新材料、新工艺、新成果，推行标准设计。推行限额设计，在初步设计阶段，按照批准的设计任务书及投资估算控制初步设计，在施工图设计阶段，按照批准的初步设计及概算控制施工图设计，保证总投资不突破投资限额。为此，设计单位需要加强设计过程管理，重视方案的技术经济论证和方案的选优；推行设计责任制，增强对设计人员的约束机制。同时，注重价值工程原理和方法在工程设计中的应用，在保证使用功能和工程质量的前提下，努力降低工程造价。这里需要指出的是，在设计过程中进行方案比较与优选时考虑的费用，应该是项目整个寿命周期的费用，即不仅考虑建设费用，还要考虑项目建成后的运营费用，方案比较优选时应使以上两部分费用之和作为评价的基础，而不能仅以建设费用的多少作为比较的标准
施工单位	工程实施阶段，是以施工企业为主体的建设阶段，在这一阶段，虽然影响工程造价的可能性仅为 10% 左右，但这一阶段，是工程按设计图纸和施工组织设计实施的过程，据估计，工程造价中的约 60% 发生在这一阶段，且此阶段造成工程造价失控的因素很多，故工程实施阶段也是工程造价控制的重要环节，施工企业责任重大。施工单位的工程造价管理，重点是成本的管理与控制，同时还要处理好工程成本与工期、质量、安全的关系

部　门	造价控制工作职责
工程监理	工程监理在造价管理方面的工作。在建设前期阶段进行工程项目的机会研究、初步可行性研究、编制项目建议书，进行可行性研究，对拟建项目进行市场调查和预测，编制投资估算，进行环境影响评价、财务评价、国民经济评价和社会评价。在设计阶段，协助业主提出设计要求，组织设计方案竞赛或设计招标，用技术经济方法组织评选设计方案。协助设计单位开展限额设计工作，编制本阶段资金使用计划，并进行付款控制。进行设计挖潜，用价值工程等方法对设计进行技术经济分析、比较、论证，在保证功能的前提下进一步寻找节约投资的可能性。审查设计概预算，尽量使概算不超估算，预算不超概算。在施工招标阶段，准备与发送招标文件，编制工程量清单和招标工程标底或招标控制价；协助评审投标书，提出评标建议；协助业主与承包单位签订承包合同。在施工阶段，依据施工合同有关条款、施工图，对工程项目造价目标进行风险分析，并制定防范性对策。从造价、项目的功能要求、质量和工期方面审查工程变更的方案，并在工程变更实施前与建设单位、承包单位协商确定工程变更的价款。按施工合同约定的工程量计算规则和支付条款进行工程量计算和工程款支付。建立月完成工程量和工作量统计表，对实际完成量与计划完成量进行比较、分析，制定调整措施。收集、整理有关的施工和监理资料，为处理费用索赔提供证据。按施工合同的有关规定进行竣工结算，对竣工结算的价款总额与建设单位和承包单位进行协商
工程造价管理部门	工程造价管理部门代表工程建设政府主管部门执行工程造价管理职能，应增强宏观调控能力，主要任务为保持工程造价的客观性、公正性，促进经济结构优化，引导建筑市场持续、快速、健康发展，宏观地调节各方面工程造价，使之在总体上符合价值规律与供求规律的要求，并与其他产品保持合理的比价。工程造价管理体制改革目标是通过市场竞争形成工程价格。积极推进适合社会主义市场经济体制，建立适应国际市场竞争的工程计价依据，制定统一的工程量清单计量和计价规范，在制度上明确推行工程量清单计价办法；鼓励施工企业在国家定额指导下制定本企业报价定额，以适应投标报价的需要，增强自身的市场竞争能力。建立工程造价管理信息网络，使工程造价计价依据的管理和监督逐步走向现代化、科学化的轨道
工程咨询单位	建设项目决策阶段，作为工程咨询单位，应对各种可能采用的技术方案和建设方案进行认真的技术经济分析和论证，对项目建成后的经济效益进行科学的预测和评价；在招标阶段，编制工程量清单和招标控制价，实行拦标价招标，认真选择报价形式，拟定签约的承包商和发包方式，并确定合同计价方式；在施工阶段，应采取有效的措施加强造价控制，从而提高项目投资效益

7.3　项目建设过程不同阶段的造价管理

　　建设项目投资决策阶段的造价管理和设计阶段的造价管理是工程造价管理的关键环节。实际工程的投资，在设计阶段已经确定，而施工阶段的造价管理是竣工结算阶段造价管理的依据。各个阶段之间相辅相成、环环相扣，不同建设阶段对工程造价影响程度如图 7-2 所示。

7.3.1　投资决策阶段的造价管理

　　建设项目的投资决策阶段是对投资方案进行选择、决定的过程，该项目是否具有必要性、可行性，要进行经济技术的论证，不同的建设方案其必要性和可行性也不尽相同，只有经过技术和经济的比较才能做出合理的判断，才能决定出可行的必要的方案。而投资决策阶段对工程造价的影响程度高达

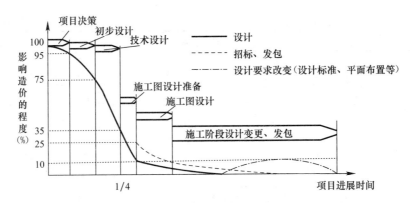

图 7-2 不同建设阶段影响工程造价程度的示意图

90％以上，因此，决策项目的可行与否，影响着工程造价和投资的效果。所以，在工程造价的管理上，作为参建各方要对其决策给予重视。根据开发项目的意义和参建单位的战略，对拟建项目组织权威人士在施工技术、投资和项目周边环境的保护方面进行系统全面的论证，在项目的规模、条件、市场、技术和财务等方面进行真实、客观、可靠的评价，这样才能对工程造价进行有效的管理。这个阶段指导项目决策的技术经济文件就是项目的可行性研究报告。

1. 可行性研究报告

决策阶段需要委托专业单位进行市场调查，运用技术经济手段，编制项目可行性研究报告。所谓可行性研究，是运用多种科学手段综合论证一个工程项目在技术上是否先进、实用和可靠，在财务上是否赢利；做出环境影响、社会效益和经济效益的分析和评价，及工程项目抗风险能力等的结论；为投资决策提供科学的依据。可行性研究还能为银行贷款、合作者签约、工程设计等提供依据和基础资料，它是决策科学化的必要步骤和手段。

（1）可行性报告编制流程

可行性研究的基本工作步骤可以概括为：签订委托协议、组建工作小组、制定工作计划、市场调查与预测、方案编制与优化、项目评价、编写可行性研究报告、与委托单位交换意见。具体编制流程如图 7-3 所示。

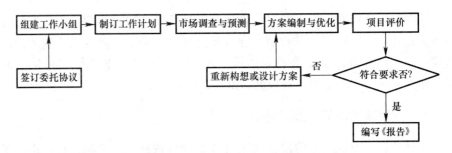

图 7-3 可行性研究报告编制流程图

1）签订委托协议

可行性研究报告的编制单位与委托单位，应就项目可行性研究工作的范围、内容、重点、深度要求、完成时间、经费预算和质量要求等交换意见，并签订委托协议，据以开展可行性研究各阶段的工作。

2）组建工作小组

根据委托项目可行性研究的范围、内容、技术难度、工作量、时间要求等组建项目可行性研究工作小组。一般工业项目和交通运输项目可分为市场组、工艺技术组、设备组、工程组、总图运输及公用工程组、环保组、技术经济组等专业组。各专业组的工作一般应由项目负责人统筹协调。

3）制订工作计划

工作计划内容包括各项研究工作开展的步骤、方式、进度安排、人员配备、工作保证条件、工作质量评定标准和费用预算，并与委托单位交换意见。

4）市场调查与预测

市场调查的范围包括地区及国内外市场、有关企事业单位和行业主管部门等，主要收集项目建设、生产运营等各方面所必需的信息资料和数据。市场预测主要是利用市场调查所获得的信息资料，对项目产品未来市场供应和需求信息进行定性与定量分析。

5）方案编制与优化

在调查研究收集资料的基础上，针对项目的建设规模、产品规格、场址、工艺、设备、总图、运输、原材料供应、环境保护、公用工程和辅助工程、组织机构设置、实施进度等，提出备选方案。进行方案论证比选优化后，提出推荐方案。

6）项目评价

对推荐方案进行环境评价、财务评价、国民经济评价、社会评价及风险分析，以判别项目的环境可行性、经济可行性、社会可行性和抗风险能力。当有关评价指标结论不足以支持项目方案成立时，应重新构想方案或对原设计方案进行调整。

7）编写可行性研究报告

项目可行性研究各专业方案，经过技术经济论证和优化之后，由各专业组分工编写。经项目负责人协调综合汇总，提出可行性研究报告初稿。

8）与委托单位交换意见

可行性研究报告的初稿形成后，与委托单位交换意见，修改完善，形成正式的可行性研究报告。

（2）可行性研究报告的结构和内容

项目可行性研究报告一般应按以下结构和内容编写：

1）总论

主要说明项目提出的背景、概况以及问题和建议。

2）市场分析

市场分析包括市场调查和市场预测。其内容包括：市场现状调查；产品供需预测；价格预测；竞争力分析；市场风险分析。

281

3）资源条件评价

主要内容为：资源可利用量；资源品质情况；资源赋存条件；资源开发价值。

4）建设规模与产品方案

主要内容为：建设规模与产品方案构成；建设规模与产品方案比选；推荐的建设规模与产品方案；技术改造项目与原有设施利用情况等。

5）场址选择

主要内容为：场址现状；场址方案比选；推荐的场址方案；技术改造项目当前场址的利用情况。

6）技术方案、设备方案和工程方案

主要内容包括：技术方案选择；主要设备方案选择；工程方案选择；技术改造项目改造前后的比较。

7）原材料燃料供应

主要内容包括：主要原材料供应方案；燃料供应方案。

8）总图运输与公用辅助工程

主要内容包括：总图布置方案；场内外运输方案；公用工程与辅助工程方案；技术改造项目现有公用辅助设施利用情况。

9）节能措施

主要内容包括：节能措施；能耗指标分析。

10）节水措施

主要内容包括：节水措施；水耗指标分析。

11）环境影响评价

主要内容包括：环境条件调查；影响环境因素分析；环境保护措施。

12）劳动安全卫生与消防

主要内容包括：危险因素和危害程度分析；安全防范措施；卫生保健措施；消防设施。

13）组织机构与人力资源配置

主要内容包括：组织机构设置及其适应性分析；人力资源配置；员工培训。

14）项目实施进度

主要内容包括：建设工期；实施进度安排；技术改造项目建设与生产的衔接。

15）投资估算

主要内容包括：建设投资估算；流动资金估算；投资估算表。

16）融资方案

主要内容包括：融资组织形式；资本金筹措；债务资金筹措；融资方案分析。

17）财务评价

主要内容包括：财务评价基础数据与参数选取；销售收入与成本费用估

算；财务评价报表；盈利能力分析；偿债能力分析；发展能力分析；不确定性分析；财务评价结论。

18）国民经济评价

主要内容包括：影子价格及评价参数选取；效益费用范围与数值调整；国民经济评价报表；国民经济评价指标；国民经济评价结论。

19）社会评价

主要内容包括：项目对社会影响分析；项目与所在地互适性分析；社会风险分析；社会评价结论。

20）风险分析

主要内容包括：项目主要风险识别；风险程度分析；防范风险对策。

21）研究结论与建议

主要内容包括：推荐方案总体描述；推荐方案优缺点描述；主要对比方案；结论与建议。

（3）可行性研究报告的深度要求

可行性研究报告应在以下方面达到使用要求：

1）可行性研究报告应能充分反映项目可行性研究工作的成果，内容齐全，结论明确，数据准确，论据充分，满足决策者确定方案和项目决策的要求。

2）可行性研究报告选用主要设备的规格、参数应能满足预订货的要求。引进技术设备的资料应能满足合同谈判的要求。

3）可行性研究报告中的重大技术、经济方案，应有两个以上方案的比选。

4）可行性研究报告中确定的主要工程技术数据，应能满足项目初步设计的要求。

5）可行性研究报告中构造的融资方案，应能满足银行等金融部门信贷决策的需要。

6）可行性研究报告中应反映可行性研究过程中出现的某些方案的重大分歧及未被采纳的理由，以供委托单位与投资者权衡利弊进行决策。

7）可行性研究报告应附有评估、决策（审批）所必需的合同、协议、意向书、政府批件等。

2. 投资估算

投资估算是在对项目的建设规模、产品方案、工艺技术及设备方案、工程方案及项目实施进度等进行研究并基本确定的基础上，估算项目所需资金总额（包括建设投资和流动资金）并测算建设期分年资金使用计划。投资估算是决策阶段对工程造价计算和控制的文件，是拟建项目项目建议书、可行性研究报告的重要组成部分，是项目决策的重要依据之一。可行性研究报告批准后，投资估算就作为设计任务下达的投资限额，对初步设计概算起到了控制作用，并作为资金筹措及向银行贷款的依据。投资估算常用的编制方法有：单位生产能力估算法、生产能力指数法、系数估算法、比例估算法、综合指标投资估算法以及混合法等。

（1）单位生产能力估算法。

单位生产能力是根据已建成的、性质类似的建设项目的单位生产能力投资乘以建设规模，即得到拟建项目的静态投资方法。其计算公式见式（7-1）。

$$C_2 = (C_1/Q_1)Q_2 f \tag{7-1}$$

式中　C_1——已建类似项目的静态投资额；

C_2——拟建项目的静态投资额；

Q_1——已建类似项目的生产能力；

Q_2——拟建项目的生产能力；

f——不同时期、不同地点的定额、单价、费用变更等的综合调整系数。

【例 7-1】　某地 2013 年拟建污水处理能力为 15 万 m^3/日的污水处理厂一座。根据调查，该地区 2009 年建设污水处理能力 10 万 m^3/日的污水处理厂的投资为 16000 万元。拟建污水处理厂的工程条件与 2009 年已建项目类似。调整系数为 1.5。估算该项目的建设投资。

【解】　拟建项目的建设投资＝（16000/10）×15×1.5＝36000 万元

单位生产能力估算法估算误差较大，可达±30%，应用该估算法时需要注意地区性、配套性和时间性的差异。

（2）生产能力指数法

生产能力指数法是根据已建成的类似项目生产能力和投资额来粗略估算同类型不同生产能力的拟建项目静态投资额的方法，是对单位生产能力估算法的改进。其计算公式见式（7-2）。

$$C_2 = C_1 \times (Q_2/Q_1)^n \times C_f \tag{7-2}$$

式中　C_2——拟建项目或装置的投资额；

C_1——已建同类型项目或装置的投资额；

Q_2——拟建项目的生产能力；

Q_1——已建同类型项目的生产能力；

C_f——价格调整系数；

n——生产能力指数。

该方法中生产能力指数 n 是一个关键因素。不同行业、性质、工艺流程、建设水平、生产率水平的项目，应取不同的指数值。选取 n 值的原则是：n 值不超过 1，如依靠增加设备、装置的数量，以及靠增大生产场所扩大生产规模时，n 取 0.8～0.9；如依靠提高设备、装置的功能和效率扩大生产规模时，n 取 0.6～0.7。另外，拟建项目生产能力与已建同类项目生产能力的比值应有一定的限制范围，一般这一比值不能超过 50 倍，而在 10 倍以内效果较好。生产能力指数法多用于估算生产装置投资。

【例 7-2】　某地 2013 年拟建一年产 20 万 t 化工产品的项目。根据调查，该地区 2011 年建设的年产 10 万 t 相同产品的已建项目的投资额为 5000 万元。生产能力指数 0.6，2011～2013 年工程造价平均每年递增 10%。估算该项目的建设投资。

【解】 拟建项目的建设投资＝$5000 \times (20/10)^{0.6} \times (1+10\%)^2 = 9170.852$万元

生产能力指数法与单位生产能力估算法相比精确度略高，其误差可控制在±20%以内。生产能力指数法主要应用于设计深度不足，拟建建设项目与类似建设项目的规模不同，设计定型并系列化，行业内相关指数和系数等基础资料完备的情况。

（3）系数估算法

系数估算法是以拟建项目的主体工程费或主要设备购置费为基数，以其他工程费与主体工程费或设备购置费的百分比为系数，依此估算拟建项目静态投资的方法。国内常用的方法有设备系数估算法和主体专业系数估算法，世界银行贷款项目常用的方法是朗格系数估算法。对应的计算公式见式（7-3）～式（7-5）。

设备系数估算法：

$$C = E \times (1 + f_1 P_1 + f_2 P_2 + f_3 P_3 + \cdots) + I \tag{7-3}$$

式中　　　C——拟建项目的静态投资；

　　　　　E——拟建项目根据当时当地价格计算的设备购置费；

P_1、P_2、P_3、$\cdots$——已建项目中建筑安装工程费及其他工程费与设备购置费的比例；

f_1、f_2、f_3、$\cdots$——由于时间地点等因素引起的定额、价格、费用标准等变化的综合调整系数；

　　　　　I——拟建项目的其他费用。

主体专业系数估算法：

$$C = E \times (1 + f_1 P_1' + f_2 P_2' + f_3 P_3' + \cdots) + I \tag{7-4}$$

式中　　　C——拟建项目的静态投资；

　　　　　E——拟建项目根据当时当地价格计算的设备购置费；

P_1'、P_2'、P_3'、$\cdots$——已建项目中各专业工程费用与工艺设备投资的比例；

f_1、f_2、f_3、$\cdots$——由于时间地点等因素引起的定额、价格、费用标准等变化的综合调整系数；

　　　　　I——拟建项目的其他费用。

朗格系数估算法：

$$C = E \times (1 + \sum K_i) \times K_c \tag{7-5}$$

式中　K_i——管线、仪表、建筑物等项费用的估算系数；

　　　K_c——管理费、合同费、应急费等间接费费用的总估算系数；

　　　C——拟建项目的静态投资；

　　　E——拟建项目根据当时当地价格计算的设备购置费。

式（7-5）中，$(1 + \sum K_i) \times K_c$，即朗格系数$K_L$。

（4）比例估算法

比例估算法是根据已知的同类建设项目主要生产工艺设备占整个建设项

285

目的投资比例，先逐项估算出拟建项目主要生产工艺设备投资，再按照比例估算出拟建项目静态投资的方法。其计算公式见式（7-6）。

$$I = \frac{1}{K} \sum_{i=1}^{n} Q_i P_i \qquad (7-6)$$

式中　I——拟建项目的静态投资；

　　　K——已建项目主要设备投资占拟建项目投资的比例；

　　　n——设备种类数；

　　　Q_i——第 i 种设备的数量；

　　　P_i——第 i 种设备的单价（到厂价格）。

比例估算法主要应用在项目设计深度不足，拟建项目与类似项目的主要生产工艺设备投资比重较大，行业内相关基础数据资料齐全的情况。

（5）综合指标估算法

综合指标估算法是精确度相对较高的投资估算编制方法，在详细可行性研究阶段使用较多。综合指标估算法是指依据投资估算指标，对各单位工程或单项工程费用进行估算，进而估算建设项目总投资的方法。它又分为建筑工程费用的估算、设备及工器具购置费估算、安装工程费估算、工程建设其他费用估算、预备费估算、建设期利息估算等。其中建筑工程费用估算常用单位建筑工程投资估算法、单位实物工程量投资估算法和概算指标投资估算法；设备和工器具购置费可以依据主要设备的数量、出厂价格和相关运杂费资料进行估算；安装工程费一般可以按照设备费的比例估算，也可按设备吨位乘以吨安装费指标，或安装实物量乘以相应的安装费指标估算；工程建设其他费用种类较多，无论采用何种投资估算方法，一般其他费用都需要按照国家、地方或部门的有关规定逐项估算，或者按照工程费用的百分数综合估算；预备费、建设期利息的估算一般可按照工程费用的比例和贷款额度以及银行贷款利率进行估算，具体方法可以参照本书"第1章 建筑工程造价的组成和计价"中的相关内容。

（6）混合法

混合法是根据主体专业设计的阶段和深度，投资估算编制者所掌握的国家及地区、行业或部门相关投资估算基础资料和数据，以及其他统计和积累的、可靠的相关造价基础资料，对一个拟建建设项目采用前述各种方法组合计算相关投资额的方法，目的是充分发挥各种估算方法的优势，提高投资估算编制的准确程度。

7.3.2　工程设计阶段的造价管理

据统计，在工程建设的全过程中，初步设计阶段影响工程造价的可能性为 $75\% \sim 95\%$，在技术设计阶段，影响工程造价的可能性为 $5\% \sim 35\%$。项目进入实施阶段，在保证既定施工质量的前提下，通过技术组织、施工管理等节约工程造价的可能性为 10% 左右。因此，工程建设前期的设计阶段是影响工程造价的主要环节，加强设计阶段的工程造价管理，对降低工程造价具有决定性的作用。设计阶段造价管理主要方法见表 7-2。

设计阶段造价管理的主要方法　　　　　　　　　　　表 7-2

1. 优选设计方案或者优化设计方案	设计方案比选与优化基本程序图： 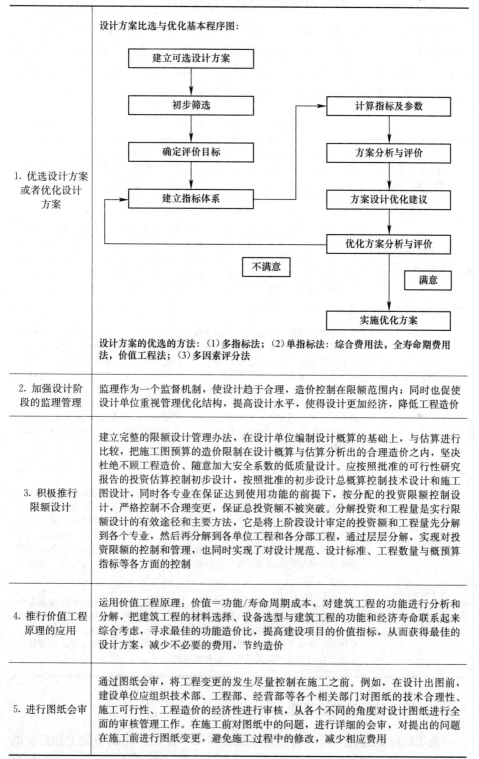 设计方案的优选的方法：（1）多指标法；（2）单指标法：综合费用法，全寿命期费用法，价值工程法；（3）多因素评分法
2. 加强设计阶段的监理管理	监理作为一个监督机制，使设计趋于合理，造价控制在限额范围内；同时也促使设计单位重视管理优化结构，提高设计水平，使得设计更加经济，降低工程造价
3. 积极推行限额设计	建立完整的限额设计管理办法，在设计单位编制设计概算的基础上，与估算进行比较，把施工图预算的造价限制在设计概算与估算分析出的合理造价之内，坚决杜绝不顾工程造价、随意加大安全系数的低质量设计。应按照批准的可行性研究报告的投资估算控制初步设计，按照批准的初步设计总概算控制技术设计和施工图设计，同时各专业在保证达到使用功能的前提下，按分配的投资限额控制设计，严格控制不合理变更，保证总投资额不被突破。分解投资和工程量是实行限额设计的有效途径和主要方法，它是将上阶段设计审定的投资额和工程量先分解到各个专业，然后再分解到各单位工程和各分部工程，通过层层分解，实现对投资限额的控制和管理，也同时实现了对设计规范、设计标准、工程数量与概预算指标等各方面的控制
4. 推行价值工程原理的应用	运用价值工程原理：价值＝功能/寿命周期成本，对建筑工程的功能进行分析和分解，把建筑工程的材料选择、设备选型与建筑工程的功能和经济寿命联系起来综合考虑，寻求最佳的功能造价比，提高建设项目的价值指标，从而获得最佳的设计方案，减少不必要的费用，节约造价
5. 进行图纸会审	通过图纸会审，将工程变更的发生尽量控制在施工之前。例如，在设计出图前，建设单位应组织技术部、工程部、经营部等各个相关部门对图纸的技术合理性、施工可行性、工程造价的经济性进行审核，从各个不同的角度对设计图纸进行全面的审核管理工作。在施工前对图纸中的问题，进行详细的会审，对提出的问题在施工前进行图纸变更，避免施工过程中的修改，减少相应费用

7.3.3　招投标阶段的造价管理

招投标阶段的造价管理要做好编制工程项目的招标文件，确定工程计量和投标报价方法等工作，认真地编制招标文件，对工程造价的计算依据、投标的报价方式及相应的评标方法进行确定，对工程中使用的设备和材料的价款进行控制，为后续管理工程合同，减少工程纠纷，避免违约做好基础工作。招投标阶段的造价管理工作见表 7-3。

招投标阶段造价管理工作　　　　　　　　　　　　表 7-3

1. 招标文件是造价控制的关键	招标文件作为整个招投标过程乃至于工程项目实施全过程的纲领性文件，它将直接影响工程造价，所以在编制过程中，应该力求在文字上表达清楚，同时与工程量清单相互衔接，口径一致。否则，如果出现漏洞，就会成为施工单位追加工程款的突破口，从而引起纠纷，产生索赔
2. 工程量清单是造价控制的核心内容	作为编制标书的依据，工程量清单是投标人报价的依据，也是工程竣工结算调整的依据。应重点审查工程量清单编制是否符合招标文件和设计图纸的要求，是否按统一的工程量计算规则编制，每个子目的工作内容与工作要求表述是否准确完整，取费标准是否合理且符合规定，编制说明是否完善，暂定项目是否合理，有没有多计算或者少计算的子目等
3. 投标书的审查过程中，要注意价格的高低	为了实现合理低价中标，在评标之前先形成内部标底，作为判断报价合理性的依据。在评审投标单位报价的时候，通过与内部的标底进行对比，核查是否有单位报价过高或者过低。对于工程量大的项目单价要特别注意，注意防范投标单位采用不平衡报价法，比如，在保持总造价不变的情况下，将可能变更减少的项目单价降低；将可能变更增加的项目单价增大，这样在竣工结算时，可以达到追加工程款的目的。还应对照施工方案的内容重点审查工程措施费用的项目单价，审查暂定金额、暂估价是否与招标文件一致。总之，要对工程总价、各个项目单价组成的要素进行合理分析、测算，最终选择最优报价的中标单位
4. 中标后，施工合同条款的签订要严谨细致	建设单位应该在建设工程施工合同审阅上制定会签制度，保证相关责任人都应熟悉建设工程施工合同条款，尽量减少发承包双方责任不清现象。所以对于直接影响工程造价的有关条款，例如，合同价款调整的条件和方式、主材市场价格的取定方法等都应该有详细的约定。对于投标包干的工程由承包方采购的特殊贵重材料和设备要列出规格、品牌、厂家和品质要求清单，还要明确风险承担范围以及政策性调整是否包含在包干范围之内等内容
5. 加强合同管理工作	合同管理必须是全过程的、系统性的、动态性的。合同的全过程管理就是指围绕合同的洽谈、草拟，从签订生效开始，直到合同中止为止的整个过程的跟踪管理。系统性管理是对于涉及合同条款内容的各部门都要一起管理，注意协调，避免矛盾；动态性管理是指注重履约全过程的情况变化，尽可能防止由于合同管理不善而遭到不必要的损失

7.3.4　施工阶段的造价管理

施工阶段是建设工程项目投资最大的阶段，在工程实践中是工程造价的重要控制阶段。施工阶段造价管理的主要任务是：控制工程付款、控制建筑工程项目变更费用、预防事故并且处理好事故中的索赔事宜、挖掘工程中减小造价的潜力、了解工程的实际费用与计划投资的偏差，并采取相应的纠偏措施等。

　　建设单位在施工阶段的造价管理应当首先确定项目建设投资的总目标并对其进行分解。分解建设项目投资总目标，依据的是施工网络进度计划，这样就形成了项目总投资的分目标控制值，在此基础上编制建设项目资金使用的年度、季度、月度计划，这样在施工过程中就可以定期地分析实际投资值和分目标控制值间的偏差及其原因，采取措施有效地控制，使投资的目标得以实现并得到保证。

　　建设单位应认真地审核工程项目的施工组织设计和方案，应用经济和技术相比较的方法进行综合评审，防止在施工过程中留下隐患。对施工组织设计中出现的不合理的施工措施要重点审核，对其费用的增加重点审查，这些都是发生索赔事件的诱因。在保证进度和质量的前提下督促施工方尽可能地采用先进的技术，降低建筑工程项目的造价，制定合理经济的施工方案，取得工期缩短、质量提高和造价降低的效果。严谨审核项目的变更和现场的签证，保证不突破总投资额。对设备和材料的采购要加强管理，严格控制工程进度的支付款。还应当对索赔事件进行防范，如出现索赔事件要正确地处理。施工阶段造价管理措施如下：

　　1. 工程变更管理

　　(1) 发包人对原设计进行变更。施工中发包人如果需要对原工程设计进行变更，应提前 14 天以书面形式向承包人发出变更通知。承包人对于发包人的变更通知没有拒绝的权利，这是合同赋予发包人的一项权利。但是，变更超过原设计标准或批准的建设规模时，发包人应报规划管理部门和其他有关部门重新审查批准，并由原设计单位提供变更的相应图纸和说明。承包人按照工程师发出的变更通知及有关要求变更。

　　(2) 承包人原因对原设计进行变更。施工中承包人不得为了施工方便而要求对原工程设计进行变更，承包人应当严格按照图纸施工，不得随意变更设计。施工中承包人提出的合理化建议涉及对设计图纸或者施工组织设计的更改及对原材料、设备的更换，须经工程师同意。工程师同意变更后，也须经原规划管理部门和其他有关部门审查批准，并由原设计单位提供变更的相应图纸和说明。

　　未经工程师同意承包人擅自变更工程，承包人应承担由此发生的费用，并赔偿发包人的有关损失，延误的工期不予顺延。工程师同意采用承包人的合理化建议，所发生费用和获得收益的分担或分享，由发包人和承包人另行约定。

　　(3) 其他变更。从造价管理角度看，除设计变更外，其他能够导致工程变更的原因还有很多，如涉及强制性标准的变化使得对工程质量要求的变化、双方对工期要求的变化、施工条件和环境的变化导致施工机械和材料的变化等。这些变更的程序，首先应当由一方提出，与对方协商一致后，方可进行

289

290

变更。

（4）工程变更价款的确定程序

1）承包人在工程变更确定后 14 天内，可提出变更追加合同价款要求的报告，经工程师确认后相应调整合同价款。如果承包人在双方确定变更后 14 天内，未向工程师提出变更工程价款的报告，视为该项变更不涉及合同价款的调整。

2）工程师应在收到承包人的变更合同价款报告后 14 天内，对承包人的要求予以确认或做出其他答复。工程师无正当理由不确认或答复时，自承包人的变更价款报告送达之日起 14 天后，视为变更价款报告已被确认。

3）工程师确认增加的工程变更价款作为追加合同价款，与工程进度款同期支付。工程师不同意承包人提出的变更价款，按合同约定的争议条款处理。

（5）工程变更价款的确定方法：

1）合同中已有适用于变更工程的价格，按合同已有的价格变更合同价款。

2）合同中只有类似于变更工程的价格，可以按照类似价格变更合同价款。

3）合同中没有适用或类似于变更工程的价格，由承包人或发包人提出适当的变更价格，经对方确认后执行。

如双方不能达成一致意见，双方可提请工程所在地工程造价管理机构进行咨询或按合同约定的争议或纠纷解决程序办理。因此，在变更后合同价款的确定上，首先应当考虑使用合同中已有的、能够适用或者能够参照适用的，其原因在于在合同中已经订立的价格（一般是通过招标投标）是较为公平合理的，因此应当尽量采用。

2. 工程索赔的管理

（1）施工承包单位的索赔程序。施工承包单位认为有权得到追加付款和（或）延长工期的，应按以下程序向建设单位提出索赔：

1）施工承包单位应在知道或应当知道索赔事件发生 28 天内，向监理人递交索赔意向通知书，并说明发生索赔事件的事由。施工承包单位未在 28 天内发出索赔意向通知书的，丧失要求追加付款和（或）延长工期的权限。

2）施工单位应在发出索赔意向通知书后 28 天内，向监理人正式递交索赔通知书。索赔通知书应详细说明索赔理由以及要求追加的付款金额和（或）延长的工期。

3）索赔事件具有连续影响的，施工承包单位应按合理时间间隔继续递交索赔意向通知，说明连续影响的实际情况和记录，列出累计的追加付款金额和（或）工期延长天数。在索赔事件影响结束后的 28 天内，施工承包单位应向监理人递交最终索赔通知书，说明最终要求索赔的追加金额和延长的工期，并附必要的记录和证明材料。

（2）工程师处理索赔的程序。工程师收到施工承包单位提交的索赔通知书后，应按照以下程序进行处理：

1）工程师收到施工承包单位提交的索赔通知书后，应及时审查索赔通知书的内容、查验施工承包单位的记录和证明材料，必要时工程师可要求施工承包单位提交全部原始记录副本。

2）工程师应商定或确定追加的付款和（或）延长的工期，并在收到上述索赔通知书或有关索赔的进一步证明材料后的42天内，将索赔处理结果答复施工承包单位。

（3）施工承包单位提出索赔的期限。施工承包单位接受竣工付款证书后，应被认为已无权再提出在合同工程接收证书颁发前所发生的任何索赔。施工承包单位提交的最终结清申请单中，只限于提出工程接收证书颁发后发生的索赔。提出索赔的期限自接受最终结清证书时终止。

3. 工程费用动态监控

（1）偏差表示方法。

1）费用偏差 $CV=$ 已完工程计划费用－已完工程实际费用

其中：

$$已完工程计划费用 = \sum 已完工程量（实际工程量）\times 计划单价$$

$$已完工程实际费用 = \sum 已完工程量（实际工程量）\times 实际单价$$

当 $CV>0$ 时，说明工程费用节约；当 $CV<0$ 时，说明工程费用超支。

2）进度偏差 $SV=$ 已完工程计划费用－拟完工程计划费用

其中：

$$拟完工程计划费用 = 拟完工程量（计划工程量）\times 计划单价$$

当 $SV>0$，说明工程进度超前；当 $SV<0$ 时，说明工程进度拖后。

（2）常用的偏差分析方法有横道图法、时标网络图法、表格法和曲线法。

1）横道图法：

应用横道图法进行费用偏差分析，是用不同的横道线标识已完工程计划费用、拟完工程计划费用和已完工程实际费用，横道线的长度与其数值成正比。然后，再根据上述数据分析费用偏差和进度偏差。

2）时标网络图法：

应用时标网络图法进行费用偏差分析，是根据时标网络图得到每一时间段拟完工程计划费用，然后根据实际工程完成情况测得已完工程实际费用，并通过分析时标网络图中的实际进度前锋线，得出每一时间段已完工程计划费用，这样，即可分析费用偏差和进度偏差。

3）表格法：

应用表格法分析偏差，是将项目编号、名称、各个费用参数及费用偏差值等综合纳入一张表格中，可在表格中直接进行偏差的比较分析。应用表格法进行偏差分析具有灵活、适用性强等优点，可根据实际需要设计表格；信息量大，可反映偏差分析所需的资料，从而有利于工程造价管理人员及时采取针对措施，加强控制；表格处理可借助于电子计算机，从而节约大量人力，并提高数据处理速度。

4) 曲线法：

曲线法是用费用累计曲线（S 曲线）来分析费用偏差和进度偏差的一种方法。用曲线法进行偏差分析时，通常在一页坐标系中列出 3 条曲线：已完工程实际费用曲线、已完工程计划费用曲线、拟完工程计划费用。根据项目实施的时间点检查三条曲线上的对应值，可以进行偏差分析。用曲线法进行偏差分析同样具有形象、直观的特点，但这种方法很难用于局部偏差分析。

（3）费用偏差的纠正措施。

对偏差原因进行分析的目的是为了有针对性地采取纠偏措施，从而实现费用的动态控制和主动控制。费用偏差的纠正措施通常包括以下四个方面：

1) 组织措施是指从费用控制的组织管理方面采取的措施，包括：落实费用控制的组织机构和人员，明确各级费用控制人员的任务、责任分工，改善费用控制工作流程等。组织措施是其他措施的前提和保障。

2) 经济措施主要是指审核工程量和签发支付证书，包括：检查费用目标分解是否合理，检查资金使用计划有无保障，是否与进度计划发生冲突，工程变更有无必要，是否超标等。

3) 技术措施是主要是指对工程方案进行技术经济比较，包括：制定合理的技术方案，进行技术分析，针对偏差进行技术修改等。

4) 合同措施在纠偏方面主要是指索赔管理。要认真审查有关索赔依据是否符合合同规定，索赔计算是否合理等，从主动控制的角度，加强日常的合同管理，落实合同规定的责任。

4. 工程价款的结算

（1）工程价款结算的分类。

工程价款结算主要包括竣工结算、分阶段结算、专业分包结算和合同中止结算。

1) 竣工结算，工程项目完工并经验收合格后，对所完成的工程项目进行的全面结算。

2) 分阶段结算，按施工合同约定，工程项目按工程特征划分为不同阶段实施和结算。每一阶段合同工作内容完成后，经建设单位或工程师中间验收合格后，由施工承包单位在原合同分阶段价格的基础上编制调整价格并提交工程师审核签认。

3) 专业分包结算，按分包合同规定，分包合同工作内容完成后，经总承包单位、监理人对专业分包工作内容验收合格后，由分包单位在原分包合同价格基础上编制调整价格并提交总承包单位、监理人审核签认。

4) 合同中止结算，工程实施过程中合同中止时，需要对已完成且经验收合格的合同工程内容进行结算。施工合同中止时已完成的合同工程内容，经监理人验收合格后，由施工承包单位按原合同价格或合同约定的定价条款，参照有关计价规定编制合同中止价格，提交监理人审核签认。

（2）施工承包单位内部审查工程竣工结算的内容。

施工承包单位内部审查工程竣工结算的内容包括：

1）审查结算的项目范围、内容与合同约定的项目范围、内容的一致性。

2）审查工程量计算的准确性、工程量计算规则与计价规范或定额的一致性。

3）审查执行合同约定或现行的计价原则、方法的严格性。对于工程量清单或定额缺项以及采用新材料、新工艺的，应根据施工过程中的合理消耗和市场价格审核结算单价。

4）审查变更签证凭据的真实性、合法性、有效性，核准变更工程费用。

5）审查索赔是否依据合同约定的索赔处理原则、程序和计算方法以及索赔费用的真实性、合法性、准确性。

6）审查取费标准执行的严格性，并审查取费依据的时效性、相符性。

（3）建设单位审查工程竣工结算的内容。

建设单位审查工程竣工结算的主要内容包括：

1）审查工程竣工结算的递交程序和资料的完备性；

2）审查与工程竣工结算有关的各项内容。

（4）工程竣工结算的审查时限。

根据财政部、建设部关于印发《建设工程价款结算暂行办法》的通知（财建【2004】369号），单项工程竣工后，施工承包单位应按规定向建设单位递交竣工结算报告及完整的结算资料。工程竣工结算审查的时限自收到完整的结算资料起根据项目规模为20~60天。工程项目竣工总结算在最后一个单项工程竣工结算审查确认后的15天内汇总，送建设单位后30天内审查完成。

7.3.5 竣工决算阶段和保修阶段的造价管理

建设项目竣工决算是指所有建设项目竣工后，建设单位按照国家有关规定在新建、改建和扩建工程建设项目竣工验收阶段编制的竣工决算报告。竣工决算是以实物数量和货币指标为计量单位，综合反映竣工项目从筹建开始到项目竣工交付使用为止的全部建设费用、建设成果和财务情况的总结性文件，是竣工验收报告的重要组成部分。竣工决算是正确核定新增固定资产价值，考核分析投资效果，建立健全经济责任制度的依据，是反映建设项目实际造价和投资效果的文件。

1. 竣工决算的内容

竣工决算是建设工程从筹建到竣工投产全过程中发生的所有实际支出，包括建筑安装工程费、设备工器具购置费和工程建设其他费用等。竣工决算由竣工财务决算报表、竣工财务决算说明书、竣工工程平面示意图、工程造价比较分析四部分组成。其中竣工财务决算报表和竣工财务决算说明书属于竣工财务决算的内容，是竣工决算的核心内容。

竣工财务决算报表的格式根据大、中型项目和小型工程项目不同情况分别制定。其共有6种表，报表结构如图7-4所示。

293

大、中型工程项目竣工财务决算报表 {
　　1. 工程项目竣工财务决算审批表
　　2. 大、中型工程项目概况表
　　3. 大、中型工程项目竣工财务决算表
　　4. 大、中型工程项目交付使用资产总表
　　5. 工程项目交付使用资产明细表
}

小型工程项目竣工财务决算报表 {
　　1. 工程项目竣工财务决算审批表
　　2. 小型工程项目竣工财务决算总表（含项目概况表）
　　3. 工程项目交付使用资产明细表
}

图 7-4　竣工财务决算报表结构图

2. 竣工决算与竣工结算的区别

竣工结算是承包方将所承包的工程按照合同规定全部完工交付之后，向发包单位进行的最终工程价款结算。竣工结算由承包方的预算部门负责编制。竣工决算与竣工结算的区别如表 7-4 所示。

工程竣工结算和工程竣工决算的区别　　　　　　　　表 7-4

区别项目	工程竣工结算	工程竣工决算
编制单位及其部门	承包方的预算部门	项目业主的财务部门
内容	承包方承包施工的建筑安装工程的全部费用。它最终反映承包方完成的施工产值	建设工程从筹建开始到竣工交付使用为止的全部建设费用，它反映建设工程的投资效益
性质和作用	承包方与业主办理工程价款最终结算的依据； 双方签订的建筑安装工程承包合同终结的凭证； 业主编制竣工决算的主要资料	业主办理交付、验收、动用新增各类资产的依据； 竣工验收报告的重要组成部分

3. 竣工决算的编制

（1）竣工决算的编制依据

1）经批准的可行性研究报告及其投资估算；

2）经批准的初步设计或扩大初步设计及其概算或修正概算；

3）经批准的施工图设计及其施工图预算；

4）设计交底或图纸会审纪要；

5）招投标的标底、承包合同、工程结算资料；

6）施工记录或施工签证单，以及其他施工中发生的费用记录，如索赔报告与记录、停（交）工报告等；

7）竣工图及各种竣工验收资料；

8）历年基建资料、历年财务决算及批复文件；

9）设备、材料调价文件和调价记录；

10）有关财务核算制度、办法和其他有关资料、文件等。

（2）竣工决算的编制步骤

1）收集、整理和分析有关依据资料。在编制竣工决算之前，应系统地整理所有的技术资料、工料结算等经济文件、施工图纸和各种变更与签证资料，并分析它们的准确性。正确、完整、齐全的资料，是准确而迅速编制竣工决算的必要条件。

2）清理各项财务、债务和结余物资。在收集、整理和分析有关资料中，要特别注意建设工程从筹建到竣工投产或使用的全部费用的各项账务、债权和债务的清理，做到工程完毕账目清晰，既要核对账目，又要查点库存实物的数量，做到账与物相等，账与账相符，对结余的各种材料、工器具和设备，要逐项清点核实，妥善管理，并按规定及时处理，收回资金。对各种往来款项要及时进行全面清理，为编制竣工决算提供准确的数据和结果。

3）核实工程变动情况。重新核实各单位工程、单项工程造价，将竣工资料与原设计图纸进行查对、核实，必要时可实地测量，确认实际变更情况；根据经审定的承包人竣工结算等原始资料，按照有关规定对原概、预算进行增减调整，重新核定工程造价。

4）编制建设工程竣工决算说明。按照建设工程竣工决算说明的内容要求，编写文字说明。

5）填写竣工决算报表。对照建设工程竣工决算表格中的项目，根据编制依据中的有关资料进行统计或计算各项具体数据，并将其结果填到相应表格的栏目内，完成所有报表的填写。

6）做好工程造价对比分析。

7）清理、装订好竣工图。

8）上报主管部门审查存档。

将编写的文字说明和填写的表格经核对无误，装订成册，即为建设工程竣工决算文件。将其上报主管部门审查，并把其中财务部分送交开户银行签证。竣工决算在上报主管部门的同时，抄送有关设计单位。大中型建设项目的竣工决算还应抄送财政部、建设银行总行和省、市、自治区的财政局和建设银行分行各一份。建设工程竣工决算的文件，由建设单位负责组织人员编写，在竣工建设项目办理验收使用一个月之内完成。

4. 质量保证金的使用及返还

（1）质量保证金的含义

建设工程质量保证金是指发包人与承包人在建设工程承包合同中约定，从应付的工程款中预留，用以保证承包人在缺陷责任期（即质量保修期）内对建设工程出现的质量缺陷进行维修的资金。这里的质量缺陷是指建设工程质量不符合工程建设强制标准、设计文件，以及承包合同的约定。

（2）质量保证金预留及管理

1）质量保证金的预留。发包人应按照合同约定的质量保证金比例从结算款中扣留质量保证金。全部或者部分使用政府投资的建设项目，按工程价款结算总额5%左右的比例预留保证金。建设工程竣工结算后，发包人应按照合同约定及时向承包人支付工程结算价款并预留保证金。

2）质量保证金的管理。缺陷责任期内，实行国库集中支付的政府投资项目，保证金的管理应按国库集中支付的有关规定执行。其他政府投资项目，保证金可以预留在财政部门或发包方。

3）质量保证金的使用。承包人未按照合同约定履行属于自身责任的工程缺陷修复义务的，发包人有权从质量保证金中扣留用于缺陷修复的各项支出。若经查验，工程缺陷属于发包人原因造成的，应由发包人承担查验和缺陷修复费用。

（3）缺陷责任期内的维修及费用承担

1）保修责任。缺陷责任期内，属于保修范围、内容的项目，承包人应当在接到保修通知之日起 7 天内派人保修。发生紧急抢修事故的，承包人在接到事故通知后，应当立即到达事故现场抢修。对于设计结构安全的质量问题，应当按照《房屋建筑工程质量保修办法》的规定，立即向当地建设行政主管部门报告，采取安全防范措施；由原设计单位或者有相应资质等级的设计单位提出保修方案，承包人实施保修。保修完成后，由发包人组织验收。

2）费用承担。缺陷责任期内，由承包人原因造成的缺陷，承包人应负责维修，并承担鉴定及维修费用。如承包人不维修也不承担费用，发包人可按合同约定扣除质量保证金，并由承包人承担违约责任。由他人及不可抗力原因造成的缺陷，发包人负责维修，承包人不承担费用，且发包人不得从质量保证金中扣除费用。如发包人委托承包人维修的，发包人应该支付相应的维修费用。发承包双方就缺陷责任有争议时，可以请有资质的单位进行鉴定，责任方承担鉴定费用并承担维修费用。

（4）质量保证金的返还

在合同约定的缺陷责任期终止后的 14 天内，发包人应将剩余的质量保证金返还给承包人。剩余质量保证金的返还，并不能免除承包人按照合同约定应承担的质量保修责任和应履行的质量保修义务。

思考题与习题

一、思考题

7-1　建筑工程造价管理的内容有哪些？

7-2　建筑工程造价管理的原则是什么？

7-3　全寿命周期造价管理的含义是什么？

7-4　全过程造价管理的特点有哪些？

7-5　分析项目参与各方造价控制的工作有哪些？

7-6　可行性研究报告编制的程序是怎样的？

7-7　可行性研究报告的内容有哪些？

7-8　投资估算编制的方法有哪些？各有什么适用条件？

7-9　设计方案比选和优化的程序是怎样的？

7-10　工程变更价款确定的方法有哪些？

7-11　工程师处理工程索赔的程序是怎样的？

7-12　费用偏差是什么？进度偏差是什么？

7-13 分析偏差的方法有哪些？各有何特点？

7-14 工程价款结算类型主要包括哪几种？

7-15 竣工决算的内容有哪些？

7-16 竣工财务决算报表如何组成？

7-17 工程竣工结算和工程竣工决算的区别有哪些？

7-18 质量保修金的预留和管理规定有哪些？

二、计算题

7-1 某拟建项目的生产能力比已建的同类项目的生产能力增加 3 倍。按生产能力指数法计算，拟建项目的投资额将增加多少倍？（已知 $n = 0.6$，$C_f = 1.1$）

7-2 某拟建化工项目生产能力为年产量 300 万 t。已知已建年产量为 100 万 t 的同类项目的建设投资为 5000 万元，生产能力指数为 0.7，拟建项目建设时期与已建同类项目建设时期相比的综合价格指数为 1.1。按生产能力指数法估计的拟建项目的建设投资为多少万元？

7-3 某土方工程，3 月份计划工程量 1 万 m³，计划单价 10 元/m³，实际完成工程量 1.1 万 m³，实际单价 9.8 元/m³。则 3 月底该土方工程的进度偏差和费用偏差分别为多少万元？

7-4 某混凝土结构工程，合同计划价为 1000 万元。5 月底拟完成合同计划价的 80%，实际完成合同计划价的 70%，5 月底实际结算工程款为 750 万元，则 5 月底的费用偏差和进度偏差分别为多少？表示目前进度和费用控制的状态是什么？

7-5 甲公司投资建设一幢框架结构商场工程，乙施工企业中标后，双方采用《建设工程施工合同》（示范文本）签订了合同，合同采用固定总价承包方式，合同工期为 405 天，并约定提前或逾期竣工的奖罚标准为每天 5 万元。合同履行中出现了以下事件：

事件一：乙方施工至首层框架柱钢筋绑扎时，甲方书面通知将首层及以上各层由原设计层高 4.3m 变更为 4.8m，当日乙方停工，25 天后甲方才提供正式变更图纸，工程恢复施工。复工当日乙方立即提出停窝工损失 150 万元和顺延工期 25 天的书面报告及相关索赔资料，但甲方收到后始终未予答复。

事件二：施工过程中，工程所在地区发生了强烈地震，造成施工现场部分围墙倒塌，损失 6 万元；地下一层填充墙部分损毁，损失 10 万元；停工及修复共 30 天。施工单位就上述损失及工期延误立即向建设单位提出了索赔。

事件三：在工程装修阶段，乙方收到了经甲方确认的设计变更文件，调整了部分装修材料的品种和档次，乙方在施工完毕 3 个月后的预算中申报了该项设计变更增加费用 80 万元，但遭到甲方的拒绝。

事件四：从甲方下达开工令起至竣工验收合格止，本工程历时 455 天。甲方以乙方逾期竣工为由从应付款中扣减了违约金 200 万元，乙方认为逾期竣工的责任在于甲方。

问题：

（1）事件一和事件二中，乙方的索赔是否成立？说明理由。

（2）事件三中，乙方申报设计变更增加费是否符合约定？结合合同变更条款说明理由。

（3）事件四中，乙方是否逾期竣工？说明理由并计算奖罚金额。

参 考 文 献

[1] 徐蓉. 工程造价管理. 第 2 版. 上海：同济大学出版社，2010.

[2] 全国造价工程师执业资格考试培训教材编审组. 建设工程计价. 北京：中国计划出版社，2013.

[3] 全国造价工程师执业资格考试培训教材编审组. 建设工程造价管理. 北京：中国计划出版社，2013.

[4] 全国一级建造师执业资格考试用书编审组. 建设工程经济. 北京：中国建筑工业出版社，2013.

[5] 马楠. 建设工程造价管理. 第二版. 北京：清华大学出版社，2012.

[6] 陈建国，高显义. 工程计量与造价管理. 上海：同济大学出版社，2007.

[7] 廖天平，何永萍. 建筑工程造价管理. 重庆：重庆大学出版社，2008.

[8] 王东升，杨彬. 工程造价管理与控制. 徐州：中国矿业大学出版社，2010.

[9] 丰艳萍，邹坦. 工程造价管理. 北京：机械工业出版社，2011.

[10] 冯占红，曾爱民，胡勇明. 建筑工程计量与计价. 上海：同济大学出版社，2010.

[11] 全国监理工程师培训考试教材. 建设工程投资控制. 北京：中国建筑出版社，2013.

[12] 全国造价工程师执业资格考试培训教材. 工程造价案例分析. 北京：中国计划出版社，2013.

高等学校土木工程学科专业指导委员会
规划教材(专业基础课)
(按高等学校土木工程本科指导性专业规范编写)

征订号	书　名	定价	作　者	备　注
V21081	高等学校土木工程本科指导性专业规范	21.00	高等学校土木工程学科专业指导委员会	
V20707	土木工程概论(赠送课件)	23.00	周新刚	土建学科专业"十二五"规划教材
V22994	土木工程制图(含习题集、赠送课件)	68.00	何培斌	土建学科专业"十二五"规划教材
V20628	土木工程测量(赠送课件)	45.00	王国辉	土建学科专业"十二五"规划教材
V21517	土木工程材料(赠送课件)	36.00	白宪臣	土建学科专业"十二五"规划教材
V20689	土木工程试验(含光盘)	32.00	宋　彧	土建学科专业"十二五"规划教材
V19954	理论力学(含光盘)	45.00	韦　林	土建学科专业"十二五"规划教材
V20630	材料力学(赠送课件)	35.00	曲淑英	土建学科专业"十二五"规划教材
V21529	结构力学(赠送课件)	45.00	祁　皑	土建学科专业"十二五"规划教材
V20619	流体力学(赠送课件)	28.00	张维佳	土建学科专业"十二五"规划教材
V23002	土力学(赠送课件)	39.00	王成华	土建学科专业"十二五"规划教材
V22611	基础工程(赠送课件)	45.00	张四平	土建学科专业"十二五"规划教材
V22992	工程地质(赠送课件)	35.00	王桂林	土建学科专业"十二五"规划教材
V22183	工程荷载与可靠度设计原理(赠送课件)	28.00	白国良	土建学科专业"十二五"规划教材
V23001	混凝土结构基本原理(赠送课件)	45.00	朱彦鹏	土建学科专业"十二五"规划教材
V20828	钢结构基本原理(赠送课件)	40.00	何若全	土建学科专业"十二五"规划教材
V20827	土木工程施工技术(赠送课件)	35.00	李慧民	土建学科专业"十二五"规划教材
V20666	土木工程施工组织(赠送课件)	25.00	赵　平	土建学科专业"十二五"规划教材
V20813	建设工程项目管理(赠送课件)	36.00	臧秀平	土建学科专业"十二五"规划教材
V21249	建设工程法规(赠送课件)	36.00	李永福	土建学科专业"十二五"规划教材
V20814	建设工程经济(赠送课件)	30.00	刘亚臣	土建学科专业"十二五"规划教材